MATHEMATISCHE INSTRUMENTE

Von

Prof. Dr. Friedrich Adolf Willers

Mit 199 Bildern

München und Berlin 1943

Verlag von R. Oldenbourg

Copr. 1943 R. Oldenbourg, München und Berlin
Druck und Einband von R. Oldenbourg, München
Printed in Germany

Vorwort

Bei der immer weiter fortschreitenden Technisierung dringt die Anwendung mathematischer Methoden in immer weitere Gebiete. Die wirklich zahlenmäßige Durchführung der Lösungen, die hier fast überall erforderlich ist, verlangt in den meisten Fällen eine zeitraubende Rechenarbeit, zu deren Erledigung Rechenstäbe und Rechenmaschinen in immer umfangreicherem Maße herangezogen werden. Viele der Probleme sind nur mit den Methoden der Infinitesimalrechnung zu behandeln. Sie gestatten meist keine exakte Lösung, sondern man ist auf Näherungsmethoden angewiesen, die auch im allgemeinen ausreichen, vor allem, wenn die eingehenden Daten empirisch gewonnen, also etwa in Form von Kurven gegeben sind. Nun sind aber die zeichnerischen und vor allem die rechnerischen Näherungsverfahren vielfach sehr zeitraubend und oft nur von gut eingearbeiteten Kräften anzuwenden. Man hat daher zur Bewältigung einer Reihe häufiger vorkommender Operationen Instrumente konstruiert, die diese Operationen — natürlich nur bis zu einem gewissen Grade genau — ausführen und die von Personen bedient werden können, denen der eigentliche Rechenvorgang nicht vertraut ist. So hat man zur Flächenmessung Planimeter, zur Bestimmung der Längen von Kurven Kurvimeter, Integratoren zur Lösung von Differentialgleichungen usw. gebaut. All diese zahlreichen Apparate bezeichnet man als mathematische Instrumente. Unter diesem Begriff pflegt man aber auch Rechenmaschinen und selbst die Rechenschieber einzuordnen. Über die wichtigsten der heute verwendeten mathematischen Instrumente und Maschinen, soweit sie für die Methoden der praktischen Analysis in Frage kommen, unter Beschränkung auf mechanisch arbeitende Instrumente, soll das vorliegende Buch einen Überblick geben. Insbesondere soll es auf das viele Neue hinweisen, das in den letzten beiden Jahrzehnten auf diesem Gebiet geschaffen ist. Ohne allzusehr auf technische Einzelheiten einzugehen, will es möglichst die Arbeitsprinzipe und die Theorie der einzelnen Apparate auseinandersetzen. Denn nur der, der die Theorie eines Instrumentes kennt, vermag seine Möglichkeiten voll auszunutzen und die Grenzen seiner Leistungsfähigkeit zu beurteilen. Darüber hinaus ist es für den denkenden Benutzer sehr unbefriedigend, wenn er ein Instrument verwenden soll, dessen Arbeitsweise ihm unbekannt ist. Interessierten erleichtert ein ausführliches Schrifttumsverzeichnis, in das auch ältere Literatur aufgenommen ist, das Zurückgehen auf die

Originalarbeiten. Ich hoffe, daß das Buch, in dem auf Wunsch des Verlages eine Anzahl von Aufsätzen (J 081—1 bis 11, J 113—1 bis 10, V 1131—1, V 1132—1 und 2, V 3620—5 bis 7), die im Laufe der drei letzten Jahre im Archiv für Technisches Messen erschienen, überarbeitet und ergänzt zusammengefaßt sind, zur Verbreitung der arbeitsparenden instrumentellen Methoden, deren Genauigkeit für viele Zwecke ausreicht, beitragen wird.

Einer Reihe von einzelnen Herren und von Firmen habe ich für die Überlassung von Bildvorlagen zu danken, so den Firmen Amsler & Co., den Askaniawerken, den Rechenmaschinenwerken Archimedes, Brunsviga, H. W. Egli, Mercedes, Rheinmetall und den Deutschen Telephonwerken; ferner den Herren Prof. Föttinger-Berlin, Hecht-Zella-Mehlis und Prof. Walther-Darmstadt. Vor allem aber danke ich Herrn Dr. Ludwig Ott-Kempten, nicht nur für zahlreiche Bildvorlagen, sondern vor allem für die liebenswürdige Bereitwilligkeit, mit der ich von ihm stets Auskunft erhielt, und für zahlreiche Ratschläge und Anregungen, die er mir gegeben hat. Mit seiner Zustimmung wird hier auch über seine Untersuchungen der Meßrollenfehler und ihres Einflusses auf das Meßergebnis berichtet. Mein Dank gilt weiter allen denen, die mir geholfen haben. Meine Tochter Annemarie zeichnete nach meinen Angaben die Vorlagen für die schematischen Figuren. Herr Dozent Dr. habil. Zech-Darmstadt unterstützte mich wirksam durch die kritische Durcharbeitung der Korrekturen und machte dabei eine Reihe gern befolgter, wertvoller Änderungs- und Verbesserungsvorschläge. Nicht zuletzt gilt mein Dank den Herren des Verlages Oldenbourg, einmal für den Vorschlag zur Abfassung dieses Buches, dann aber auch für ihr bereitwilliges Eingehen auf meine Wünsche bei der Drucklegung. Ihnen ist es zu danken, daß das Buch am Ende des vierten Kriegsjahres noch in fast friedensmäßiger Ausstattung erscheinen kann.

Dresden, im Juli 1943.

Willers

Inhaltsverzeichnis

I. Rechenschieber

Von den am weitesten verbreiteten mathematischen Instrumenten, den Rechenschiebern, soll hier nur ganz kurz die Rede sein. Denn es gibt heute eine große Anzahl guter Anleitungen zum Rechnen mit dem Rechenstab; außerdem wird allen Schiebern, von denen es eine große Zahl verschiedener Konstruktionen gibt, eine speziell auf den Stab zugeschnittene Anweisung beigegeben. Es sei hier nur erwähnt, daß der in den Kreisen der wissenschaftlichen Rechner und der Techniker heute wohl am meisten verbreitete Rechenstab der Rechenschieber »Darmstadt« ist, der auf der Rückseite der Zunge eine log-log-Skala trägt. Ferner sei darauf verwiesen, daß es zahlreiche Spezialrechenschieber gibt und daß skalenlose Rechenstäbe mit ein und zwei Zungen heute im Handel zu haben sind, auf denen die für die Auswertung bestimmter Formeln erforderlichen Skalen aufgetragen werden können, so daß man sich selbst Spezialrechenstäbe herstellen kann. Als Material wird für einfache Rechenstäbe meist Pappe, sonst im allgemeinen Holz mit Metalleinlage benutzt; neuerdings werden auch Kunststoffe verwendet.

Die Skalen werden gelegentlich auch auf gegeneinander drehbare Kreisscheiben und -ringe oder auf die Mäntel von um die gleiche Achse drehbaren Kreiszylindern mit gleichen Durchmessern aufgetragen. Die so entstehenden Apparate bezeichnet man als Rechenuhren, Rechenräder oder auch Rechenscheiben. Neuerdings werden solche Scheiben mehr verwendet. Sie haben den Vorteil, daß die Skalenlänge bei kleiner Ausdehnung des Instrumentes verhältnismäßig groß ist und daß bei ihnen das lästige Durchschieben der Zunge vermieden wird, da allen Teilen der beweglichen Skala immer Teile der festen gegenüberstehen.

Die Längeneinheit der Skalen der üblichen Rechenstäbe beträgt 25 cm oder auch 50 cm. Bei umfangreichen Rechnungen erreicht man mit diesen Stäben eine Genauigkeit, die zwischen 5 und $1/2\,^0/_{00}$ liegt. Um größere Rechengenauigkeit zu erzielen, muß man größere Längeneinheiten für die Skalen nehmen. Damit der Apparat dann nicht unhandlich wird, bricht man die Skalen und ordnet die einzelnen Teile parallel nebeneinander in einer Ebene, wie das z. B. bei den Rechentafeln von Scherer, Proell, Grünert, Lacroix und Ragot u. a. der Fall ist, oder auf dem Mantel eines Kreiszylinders in Richtung der Erzeugenden an. Für die verschiebbare Skala muß man in entsprechender Weise ein durchsichtiges Blatt oder einen durchsichtigen Hohlzylinder nehmen, der über dem Zylinder verschiebbar ist. Damit den Skalen des verschiebbaren

Teiles immer Skalen des festen gegenüberstehen, müssen die einzelnen Stücke des festen Teiles doppelt so lang sein, so daß sich hier die einzelnen Skalenabschnitte wiederholen. Man ist bis zu 12,5 m Länge der Skaleneinheit gegangen. Mit solchen Rechenwalzen erreicht man etwa die fünfzigfache Genauigkeit des 25 cm langen Schiebers, also etwa dieselbe Genauigkeit wie beim Rechnen mit fünfstelligen Logarithmen. Übrigens hat sich gezeigt, daß bei Schiebern größerer Teilungslänge die Rechengenauigkeit viel schneller als die Rechenzeit wächst.

Logarithmische Skalen von der Länge 150 cm benutzt auch die logarithmische Rechenmaschine von Fuß. Bei ihr befinden sich die Skalen auf aneinander hingleitenden Stahlbändern, die elektromagnetisch gekoppelt werden können. Die Maschine ist insbesondere für trigonometrische Rechnungen eingerichtet [104][1]).

Neuerdings haben die Askaniawerke diese Rechenmaschine durch einen Kreisrechenschieber von 100 cm Dmr. ersetzt. Bei diesem sind die Skalen nicht verschiebbar. Zum Rechnen dienen zwei Radialarme, die gekuppelt werden können und die jeder auf einem Glasfensterchen einen Indexstrich tragen. Um z. B. $a \cdot b$ zu bilden, stellt man den ersten

Bild 1. Kreisrechenschieber von 1 m Dmr.

Indexstrich auf 1, den zweiten auf a, kuppelt und dreht die Arme zusammen so weit herum, daß der erste Indexstrich auf b steht, unter dem zweiten liest man dann $a \cdot b$ ab. Ähnlich erfolgt die Division. Für trigonometrische Rechnungen ist auf einer Spirale eine logarithmische Sinusskala angeordnet (Bild 1). Das Gerät wird z. B. im Felde zur Massenauswertung von Kinotheodolitbeobachtungen bei der Flugabwehr benutzt [381]. Einen Überblick über die neuere Entwicklung der Rechenstäbe hat Kron gegeben [212].

---

[1]) Die Zahlen in eckigen Klammern geben die entsprechende Nummer des Schrifttumsverzeichnisses an.

II. Rechenmaschinen

A. Geschichtliches

Wegen ihrer vielseitigen Verwendbarkeit sind die Rechenmaschinen für die praktische Analysis außerordentlich wichtig. Schon früh hat man sich mechanischer Hilfsmittel beim Rechnen bedient, z. B. der Neperschen Rechenstäbe beim Multiplizieren [105]. Die erste mit Rädertrieb arbeitende Maschine, die in der Hauptsache der Addition diente, wurde von dem achtzehnjährigen Blaise Pascal 1641 konstruiert. Eine größere Zahl dieser Maschinen hat sich erhalten. Bild 2 zeigt eine der frühesten.

Bild 2. Rechenmaschine von Pascal.

Sie wird im mathematischen Salon in Dresden aufbewahrt. Bild 3 gibt einen Blick in das Innere der Maschine. Man erkennt die primitive Konstruktion; z. B. würde man heute statt der zwei aufeinander senkrechten Zapfenräder Kegelzahnräder benutzen. Die Maschinen wurden später mehrfach nachgeahmt und verbessert. Ähnliche Maschinen konstruierte seit etwa 1666 der Engländer Morland. Die erste für alle vier Grundrechnungsarten bestimmte Maschine ist von Leibniz erdacht. Er faßte schon 1671, bevor er die Pascalschen Maschinen in Paris kennenlernte, die Idee zu einer solchen Maschine. Die erste in Paris gebaute Leibnizsche Maschine ist erhalten. Sie wurde 1694 vollendet und befindet sich jetzt in der vormals Königlichen und Provinzialbibliothek Hannover. Es ist eine Staffelwalzenmaschine mit feststehendem Resultatwerk (Bild 4 hinten) und verschiebbarem Einstell- und Schaltwerk (Bild 4

Bild 3. Inneres der Rechenmaschine von Pascal.

vorn). Bild 5 zeigt das Schaltwerk dieser Maschine. Oben sieht man
deutlich die einzelnen Staffelwalzen. Nach Ansicht des Gründers der
ersten deutschen Rechenmaschinenfabrik Burkhardt, der die Maschine
1893/96 untersuchte und instand setzte, hat sie — auch wohl wegen

Bild 4. Rechenmaschine von Leibniz ohne Gehäuse.

Bild 5. Schaltwerk der Maschine von Leibniz.

der unzulänglichen mecha-
nischen Ausführung — nie-
mals einwandfrei gear-
beitet. Die zweite 1706
fertiggestellte Maschine
ist verlorengegangen. Sie
war anscheinend bis 1709
in verwendbarem Zustand
[46, 180].

Die ersten wirklich
brauchbaren Maschinen für
alle vier Rechnungsarten
wurden von dem Pfarrer
Matthäus Hahn zwischen
1773 und 1790 hergestellt
[89]. Bild 6 zeigt eine der
Hahnschen Maschinen. Wie

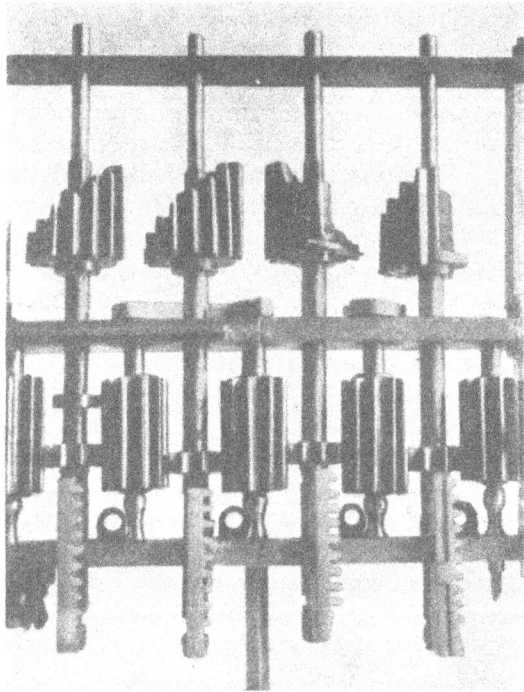

Bild 6 (unten). Rechenmaschine von Hahn.

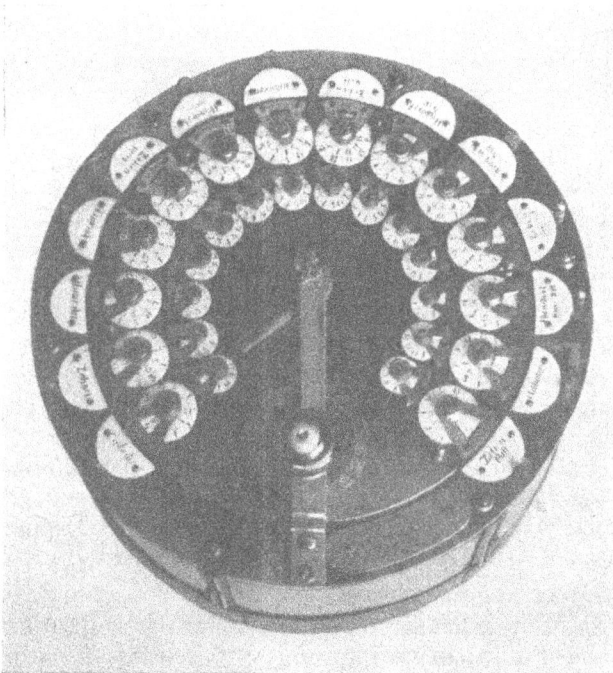

in der Leibnizschen wird auch in dieser Maschine die Staffelwalze, und zwar hier nur eine einzige als Schaltorgan verwendet, um die die Zahlenreihen kreisförmig angeordnet sind. Ähnliche Maschinen sind mehrfach gebaut worden, so von Schuster in Ansbach, dem Schwager von Hahn, ferner von dem hessen-darmstädtischen Ingenieurhauptmann Müller, der als erster eine Signalglocke anbrachte, die ertönt, wenn die Leistungsfähigkeit der Maschine überschritten wird. Die fabrikmäßige Herstellung von Staffelwalzenmaschinen nahm der Elsässer Thomas um 1820 in Paris auf. Aus seiner Fabrik wurden bis 1878 etwa 1500 Stück verkauft. In diesem Jahr wurde die Fabrikation ähnlicher Maschinen durch den Ingenieur Burkhardt in Glashütte aufgenommen.

Die Verbreitung der Rechenmaschinen ist seitdem stetig gewachsen. Bald wurden auch Maschinen mit anderen Schaltorganen gebaut, so von 1872 ab von Baldwin in Amerika, von 1887 an von Odhner in Petersburg Sprossenradmaschinen. — Räder mit veränderlicher Zähnezahl wurden schon 1709 von Poleni und 1841 von Roth verwendet. In Deutschland wurde der Bau von Sprossenradmaschinen 1892 von den Brunsviga-Werken aufgenommen. 1905 kamen dazu die von Chr. Hamann konstruierten Proportionalhebelmaschinen und 1925 die von dem gleichen Konstrukteur angegebenen Schaltklinkenmaschinen.

Die Entwicklung der letzten zwei Jahrzehnte ging im Rechenmaschinenbau dahin, den Einfluß des Rechners auf den Gang der Rechnung möglichst auszuschalten. Das ist in weitem Umfang bei den vollautomatischen Maschinen mit elektrischem Antrieb gelungen. Bei diesen hat der Rechner nur die in die Rechnung eingehenden Zahlen einzustellen, die entsprechende Taste zu drücken und das von der Maschine errechnete Resultat abzulesen. Damit sind alle Fehler vermieden, die durch falsche Führung der Rechnung entstehen können; möglich sind nur noch Einstellfehler, die man durch Nachprüfung der eingestellten Zahlen in Kontrollwerken vor Beginn der Rechnung möglichst zu vermeiden sucht, und Ablesefehler. Erleichtert wird die Fehlerkontrolle bei Maschinen mit Druckwerk dadurch, daß die eingehenden Zahlen und das Resultat der Rechnung von der Maschine gedruckt werden [46, 64, 168, 226b, 255]. Diese vollautomatischen Maschinen, die allen Anforderungen, vor allem auch denen des kaufmännischen Rechnens genügen wollen, sind ziemlich kompliziert. Eine längere Einarbeitungszeit ist erforderlich, bis man die Maschine voll beherrscht.

Die starke Verbreitung der Rechenmaschinen hat zu einer vollständigen Änderung der Rechentechnik geführt. Das früher meist übliche logarithmische Rechnen ist stark zurückgedrängt worden. Dementsprechend sind z. B. auch eine Reihe von Tafelwerken neu erschienen, die nicht mehr die Logarithmen der Funktionswerte, sondern diese selbst geben. Insbesondere gilt das für die trigonometrischen Funktionen. Bei Tafeln anderer Funktionen (elliptische Funktionen, Zylinder-, Kugelfunktionen usw.) gibt man meist schon immer den Funktionswert selbst an.

Neben dem Gebrauch der obenerwähnten Maschinen, die man wohl als erweiterte Additionsmaschinen bezeichnet, hat die Verwendung der eigentlichen Additionsmaschinen außerordentlich zugenommen, vor allem auch verbunden mit Schreibmaschinen in der Form von Buchungsmaschinen [224,34]. Dagegen haben sich die eigentlichen Multiplikationsmaschinen nicht eingeführt. Ihr Bau ist seit einigen Jahren, wenigstens in Europa, eingestellt.

Im folgenden soll nun zunächst ein Überblick über die wichtigsten Arbeitsprinzipe der eigentlichen Additionsmaschinen gegeben werden. Ein näheres Eingehen erübrigt sich, da es eine große Zahl von Schriften über diese Maschinen und ihre Handhabung gibt. Ich erwähne nur das vom RKW herausgegebene Heft: Buchungsmaschinen, ihre Auswahl und ihr Einsatz. Weiter sollen dann etwas eingehender Konstruktionsprinzipe und Arbeitsweise der verschiedenen Maschinen zur Ausführung der vier Grundrechnungsarten auseinandergesetzt werden. Da den Schaltorganen die übrigen Einrichtungen angepaßt sind, werden die einzelnen Typen hier nacheinander behandelt. Dabei sollen allerdings nur mechanisch arbeitende Maschinen betrachtet werden.

B. Addiermaschinen

1. Addiervorrichtungen ohne automatische Zehnerübertragung

Derartige Vorrichtungen werden auch wohl einfach als Zählwerke bezeichnet. Schematisch ist eine solche Vorrichtung in Bild 7 für fünfstellige Zahlen dargestellt. Es werden einfache Ziffernstäbe benutzt, die an beiden Seiten gezähnt sind und die der Reihe nach von oben nach unten die Ziffern von Null bis Neun und von Neun bis Null tragen. Die linke Zahnreihe der oberen Hälfte ist meist anders gefärbt als die der unteren. Jeder Stelle der Zahl entspricht eine Zahnstange und zu jedem Stab gehören in der Deckplatte zwei Schaulöcher und ein Schlitz, der oben eine krückstockartige Verlängerung besitzt. Die Schaulöcher, von denen das obere der Subtraktion, das untere der Addition dienen, sind so angeordnet, daß· sich die darin sichtbaren Ziffern zu neun ergänzen. Die

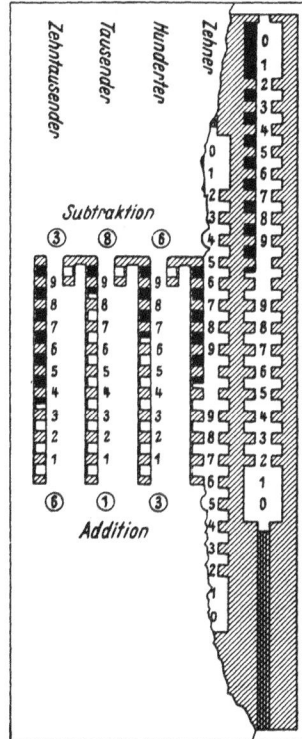

Bild 7. Additionsvorrichtung ohne automatische Zehnerübertragung

Schlitze befinden sich über der linken Zahnreihe des zugehörigen
Stabes und geben je zehn Zähne frei, während die oberen Verlängerungen
über die rechte Zahnreihe des Stabes der nächsthöheren Stelle reichen
und nur einen Zahn frei lassen. Soll man zu der in der Hunderterreihe
stehenden 3 eine 4 addieren, so setzt man einen zugespitzten Stab in die
Lücke der Zahnstange, neben der am Schlitzrande eine 4 steht, und zieht
diese bis zum Anschlag nach unten. Dann erscheint im unteren Schauloch $3 + 4 = 7$, im oberen $6 - 4 = 2$. Soll man aber zu der 3 eine 8
addieren, so setzt man den Stift in die Lücke, neben der auf der Deckplatte eine 8 steht. Diese liegt zwischen dunkel gefärbten Zähnen, deshalb hat man jetzt mit dem Stift nach oben und in der krückenartigen
Verlängerung herumzufahren. Die erste Zahnstange wird so um zwei
Einheiten nach oben verschoben; in der Schaulochreihe erscheint unten
eine 1, oben eine 8, weiter verschiebt sich die Tausenderzahnstange um
eine Einheit nach unten, so daß unten eine 2, oben eine 7 erscheint, entsprechend $13 + 8 = 21$ und $86 - 8 = 78$. Schwierigkeiten entstehen
hier, wenn in der nächsthöheren Stelle oben eine 0 und unten eine 9
gestanden hätte. Für die Subtraktion hat man zur Einstellung des
Minuenden den Stift bei den Ziffern einzusetzen, die die des Minuenden
zu 9 ergänzen und nach unten zu ziehen. Meistens haben diese Vorrichtungen, um direkt den Minuenden einstellen zu können, eine besondere
Schlitzreihe oder besondere Bezifferung für die Subtraktion.

2. Eigentliche Addiermaschinen. Allgemeiner Aufbau

Der wichtigste Teil aller Rechenmaschinen ist das Zähl- oder
Resultatwerk, das entweder wie oben aus Stäben mit einer Zahlen-
reihe oder aus Scheiben besteht, auf denen die Zahlen 0 bis 9 im Kreise
angeordnet sind. Diese Scheiben drehen sich unter einer Deckplatte
so, daß immer eine dieser Ziffern in einem Schauloch sichtbar ist. Man
kann auch ein Rollenzählwerk benutzen, das aus nebeneinanderliegenden
Rollen besteht, auf deren Umfang die Ziffern 0 bis 9 stehen, von denen
immer eine in einem Schauloch sichtbar ist. Zwischenstellungen werden
durch Sperrfedern verhindert, die in Zahnlücken eines mit der Zählscheibe oder -rolle festverbundenen Zahnrades eingreifen. Die Einstellung
der Ziffern erfolgt entweder mittels Stiftes (Bild 8) oder mittels einer
Tastatur (z. B. Bild 9). Bei vielen Rechenmaschinen erscheinen die eingestellten Zahlen in einer besonderen Schaulochreihe, dem Kontrollwerk. Man hat so die Möglichkeit, die Richtigkeit der Einstellung zu
prüfen. Manche Maschinen haben auch ein Druckwerk, das die einzelnen Posten wie auch die Summen bzw. Differenzen druckt. Ferner gehört zu jedem Zählwerk eine automatische Zehnerübertragung und meist
auch eine Löschvorrichtung, mittels der man durch Umlegen eines
Hebels oder Verschiebung eines Knopfes oder Handgriffes bewirkt, daß
in sämtlichen Schaulöchern eine 0 erscheint.

Eine Zehnerübertragung von einem Zahnrad nur auf das nächste verursacht technisch keine Schwierigkeiten. Man bringt z. B. unter jeder Zählscheibe einen Zahn an, der beim Durchgang der Null durch das Schauloch in ein Zahnrad unter der nächsten Zählscheibe greift und diese um eine Stelle weiterdreht. Steht aber z. B. in den beiden nächsthöheren Stellen schon eine Neun, so hat die Zehnerübertragung gleichzeitig noch in diesen beiden Stellen stattzufinden. Es tritt eine »Häufung der Widerstände« ein, da jetzt außer der einen noch drei weitere Ziffernscheiben zu drehen, deren Bewegung noch durch Sperrklinken erschwert ist, und außerdem drei Zehnerübertragungen zu betätigen sind. Dadurch tritt infolge des Nachlassens des Widerstandes nach der Übertragung ein ruckweises Arbeiten ein, das die Ursache von Überschleudern sein kann. Ferner kann es bei einfachen sog. einstufigen Zehnerübertragungen vorkommen, daß infolge des sich addierenden Einflusses, des immer vorhandenen toten Ganges der Zahnräder, die Zehnerübertragung nur über eine gewisse Zahl von Stellen arbeitet und daß man bei höheren Stellen dann mit der Hand nachhelfen muß. Man benutzt daher heute meist Zehnerschaltvorrichtungen, bei denen die Schaltung zweistufig entweder dadurch erfolgt, daß ein vorher etwa von der Maschine aufgespeicherter Impuls ausgelöst wird, oder solche, bei denen von der Maschine bei jedem Arbeitsgang periodisch an sämtlichen Stellen Schaltbewegungen ausgeführt werden, die die Zehnerübertragung auszuführen gestatten. Dabei kommt eine Verbindung mit den zu schaltenden Stellen aber nur dann zustande, wenn die Übertragung nötig ist. Die aufeinanderfolgenden Stellen werden stets nacheinander geschaltet, so daß eine durchlaufende Übertragung von den niedrigeren nach den höheren Stellen staffelförmig erfolgt.

3. Einstufig arbeitende Maschinen

a) Zahnstangenmaschinen

Bei den einfacheren Maschinen erfolgt gleichzeitig mit der Einstellung die Addition.

Bild 8 zeigt schematisch den Längsschnitt durch eine solche Zahnstangenmaschine. Das Einstellwerk besteht aus einer Anzahl nebeneinanderliegender Zahnstangen A, wie sie das Bild 8 zeigt. Auf

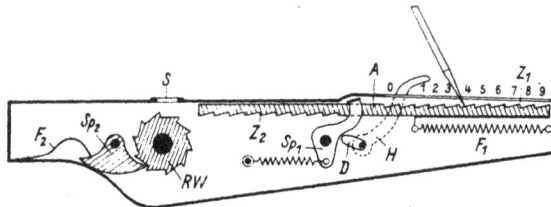
Bild 8. Einstufig arbeitende Additionsmaschine mit Stifteinstellung.

den flachen Abschrägungen der in einem Fenster sichtbaren Zähne Z_1 stehen die Zahlen von 9 bis 1, dann kommt ein unbezifferter Zahn und auf dem letzten steht eine 0. Will man z. B. eine 4 addieren, setzt man den Stift auf das mit 4 bezifferte Feld (s. Bild 8) und führt die Zahnstange bis zum Anschlag herunter. Dabei haben vier der unteren Zähne Z_2 in das gezähnte Resultatwerkrad RW eingegriffen, auf dessen schwachabgeschrägten zehn Zahnflanken ebenfalls die Zahlen 0 bis 9 stehen, und haben dieses um vier Zähne gedreht, also eine 4 zu der dort bereits stehenden Zahl addiert. Zwischen den einzelnen Rollen des Resultatwerks wirken hier nicht gezeichnete Zehnerübertragungen. Bei Abheben des Stiftes wird die Zahnstange zunächst nicht durch die Feder F_1 in die Ruhelage zurückgezogen, sondern durch die Sperrklinke Sp_1 in ihrer Lage gehalten, so daß nach Einbringen der ganzen zu addierenden Zahl, diese zur Kontrolle unmittelbar über dem Anschlag erscheint. War die Einstellung richtig, drückt man auf den an der linken Seite der Maschine liegenden Hebel H, der mittels der Daumen D die sämtlichen Sperrklinken Sp_1 hebt. Die Zahnstangen A schnellen dann in die Ausgangslage zurück, die Rollen des Resultatwerkes RW bleiben aber in ihrer Lage, da ein Zurückdrehen durch die Sperrklinken Sp_2, die durch Blattfedern F_2 angedrückt werden, verhindert wird. Jetzt kann man durch die Schaulöcher S im Zählwerk die Summe ablesen.

Die Subtraktion erfolgt bei solchen Maschinen durch Addition der Komplementzahl. Man bildet z. B. bei fünfstelligen Maschinen $536 - 393 = 536 + 100\,000 - 393 - 100\,000 = 536 + 99\,607 - 100\,000 = 100\,143 - 100\,000$; also statt 393 zu subtrahieren, addiert man das Komplement 99607, das die letzte Ziffer der gegebenen Zahl zu 10, alle übrigen zu 9 ergänzt. Die in der sechsten Stelle auftretende 1 tritt nicht in Erscheinung, da die sechste Stelle fehlt. Bei vielen, insbesondere bei Tasteninstrumenten, stehen diese Ergänzungszahlen klein und in anderer Farbe neben den Hauptzahlen.

Bei manchen Maschinen kann man die Zehnerübertragung zwischen einzelnen Stellen ausschalten. Man bezeichnet das als Splitten des Addierwerkes. Das würde man in obigem Beispiel zwischen den Hundertern und Tausendern machen, damit man nur 607 und nicht 99607 zu addieren braucht.

b) Tastenaddiermaschinen mit Volltastatur

Bild 9 zeigt schematisch Aufsicht und Schnitt durch eine einfache Tastenaddiermaschine mit Volltastatur, bei der also jeder Stelle der Zahl eine Tastenreihe entspricht, die von 1 bis 9 beziffert ist. Ein Druck z. B. auf die Taste 4 dreht den Hebel H um den vierfachen Winkel nach unten, wie ein Druck auf die Taste 1. Dabei gleitet die durch das Verbindungsglied V mit dem Hebelende verbundene Sperrklinke Sp über das mit der Resultatwerksrolle verbundene Zahnrad Z, ohne dieses zu drehen, da es durch die Sperrfeder F_1 in seiner Lage festgehalten wird. Um ein unvollkommenes Niederdrücken der Taste zu verhindern, ist entweder ein Vollhubsperre eingebaut oder ein Motor, der den Hub der

Taste auf alle Fälle zu Ende führt. Nach Freigabe der Tasten und damit der Hebel H wird durch die Federn F_2 der ganze Mechanismus wieder in die Ruhelage gebracht und dabei das Resultatwerksrad an der ge-
zeichneten Stelle um vier Einheiten weitergedreht, die zu der bereits im Resultat-werk stehenden Zahl addiert werden. Bei diesen Maschi-nen wie auch bei anderen sind Vorrichtungen ange-bracht, die ein Überschleu-dern der einzelnen Teile bei schnellem Rechnen ver-hindern, außerdem müssen ziemlich komplizierte Zeh-nerübertragungen eingebaut sein, die z. B. auch arbeiten, wenn mehrere Tasten gleich-zeitig gedrückt werden, die

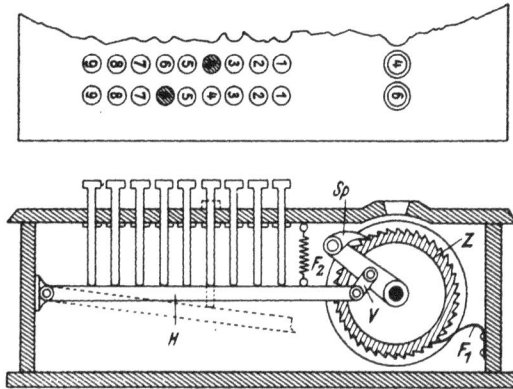

Bild 9. Einstufig arbeitende Additionsmaschine mit Volltastatur.

also auch auf ein bewegtes Resultatwerksrad wirken und nicht nur auf ein ruhendes.

Durch diese auf ein bewegtes Resultatwerk wirkende Zehnerüber-tragung gestatten diese Maschinen ein außerordentlich schnelles Rechnen. Man kann mit ihnen z. B. fast ebenso schnell multiplizieren, wie mit den später zu besprechenden Maschinen mit Handkurbel (II, c). Dazu drückt man die sämtlichen Ziffern des Multiplikanden gleichzeitig so oft nieder, wie die Einer des Multiplikators angeben, rückt dann mit der gleichen Fingerstellung um eine Tastenbreite nach links, drückt um die durch die Zehner des Multiplikators angegebene Anzahl von Malen nieder, rückt wieder mit unveränderter Fingerstellung um eine Tastenbreite nach links usw. Ähnlich kann man durch wiederholtes Subtrahieren die Division ausführen. Diese Maschinen haben aber den wesentlichen Nachteil, daß man keine Kontrolle hat, ob die Zahlen auch richtig eingetastet wurden. Sie eignen sich daher weniger zur Ausführung neuer als zur Nach-prüfung fertig vorliegender Rechnungen.

c) Maschinen mit reduzierter Tastatur

Während bei dieser Art Maschinen mit Volltastatur, wie erwähnt, sämtliche Ziffern eines Postens gleichzeitig gedrückt werden können, haben andere eine reduzierte Tastatur von zehn Tasten für die einzelnen Ziffern. Hier können die Ziffern natürlich nur einzeln eingetastet werden. Außerdem wird durch Drücken einer Taste einer weiteren Ziffernreihe die Stelle bestimmt, an der die betreffende Ziffer addiert oder subtrahiert werden soll. Dieses System wird bei Schreibmaschinen mit Addiervorrichtung (z. B. Remington) verwendet. Oft haben diese Maschinen mehrere Zählwerke, die gleichzeitig additiv oder subtraktiv arbeiten können.

4. Zweistufig arbeitende Maschinen mit Volltastatur

a) Aufbau der Maschinen

Bei zweistufig arbeitenden Maschinen erfolgt die Addition bzw. Subtraktion in zwei Arbeitsgängen [33, 226, 226b]. Im ersten wird die Zahl, die zu der bereits im Zählwerk stehenden addiert oder von ihr subtrahiert werden soll, mittels der Tastatur eingestellt, im zweiten erfolgt dann die Ausführung der Rechnung und bei den meisten Maschinen der Druck der eingetasteten Zahl. Der zweite Arbeitsgang wird durch Hin- und Herbewegen eines Handhebels (in Bild 10 H_1) oder durch einen Motor durchgeführt, der durch Druck auf eine besondere Motortaste eingerückt wird und der dann die Antriebswelle einmal herumdreht. Diese Taste liegt meist rechts neben dem Tastenbrett und hat etwa die Form der Spatientaste einer Schreibmaschine. Die niedergedrückten Tasten werden in der Tieflage festgehalten, so daß die Einstellung vor Ausführung der Rechnung kontrolliert werden kann. Ein besonderes Kontrollwerk, in dem die eingestellte Zahl erscheint, erübrigt sich so und fehlt auch meistens an diesen Maschinen. Im allgemeinen ist die Tastensperrung »selbstkorrigierend«. Hat man also eine falsche Taste gedrückt, braucht man in der gleichen Tastenreihe nur die richtige Taste niederzudrücken. Diese wird dann in der Tieflage festgehalten und die falsch eingestellte springt heraus. In Spalten, in denen eine Null steht, braucht keine Taste gedrückt zu werden. Das schematische Bild 10 zeigt den Längsschnitt durch eine solche Maschine mit Druckwerk. Für die Rechnungskontrolle ist dieses Druckwerk sehr wichtig. Gelegentlich fehlt sogar das Resultatwerk; die Summe oder Differenz erscheint dann erst im Druck. Das Wesentliche im Schaltwerk dieser Maschinen ist ein zweiarmiger Hebel H_3, an dessen vorderer Seite sich die Verzahnung zum Eingriff in die Ziffernräder des Zählwerkes befinden und dessen hinteres Ende die Drucktypen trägt.

Der Arbeitsgang der Maschine bei Addition ist der folgende:

b) Der Arbeitsgang der Maschine

α) Erster Arbeitsgang: Durch Drücken einer Taste wird mittels des darunterliegenden Winkelhebels H_2 ein damit verbundenes Gestänge G so bewegt, daß es mit seinem anderen Ende einen Anschlag A, der sich in einem Schlitz einer feststehenden Platte P verschiebt, so verrückt, daß er in die Bahn der Nase N des Zahnsegmentes Z kommt. Ferner wird durch den Winkelhebel die unter jeder Tastenreihe entlang laufende Schiene S zurückgeschoben. Dadurch wird der Sperrhebel Sp zurückgedreht und der zweiarmige Hebel H_3 freigegeben.

β) Zweiter Arbeitsgang: Nachdem so die ganze Zahl eingestellt ist, wird der Antriebshebel H_1 nach vorn gezogen und schnellt von dort durch starke Federn in seine Anfangslage zurück. Dadurch geschieht folgendes: Bei der Vorwärtsbewegung senkt sich die Querleiste L, die bisher die Hebel H_3 in ihrer Ruhelage festhielt in die punktierte Lage. Die nichtgesperrten Hebel H_3 sinken vermöge ihrer Schwere oder infolge daran angreifender Federn so weit, bis die Nase N auf den Anschlag A schlägt. Dabei hebt sich der hintere Bogen von H_3, in dem Drucktypen T verschiebbar gelagert sind, so, daß an der Stelle, in der in der Ruhelage die Type 0 stand, jetzt die der gedrückten Zahl entsprechende steht. Dann werden die durch Federn gespannten Druckhämmer D frei, schlagen auf die Typen und drucken den zu addierenden Posten auf das Papierband P. Beim Rückgang des An-

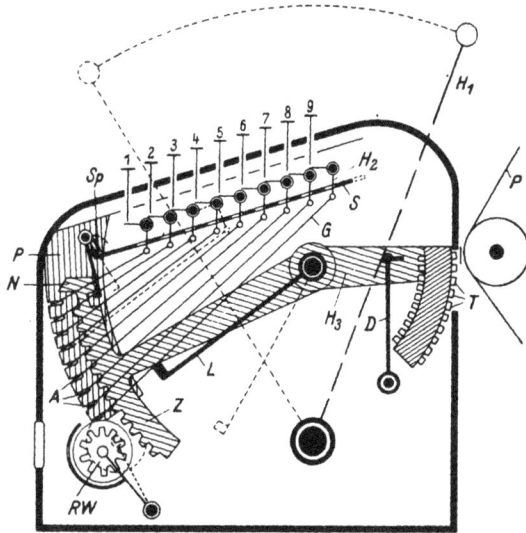

Bild 10. Zweistufig arbeitende Additionsmaschine mit Volltastatur.

triebshebels wird das Resultatwerk RW um seine Achse geschwenkt und kommt zum Eingriff mit dem Zahnbogen Z. Dieser wird durch die in die Ruhelage zurückgehende Leiste L gehoben. Dabei drehen sich die Räder von RW um die eingestellte Zahl, die so zu der bereits im Resultatwerk stehenden addiert wird. Zum Schluß rückt das Papierband um eine Stelle weiter, die Tastensperrung wird gelöst und diese springen in die Anfangslage zurück, falls nicht die Repetiertaste gedrückt ist. In diesem Falle bleibt die Tasteneinstellung, und man kann durch wiederholtes Umlegen des Antriebshebels die eingestellte Zahl ebenso oft addieren.

c) Die Subtraktion

erfolgt entweder durch Addieren der Komplementzahl oder dadurch, daß man vor dem Ziehen des Antriebshebels eine Subtraktionstaste drückt; dadurch wird entweder bewirkt, daß das Resultatwerk statt beim Rückgang schon beim Hingang mit dem Zahnbogen gekuppelt wird oder daß ein Zwischenrad zwischen Zahnbogen und Zählwerkrad eingeschaltet wird. In beiden Fällen bewegt sich letzteres entgegengesetzt wie bei Addition.

d) Summenbildung

Die Summe kann man im Resultatwerk ablesen; man kann sie aber auch drucken. Dazu führt man zunächst eine Leerbewegung mit dem Antriebshebel aus. Dadurch wird der Papierstreifen um eine Zeile weitergerückt. Dann drückt man vor der nächsten Bewegung des Antriebshebels die Summentaste. Dadurch wird erreicht, daß schon beim Heruntergehen des Hebels H_3 das Resultatwerk in die Zähne Z eingreift. Das Resultatwerk wird bis auf 0 zurückgedreht, dann greift aber eine Hemmung ein, so daß das Zahnsegment von H_3 sich nur um soviel Zähne nach unten bewegt, wie die im Zählwerk stehende Zahl angibt. Dadurch stehen jetzt die entsprechenden Drucktypen dem Papier gegenüber. Jetzt schlagen die Hämmer D auf die Typen und drucken die Zahl, die im Resultatwerk stand. Bei der Rückwärtsbewegung des Antriebshebels wird das Zählwerk ausgekoppelt, bleibt also auf 0 stehen, während das Antriebswerk in die Ausgangslage zurückkehrt. Der Summe und dem ersten Posten wird von der Maschine selbsttätig ein Zeichen beigedruckt, oder dieser Druck erfolgt in anderer Farbe, damit sich die Summe abhebt und damit man erkennt, daß die Maschine beim Beginn der Rechnung klargestellt war. Beim Zwischensummezug wird die Zwischensummentaste gedrückt. Der Arbeitsgang verläuft zunächst genau wie oben, nur wird beim Rückgang der Zahnsegmente das Resultatwerk nicht ausgeschaltet, so daß die Summe am Schluß wieder in ihm erscheint und man mit ihr weiter rechnen kann. Auch die gedruckten Zwischensummen werden besonders gekennzeichnet.

e) Das wissenschaftliche Rechnen

Für das wissenschaftliche Rechnen, insbesondere die Berechnung von Funktionstafeln, können diese Maschinen mit Vorteil benutzt werden. Früher hat man besondere Maschinen für diese Zwecke konstruiert; z. B. haben Babbage, G. und E. Schütz, M. Wiberg, Bauschinger und Peters derartige Maschinen gebaut [105]. Heute benutzt man für diese Rechnungen möglichst im Handel befindliche Maschinen. Insbesondere hat sich da eine nach Patenten des Amerikaners Ellis gebaute Maschine, die Nationalbuchungsmaschine, eine Multiplexmaschine — als Multiplexmaschine bezeichnet man eine Maschine mit mehreren Zählwerken — mit zwölfspaltiger Tastatur, Druckwerk, sechs Addierwerken und einem Wagen bewährt. Die Haupteigenschaften der Maschine, auf der ihre Verwendbarkeit für derartige Rechnungen beruht, sind die, daß eine mit der Tastatur eingestellte Zahl in jedes beliebige Resultatwerk, davon in zwei auch negativ, oder auch in jede Kombination von Zählwerken übernommen werden kann, und vor allem darauf, daß der Inhalt eines jeden Resultatwerkes in jedes andere oder in jede Kombination von Zählwerken übertragen und zugleich gedruckt werden kann, mit und ohne Löschung des betreffenden Zählwerkes. Die Arbeitsverfahren für die Tafelberechnung mit diesen Maschinen, die vor allem die drei folgenden Operationen: Summieren von Differenzen, Differenzenbildung und Untertafelung erfordern, sind von Comrie ausgearbeitet worden [58, 191, 85].

Die bekanntesten deutschen Maschinen mit Volltastatur sind Continental, Goerz und Tasma. Auch die Registrierkassen sind zweistufig arbeitende Addiermaschinen [34].

5. Zweistufig arbeitende Maschinen mit Zehnertastatur

a) Aufbau

Maschinen mit reduzierter Tastatur haben außer den Operationstasten (Additions- und Subtraktionstaste oder -hebel, Summentaste, Teilsummentaste usw.) nur die neun Zifferntasten und drei Tasten mit den Bezeichnungen 0, 00 und 000. Die Einstellung einer Zahl erfolgt so, daß man, mit der Ziffer der höchsten Stelle beginnend, die Ziffern der einzelnen Stellen der Reihe nach tippt. Nullen, auch wenn sie am Ende stehen, müssen hier ebenfalls getippt werden. Treten zwei oder drei Nullen hintereinander auf, tippt man nur einmal die Taste 00 oder 000. Die eingetastete Zahl erscheint im allgemeinen in einem Kontrollwerk, so daß man vor Ausführung der Rechnung die Einstellung kontrollieren kann. War die Einstellung falsch, muß man sie vollständig löschen und die Zahl von neuem eintasten.

b) Arbeitsprinzip

Das Arbeitsprinzip der Maschine sei an den beiden schematischen Bildern 11 und 12 erläutert. Die bezifferten Tasten T bewegen Hebel, die sich um die Achse A_1 drehen und am anderen Ende so umgebogen sind, daß ihre Enden auf einer Geraden senkrecht zur Achse A_1 unter den neun Stiften der ersten Stiftreihe des Stiftschlittens S liegen. Schlägt

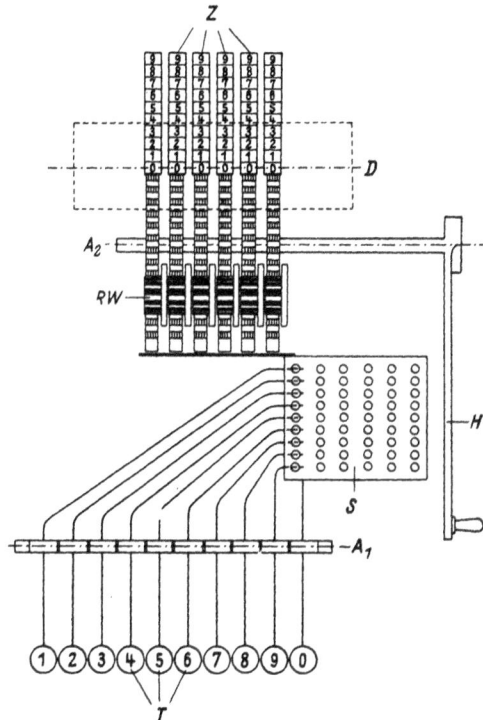

Bild 11. Zweistufig arbeitende Additionsmaschine mit Zehnertastatur (Ruhestellung).

man eine Taste an, so wird der entsprechende Stift der ersten Reihe nach oben aus der Platte des Stiftschlittens herausgedrückt, sodann springt dieser nach links um soviel weiter, daß die zweite Stiftreihe über den Hebelenden liegt. Die Ziffer der nächsthöchsten Stelle wird angeschlagen und dadurch der entsprechende Stift herausgedrückt; wieder springt der Schlitten um eine Stelle nach links usw. Bei Anschlagen der Tasten 0, 00 und 000 springt der Schlitten um eine, zwei oder drei Stellen nach links, ohne daß ein Stift herausgedrückt wird, dafür wird aber bewirkt, daß die über den entsprechenden Stellen liegenden Antriebsstangen Z in ihrer Lage gesperrt werden. Ist die Zahl eingestellt, wird der Antriebshebel H in

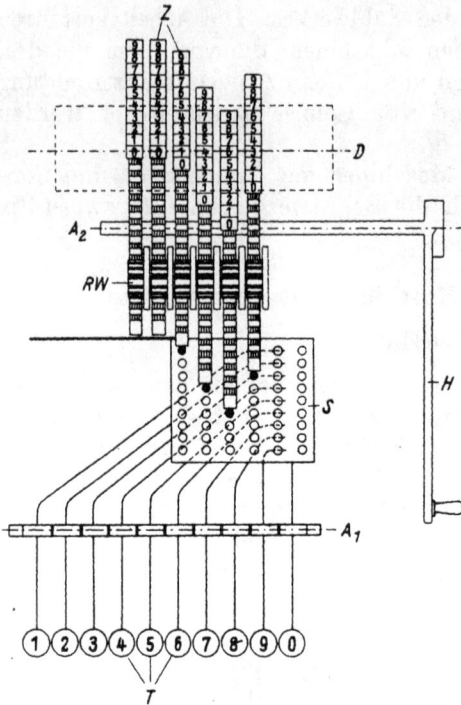

Bild 12. Zweistufig arbeitende Additionsmaschine mit Zehnertastatur (Arbeitsstellung).

Bewegung gesetzt bzw. der Antriebsmotor eingerückt. Dadurch werden zunächst die Antriebszahnstangen Z, unter denen Stiftreihen des Schlittens stehen, freigegeben und schlagen infolge Federzuges nach unten gegen die herausgedrückten Stifte des Schlittens Bild 12. Die Zahnstangen tragen oben die Drucktypen von 0 bis 9. Nach dem Heruntergleiten stehen auf der Drucklinie D die Typen der eingestellten Zahl. Die Druckhämmer werden freigegeben, schlagen mittels Federkraft zu und drucken die eingestellte Zahl. Jetzt greifen die Zahnräder des Resultatwerkes RW in die Zähne der Antriebsstangen Z ein und beim Zurückgehen der Stangen erfolgt im Resultatwerk die Addition der eingestellten Zahl. Die Zehnertastenmaschinen stimmen im übrigen in ihrer Arbeitsweise und Leistungsfähigkeit mit den Volltastaturmaschinen überein, nur ermöglichen sie, falls sie kein Kontrollwerk haben, nicht die Kontrolle der eingestellten Zahl vor der Ausführung der Operation; dafür hat man im allgemeinen eine größere Sicherheit dafür, daß man die richtige Zahl auch in der richtigen Spalte einstellt.

Die verbreitetsten deutschen Maschinen mit Zehnertastatur sind: Astra, Mauser, Mercedes und Rheinmetall.

6. Nach dem Speicherverfahren arbeitende Maschinen

Es ist möglich, den Empfang entsprechend gebauter Addiermaschinen durch Lochkarten zu steuern. Die in die Rechnung eingehenden Zahlen werden dann ein für allemal mittels Lochschrift in solche Karten eingetragen und damit gespeichert, und zwar kann das natürlich an beliebigem Ort und zu beliebiger Zeit geschehen. Es gibt elektromagnetisch und mechanisch arbeitende Lochkartenmaschinen. Die Lochung und Ordnung der Karten geschieht in besonderen Maschinen. Zur Auswertung der Aufzeichnungen dienen die Tabuliermaschinen. Diese haben Addiervorrichtungen. Bei den mechanisch arbeitenden Maschinen ist das Arbeitsschema dieser Vorrichtungen etwa das folgende: Die Lochkarte, deren Form rechts unten in Bild 13 angedeutet ist, wird an der mit L bezeichneten Stelle in die Maschine eingeführt. Das Bild gibt den einer Ziffer entsprechenden Mechanismus wieder. Durch Anheben des Kastens K werden in Reihen zu Zehn liegende gefederte Fühlstifte F gegen die Lochkarte gedrückt und dringen dort, wo ein Loch ist, durch die Karte durch, während alle anderen gegen die Karte stoßen und entgegen der Federwirkung nach unten gedrückt werden. In jeder Reihe tritt also ein Stift durch und hebt mittels der zugehörigen Übertragungsstange S das Stellstück A so an, daß sein Ende in die Bahn der Nase N kommt, die sich am Ende des Zahnsegmentes Z befindet. Durch Verschwenken der Brücke B wird dieses Segment freigegeben und so ver-

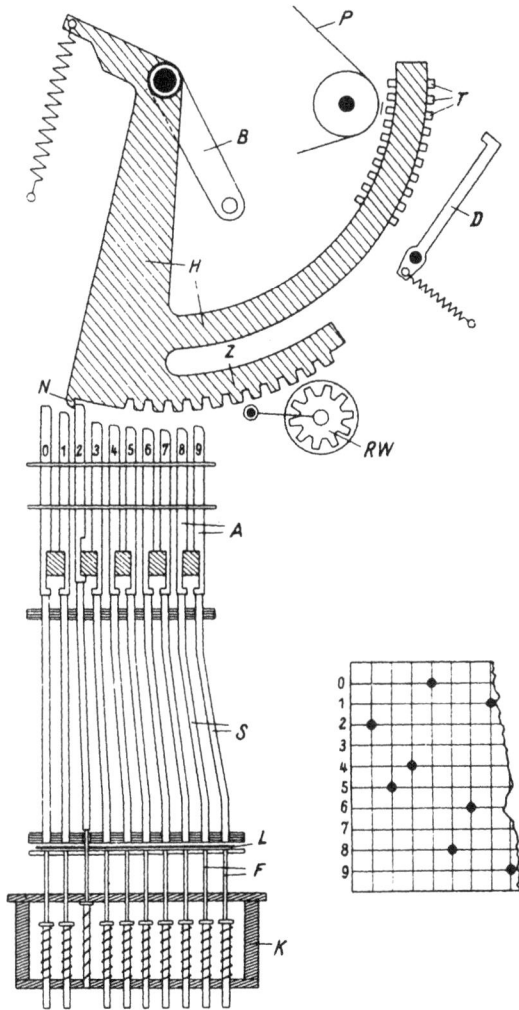

Bild 13. Nach dem Lochkartenverfahren arbeitende Additionsmaschine.

dreht, daß die Nase gegen den herausstehenden Anschlag A schlägt. Jetzt steht die an dem Segment befindliche Drucktype T, die der gelochten Ziffer entspricht, dem Papier P gegenüber. Die Druckhämmer D werden freigegeben, schlagen mittels Federzug gegen die Type und drucken die gelochte Zahl. Vor dem Rückgang des Segmentes wird das Resultatwerk RW um seine Achse geschwenkt, so daß die Zähne eingreifen. Infolgedessen wird beim Rückgang die gelochte Zahl zu der bereits im Resultatwerk stehenden addiert. Am Schluß der Bewegung kehrt dann alles in die Ausgangslage zurück. Die Summe kann entweder im Resultatwerk abgelesen werden oder auch ähnlich wie oben beschrieben gedruckt werden [30, 109].

C. Erweiterte Additionsmaschinen

1. Äußerer Aufbau

Die erweiterten Additionsmaschinen, bei denen die Multiplikation durch wiederholte Addition, die Division durch wiederholte Subtraktion erfolgt, arbeiten sämtlich zweistufig. Es erfolgt zunächst mittels

Bild 14. Sprossenrad-Maschine mit Hebeleinstellung (Brunsviga 13 ZG-ZK).

Knöpfen, Hebeln oder Tasten die Einstellung und dann durch Drehen einer Kurbel K oder Einrücken eines Motors die Übertragung der eingestellten Zahl ins Resultatwerk. Die Maschinen können sowohl zur Addition und Subtraktion wie zur Multiplikation und Division benutzt werden. Auf fast allen findet man in nebeneinanderliegenden Schaulöchern drei Zahlenreihen. Das Kontrollwerk KW zur Prüfung der eingestellten Zahl, das Umdrehungszählwerk *UW*, das die Trieb wellenumdrehungen zählt, und das Resultatwerk *RW*. In diesem erscheinen die Ergebnisse der Addition, der Subtraktion und der Multiplikation, während das Resultat einer Division nicht hier, sondern im Umdrehungszählwerk erscheint. Man bezeichnet daher *RW* auch wohl als Hauptzählwerk, während man statt Umdrehungszählwerk auch wohl Quotientenwerk sagt. Dazu kommt bei manchen Maschinen noch ein Speicherwerk *SpW* zur Aufbewahrung berechneter Werte. An Stäben, die an allen Ziffernreihen entlanglaufen, sind verschiebbare Zeiger angebracht, die dazu dienen, das Dezimalkomma einzustellen oder sonstige Einteilungen in Gruppen vorzunehmen. Die Übertragung der eingestellten Zahl aus dem Einstellwerk in das Resultatwerk erfolgt durch das Schalt- oder Übertragungswerk. Je nach der Art des Schaltwerkes unterscheidet man vier verschiedene Arten von Maschinen: Sprossenrad-, Staffelwalzen-, Proportionalhebel- und Schaltklinken-Maschinen. Da es unmöglich ist, auf alle von den verschiedenen Firmen herausgebrachten Konstruktionen einzugehen, soll hier nur das Arbeitsprinzip der Maschinen auseinandergesetzt und von jeder Type ein oder zwei charakteristische Maschinen etwas eingehender behandelt werden.

2. Sprossenradmaschinen

a) Das Sprossenrad

Die in Bild 14 wiedergegebene Maschine hat als Schaltwerk Sprossenräder *SpR*, d. h. Räder mit veränderlicher Zähnezahl. Bild 15 zeigt nebeneinander die beiden gegeneinander verdrehbaren Teile eines solchen Rades in schematischer Darstellung. Der rechts gezeichnete, fest mit der Antriebwelle verbundene Teil hat auf etwa ein Viertel des Umfanges radiale Schlitze, in denen Zähne *Z* verschiebbar sind. Im Bilde ragen vier Zähne heraus, die übrigen liegen ganz in den Schlitzen. Die Zähne haben einen seitlichen Ansatz, der in eine Blende *B* des drehbaren Teiles eingreift. Befinden sich die Ansätze in dem Teil der Blende mit dem kleineren Radius, so stehen die Zähne nicht aus dem Rade hervor, im anderen Falle greifen sie über den Radrand hinaus. Die Drehung des beweglichen Teiles erfolgt mittels des Hebels *H*, der aus dem zugehörigen Spalt des Einstellwerkes herausragt (Bild 15 und 16). Stellt man ihn z. B. auf die neben dem Spalt stehende 5, so dreht sich dieser Teil so, daß 5 Zähne aus dem Rad herausgeschoben werden. Der drehbare Teil wird durch eine Sperrklinke *SpK* in seiner Lage festgehalten; diese verhindert auch Zwischenlagen. Bei Beginn jeder Kurbeldrehung werden diese Sperrklinken durch einen sich in Richtung der Kurbelachse verschiebenden Kamm gesperrt, so daß während der Drehung keine Veränderung der Einstellung erfolgen kann. Unter jedem Schlitz des Einstellwerkes liegt ein solches Sprossenrad. Alle sind auf der Antriebwelle befestigt, die mittels der Kurbel gedreht wird, und zwar erfolgt die Umdrehung nach vorn herum beginnend, wenn die eingestellte Zahl zu der im Resultatenwerk stehenden addiert, in entgegengesetzter Richtung, wenn sie subtrahiert werden soll.

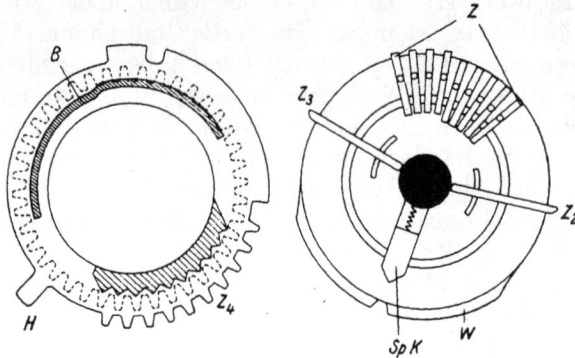

Bild 15. Sprossenrad, auseinandergeklappt.

b) Multiplikation

Nachdem man den Multiplikanden durch Verschiebung der Handgriffe H in das Einzelwerk gebracht hat, kann man in dem über dem Einstellwerk liegenden Kontrollwerk KW die Richtigkeit der Einstellung prüfen, denn auf die zu ihm gehörenden Ziffernrollen (Bild 16) wird durch

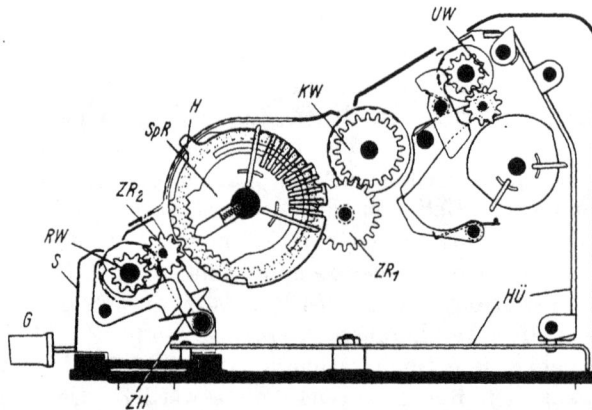

Bild 16. Schnitt durch eine Sprossenrad-Maschine (nach Brunsviga-Sonderheft 1938. Seite 14).

dazwischen geschaltete Zahnräder ZR_1 die Drehung des beweglichen Teiles des Sprossenrades übertragen, so daß in dem zugehörigen Schauloch die eingestellte Ziffer sichtbar wird. Dann wird durch Kurbeldrehungen der Multiplikator in das Umdrehungszählwerk gebracht. Bei jeder Umdrehung greifen die herausstehenden Zähne der Sprossenräder in die Zahnräder ZR_2 des Resultatwerkes und drehen diese um die entsprechende Anzahl von Zähnen weiter, und diese drehen wieder die Trommeln RW, auf denen die in den Schaulöchern des Resultatwerkes sichtbaren Ziffern stehen. Je nach der Umdrehungsrichtung erfolgt also Addition bzw. Subtraktion der eingestellten Zahl zu der im Resultatwerk bereits stehenden. Die Zahl der Umdrehungen der Antriebswelle wird durch die Ziffernrollen UW des Umdrehungszählwerkes weiß bzw. rot angezeigt.

c) Schlittenverschiebung

Soll mit einer mehrstelligen Zahl, z. B. 312, multipliziert werden, so braucht die Kurbel nicht 312mal gedreht zu werden, sondern nur sechsmal. Um das zu erreichen, sind Hauptzählwerk und oft auch Umdrehungszählwerk in einen Schlitten S eingebaut (Bild 17), der z. B. bei

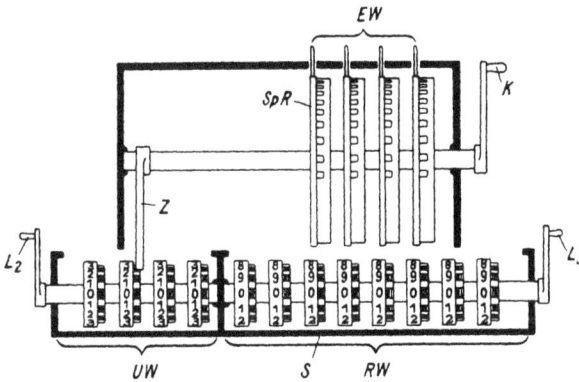

Bild 17. Schematische Darstellung einer älteren Sprossenrad-Maschine.

den Brunsviga-Maschinen mittels seitlichen Druckes auf den Griff G um eine Stelle nach links oder rechts verschiebbar ist. Bei Eindrücken von G ist der Schlitten beliebig verschiebbar.

In obigem Falle stellt man den Schlitten so ein, daß die letzte Stelle des Resultatwerkes rechts unter der niedrigsten Stelle des Einstellwerkes steht und kurbelt zweimal. Dabei greift der auf der Triebwelle sitzende Zahn Z in das Rad der niedrigsten Stelle des Umdrehungszählwerkes UW zweimal ein, so daß hier die Zahl 2 erscheint. Dann verschiebt man den Schlitten um eine Stelle nach rechts. Durch Einschnappen eines Hebels wird der Schlitten dabei in der richtigen Lage festgehalten. Jetzt steht das letzte Sprossenrad rechts der zweiten Stelle des Resultatwerkes gegenüber. Eine Umdrehung bewirkt also eine Multiplikation mit 10. Eine weitere Verschiebung um eine Stelle nach rechts und dreimalige Drehung der Kurbel bringt das dreihundertfache der Zahl in das Resultatwerk.

Damit ist die Multiplikation mit 312 ausgeführt. Im Umdrehungszählwerk erscheint die Zahl 312. Die in Bild 14 wiedergegebene Maschine hat ganz oben ein feststehendes Umdrehungszählwerk.

Insbesondere für vermessungstechnische Zwecke werden Sprossenradmaschinen mit zwei Einstellwerken, die unabhängig voneinander gleich- und gegenläufig arbeiten können, mit zwei Resultatwerken aber nur mit einem Umdrehungszählwerk gebaut. Diese Maschinen werden neuerdings sehr vielfach verwendet [79, 142, 163, 164, 184, 189, 225, 310, 334, 348, 376].

d) Zehnerübertragung

Das Haupt-, aber bei fast allen neueren Maschinen auch das Umdrehungszählwerk haben Zehnerübertragung [109, 440]. Bild 18 gibt ein solches Zehnerübertragungsgetriebe schematisch. Bild 19 zeigt den Schlitten einer älteren Maschine, aus dem die Zählräder bis auf zwei herausgenommen sind, so daß man die der Zehnerübertragung dienenden Teile, die

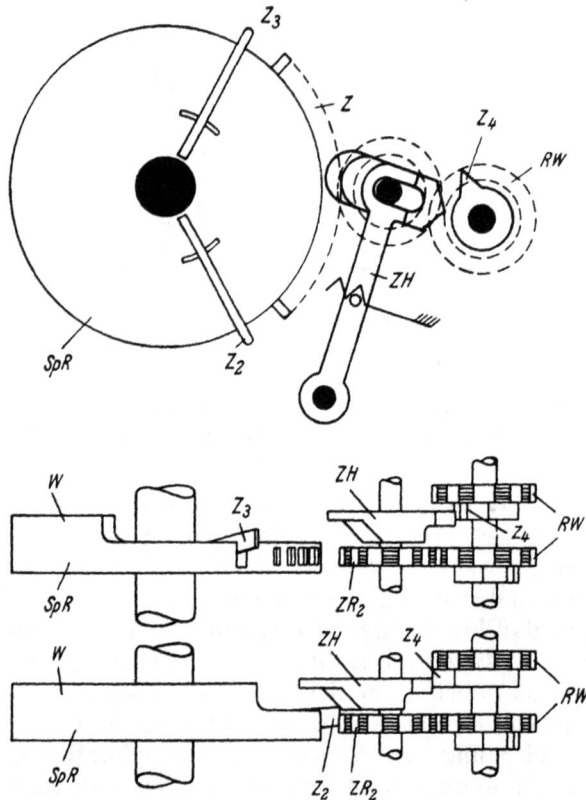

Bild 18. Schematische Darstellung der Zehnerübertragung im Resultatwerk.

in 18 angedeutet sind, erkennt. Der Zehnerhebel *ZH* wird durch einen Zahn oder Knopf, der am Zählrad der nächst niederen Stelle angebracht ist, auf das Sprossenrad zu gedrückt, wenn in dieser niedrigeren Stelle die sichtbare Ziffer des Zählrades von Null auf neun oder umgekehrt

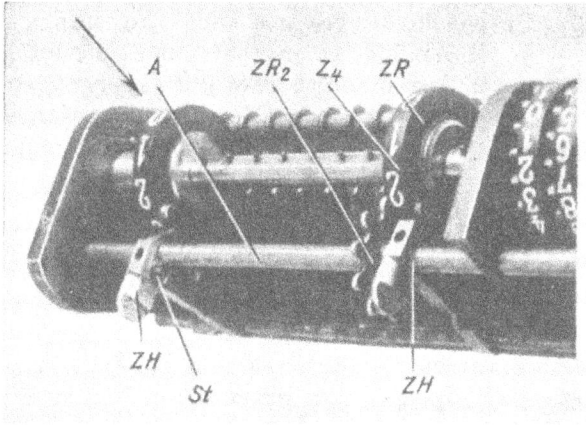

Bild 19. Schlitten einer älteren Brunsviga-Maschine. Zählrollen bis auf zwei ausgebaut.

geht. Der Hebel ist nach dem Sprossenrade zu abgeschrägt. Er wird durch eine Feder in seinen beiden Lagen festgehalten. In der schematischen Zeichnung 18 ist diese durch eine Blattfeder angedeutet. In Wirklichkeit ist es ein gefederter, nach oben dachförmig abgeschrägter Stift (*St* Bild 19), der in die Öse des Hebels *ZH* hineinragt und sich entweder vor oder hinter die durch die Öse hindurchgehende Achse *A* legt, auf der auch die Zwischenzahnräder ZR_2 sitzen. Bei der Stellung von *ZH* in Bild 19 links ist eine Zehnerübertragung vorbereitet, bei der Stellung rechts nicht. Bei der weiteren Umdrehung des Sprossenrades wird dann durch den Zehnerhebel *ZH* die Zehnersprosse Z_2 bzw. Z_3 der nächsten Stelle in axialer Richtung verschoben und zum Eingreifen in das zugehörige Zwischenrad des Hauptzählwerkes gebracht (Bild 18 unten). Bild 20 zeigt die Stellung von Z_3 unmittelbar vor Beginn der Zehnerübertragung. Die Zehnersprosse wird sofort nach ausgeführter Zehnerüber-

Bild 20. Zehnerübertragung unmittelbar vor der Ausführung.

tragung durch Federkraft in die Ruhelage gezogen und der Zehnerhebel *ZH* wird durch einen Wulst am Sprossenrade wieder zurückgedrückt. In Bild 18 ist dieser als seitliche Verbreiterung gezeichnet. In Wirklichkeit ist es ein radial ansetzender Wulst, wie ihn Bild 15 und 16 zeigen. Die Zähne Z_2 und Z_3 sind bei jeder höheren Stelle etwas gegen die Lage in der vorhergehenden verrückt, damit die Übertragung von der niedrigsten Stelle beginnend nacheinander erfolgen kann. Sie ordnen sich also auf etwa drei Achteln der Windung einer rechts- und einer linksgewundenen Schraubenlinie an. Es lassen sich so etwa je 15 solcher Zähne anordnen. Daher hat z. B. die große Brunsviga-Maschine mit zwanzig Stellen im Resultatwerk nur bis zur fünfzehnten Zehnerübertragung. Andere Maschinen, wie die in Bild 23 wiedergegebene, haben besondere Zehner-übertragungsräder, die bis zum fünfzehnten auf einer gemeinsamen Welle sitzen. Die restlichen sind auf einer besonderen Welle angeordnet, die sich mit der doppelten Geschwindigkeit dreht. Diese Zähne greifen erst dann ein, wenn die Zehnerübertragungen in den niedrigsten 15 Stellen ausgeführt sind.

Ganz ähnlich wie im Resultatwerk geht die Zehnerübertragung im Umdrehungszählwerk vor sich, ihr dienen die in Bild 16 oben rechts ge-

Bild 21. Umdrehungszählwerk einer Brunsvigamaschine mit Zehnerübertragung.

zeichneten Teile. Bild 21 zeigt die Rückseite einer geöffneten Brunsviga-Maschine. Man erkennt die Übertragungshebel *HÜ*. Diese verschieben in der Nut *N* einer sich mit der Triebwelle drehenden Achse *A* einen

Daumen D so, daß er immer in die gerade in Betracht kommende Stelle des Umdrehungszählwerks eingreift. Ferner sieht man die Welle ZW mit den staffelförmig versetzten Zehnersprossen.

e) Abgekürzte Multiplikation

Bei Maschinen, die auch im Umdrehungszählwerk Zehnerübertragung haben, kommt man bei der Multiplikation oft mit weniger Umdrehungen aus, als die Quersumme des Multiplikators angibt. Soll man z. B. mit 198 multiplizieren, wird man zunächst mit 200 malnehmen, den Schlitten um zwei Stellen nach links verschieben und durch zweimalige Kurbeldrehung in der Minusrichtung die Zahl zweimal subtrahieren. Das Umdrehungszählwerk zeigt dann 198, und man ist statt mit 18 mit 4 Kurbeldrehungen ausgekommen.

f) Löschvorrichtung

Durch Umlegen der Hebel L_1, L_2 und L_3 (Bild 14) um etwa 90^0 können die im Einstell-, Umdrehungs- und Hauptzählwerk stehenden Zahlen gelöscht werden. Durch entsprechende Einstellung eines kleinen Kopplungshebels KH kann man erreichen, daß der Löschhebel L_4 gleichzeitig Einstell- und Umdrehungszählwerk oder alle drei Werke auf Null stellt bzw. daß der Löschhebel L_2 nur das Umdrehungszählwerk oder dieses und das Einstell- und Kontrollwerk löscht.

g) Rückübertragung

Mit den beschriebenen Vorrichtungen kann man Ausdrücke der Form $s = a \cdot b \pm c \cdot d \pm \ldots$ berechnen. Dazu berechnet man zunächst $a \cdot b$. Einstell- und Umdrehungszählwerk werden gelöscht; dann c ins Einstellwerk gebracht und d in positiver oder negativer Richtung ins Umdrehungszählwerk gekurbelt, je nachdem man $a \cdot b + c \cdot d$ oder $a \cdot b - c \cdot d$ bilden soll usw. Um bequem auch das Produkt mehrerer Faktoren $a \cdot b \cdot c \cdot \ldots$ berechnen zu können, haben einige Maschinen, wie die in Bild 14, Vorrichtungen, um die im Resultatwerk stehende Zahl ins Einstellwerk zu übertragen. Dazu löscht man mit dem Hebel L_1 Einstell- und Kontrollwerk, legt diesen Hebel noch etwas weiter um, wodurch bewirkt wird, daß die Zahnräder des Resultatwerkes in die gegenüberliegenden Zähne des drehbaren Teiles des Sprossenrades eingreifen. Legt man jetzt den Hebel L_4 um, so werden die im Haupt- und Umdrehungszählwerk stehenden Zahlen gelöscht. Die Rückdrehung der Räder des Resultatwerkes wird aber durch die Zahnräder ZR_2 (Bild 16) auf den beweglichen Teil der Sprossenräder übertragen, und im Einstell- und Kontrollwerk erscheint die vorher im Resultatwerk stehende Zahl $a \cdot b$, während Haupt- und Umdrehungszählwerk gelöscht sind. Jetzt kann man sofort c ins Umdrehungszählwerk kurbeln und erhält im Resultatwerk die Zahl $a \cdot b \cdot c$ usw.

h) Division

Zur Division bringt man den Dividenden ins Resultatwerk, und zwar mit seiner höchsten Ziffer ganz links beginnend. Das kann entweder mittels kleiner Rändelrädchen oder Wirtel, die neben oder über den einzelnen Zählrollen des Resultatwerkes liegen, geschehen, oder wenn diese fehlen, stellt man den Dividenden im Einstellwerk ein, kurbelt ihn ganz links ins Resultatwerk und löscht Einstell- und Umdrehungszählwerk. Dann bringt man den Divisor ebenfalls mit der höchsten Ziffer ganz links beginnend ins Einstellwerk. Der Schlitten wird so verschoben, daß die unter dem Divisor stehende Zahl im Resultatwerk größer, aber nicht zehn- oder mehrmals größer ist als dieser. Durch Kurbelumdrehungen im negativen Sinne wird so oft subtrahiert, bis der im Resultatwerk stehende Rest kleiner ist als der Divisor. Der Schlitten wird nach links verschoben und wieder die Subtraktion so oft als möglich ausgeführt, usw. Im Umdrehungszählwerk erscheint dann der Quotient, und zwar bei Maschinen ohne Zehnerübertragung in diesem Zählwerk stets in roten Ziffern.

Bei Maschinen, die auch im Umdrehungszählwerk Zehnerübertragung haben, kann man Umdrehungen sparen. Ist der Rest größer als die Hälfte des Divisors, so subtrahiert man nochmals. Im Resultatwerk erscheint dann das Komplement der zu erwartenden negativen Zahl, dabei springen links von den Stellen, in denen man rechnet, statt der Nullen Neunen ein, und es ertönt ein Glockenzeichen, das anzeigt, daß in der höchsten Stelle links eine Zehnerübertragung ausgefallen ist. Der Schlitten wird um eine Stelle nach links verschoben und der Divisor so oft addiert, bis wieder eine positive Zahl im Resultatwerk erscheint. Man verschiebt den Schlitten um eine Stelle nach links und subtrahiert wieder usw. Dadurch, daß man statt des Glockensignales eine Sperrung einführt, eine Addition selbsttätig erfolgen und den Schlitten weiterspringen läßt, oder nach der Sperrung den Schlitten weiterspringen läßt, wobei die Maschine eine Umstellung von Addition auf Subtraktion oder umgekehrt vornimmt, kann die Division vollautomatisch gemacht werden.

i) Speicherwerk

Bei der Berechnung der Summen $s = a \cdot b \pm c \cdot d \pm e \cdot f \pm \ldots$ ist die Ablesung der Produkte $c \cdot d$, $e \cdot f$ nicht möglich. Um das zu ermöglichen, hat man Maschinen mit zwei Resultatwerken gebaut, die übereinanderliegen und gleichzeitig gleich- oder gegenläufig arbeiten und einzeln gelöscht werden können.

Eine andere Einrichtung zum Speichern hat die große Brunsviga mit 20 Stellen im Resultatwerk. Durch Umlegen eines Hebels auf der linken Schlittenseite erreicht man, daß der Löschhebel des Resultatwerkes nur auf die rechten 10 Stellen wirkt, während die linken 10 Stellen durch einen besonderen Hebel gelöscht werden können. Man bringt nun durch Rückübertragung die berechneten Produkte aus dem Resultatwerk in die linken Stellen des Einstellwerkes und überträgt sie nach entsprechender Schlittenverschiebung durch einmalige Drehung der Kurbel nacheinander in die linke Hälfte des Resultatwerkes, das so als Speicherwerk dient.

Diese Anordnung ermöglicht auch die Rückübertragung eines Quotienten ins Einstellwerk. Man stellt in die rechte Hälfte des Einstellwerkes den Divisor ein und in der höchsten Stelle, die auf den abgekuppelten Teil des Resultatwerkes wirkt, eine 1. Dann erscheint nach Ausführung der Division sowohl im Umdrehungszählwerk wie im abgekuppelten Teil des Resultatwerkes der Quotient und kann von dort durch Rückübertragung wieder ins Einstellwerk gebracht werden [410].

k) Sprossenradmaschine mit Hebeleinstellung und elektrischem Antrieb

Bild 22 zeigt eine Sprossenradmaschine mit Hebeleinstellung und elektrischem Antrieb, wie sie von der Firma C. Walther gebaut werden. Hier liegen Haupt- und Umdrehungszählwerk im Schlitten. Zum Löschen dient die Kurbel an der linken Seite. Das Einstell-

Bild 22. Sprossenradmaschine mit elektrischem Antrieb.

werk wird durch Hochschwenken der unter ihm liegenden Schiene gelöscht. Die mit den Pfeilen versehenen Tasten dienen der Schlittenbewegung, die übrigen Tasten der Einleitung der Rechnung, deren Operationszeichen auf ihnen zu sehen ist. Der kleine Hebel *UH* links oben schaltet das Umdrehungszählwerk auf + oder —. Hier muß man bei der Multiplikation nach Drücken der +- bzw. —-Taste die Zahl der Wellenumdrehungen nach dem Gehör zählen, kann allerdings den Hebel *MH* rechts oben nacheinander auf die einzelnen Ziffern des Multiplikators einstellen und so die jedesmalige Anzahl der Umdrehungen der Welle bestimmen. Eine solche halbautomatische Multiplikation verläuft bei einiger Einarbeitung außerordentlich schnell, und sicher, schneller z. B. als bei den meisten Maschinen die vollautomatische Multiplikation (II, C, 3, d). Eine Kontrolle hat man dabei immer durch das Umdrehungszählwerk. Diese Maschinen haben auch eine Einrichtung für die automatische Division, wie sie weiter unten z. B. II, C, 3, f beschrieben .wird.

l) Tastenmaschinen

Sprossenradmaschinen werden sowohl mit Volltastatur im Einstellwerk wie mit Zehnertastatur gebaut. Eine Zehnertastaturmaschine mit elektrischem Antrieb zeigt Bild 23.

Bild 23. 10-Tasten-Sprossenradmaschine mit elektrischem Antrieb (Fazit E.K.).

Die hier benutzten Sprossenräder haben vier Einzelsprossen und ein Fünferstück (Bild 23a). Beim Drücken der Tasten 1 bis 4 bewegt sich der drehbare Teil des Sprossenrades nach rechts und drückt die entsprechende Anzahl von Zähnen heraus. Drückt man eine der Tasten 5 bis 9, erfolgt eine Drehung nach links, zuerst wird das Fünferstück herausgedrückt und dazu, wenn nötig, noch die entsprechende Zahl von Einzelzähnen. Das Haupt- und Umdrehungszählwerk stehen hier fest, dagegen sind die Sprossenräder des Einstellwerkes EW auf Kugeln verschiebbar gelagert. Der Multiplikand wird mit der höchsten Stelle beginnend getippt. Beim ersten Druck auf eine Taste wird das am weitesten links liegende Einstellrad entsprechend eingestellt, danach springt das ganze Einstellwerk um eine Stelle nach links. Die nächste Ziffer wird getippt, und der Vorgang wiederholt sich mit dem zweiten Sprossenrad usw. Durch Druck auf eine der beiden Transporttasten V_1 oder V_2 kann das Einstellwerk um eine Stelle nach links bzw. nach rechts verschoben werden. Die Tasten T_+ und T_- bewirken das Einschalten des Motors für Addition oder für Subtraktion. Das Umdrehungszählwerk wird automatisch durch die erste Umdrehung auf Addition oder Subtraktion geschaltet, so daß also im ersten Fall weiter-

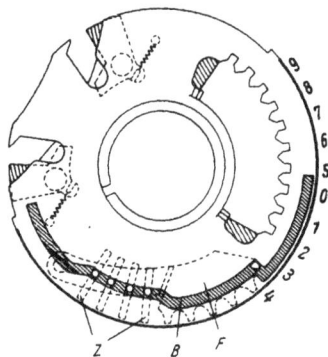

Bild 23a. Sprossenrad der Fazit-Maschine.

hin positive Umdrehungen positiv, negative negativ gezählt werden; bei Subtraktion ist es umgekehrt. Im letzten Fall springt eine rote Signalscheibe S automatisch ein. Bei der Multiplikation wird die Zahl der Triebwellendrehungen nach dem Maschinengeräusch gezählt. Die Division ist halb automatisch und wird ähnlich, wie oben beschrieben, ausgeführt. Die Maschine wird gesperrt, wenn einmal zuviel subtrahiert oder addiert wurde. Durch Weitertransport des Einstellwerkes wird diese Sperrung gelöst, dann wird in der nächsten Stelle addiert bzw. subtrahiert usw. Der Quotient erscheint im Umdrehungszählwerk. Die Taste D dient dazu, den in das Einstellwerk getasteten Dividenden ganz nach links zu transportieren. Von dort wird er in die ersten Stellen des Hauptzählwerkes durch Addition übertragen. Durch Druck auf die gleiche Taste wird auch der ins Einstellwerk gebrachte Divisor nach links verschoben, so daß er richtig unter dem Dividenden steht. Will man die Maschine für Addition oder Subtraktion benutzen, wird der Hebel H nach unten gestellt, dann wird nach einer Triebwellendrehung die eingestellte Zahl gelöscht; stellt man den Hebel H nach oben, bleibt die Einstellung und muß nach Ausführung der Rechnung durch Druck auf die Nulltaste gelöscht werden. Dadurch wird gleichzeitig das Einstellwerk in die Nullstellung zurückgeführt. Die Hebel L_1 und L_2 löschen Resultat- und Umdrehungszählwerk. Die Fazit-Maschine ist die einzige Rechenmaschine, deren Mechanismus staubsicher in einem vollkommen geschlossenen Gehäuse liegt [369].

3. Staffelwalzenmaschinen

a) Wirkungsweise der Staffelwalze

Die erste von Leibniz gebaute Rechenmaschine für alle vier Rechnungsarten, wie auch die ersten fabrikmäßig [353] hergestellten Maschinen benutzen als Schaltorgan Staffelwalzen *StW*; das sind Zylinder, die auf einem Drittel ihres Umfanges achsenparallele Rippen gestaffelter Länge tragen, wie man auf Bild 24, das schematisch den Schnitt durch

Bild 24. Schematischer Schnitt durch eine ältere Staffelwalzenmaschine.

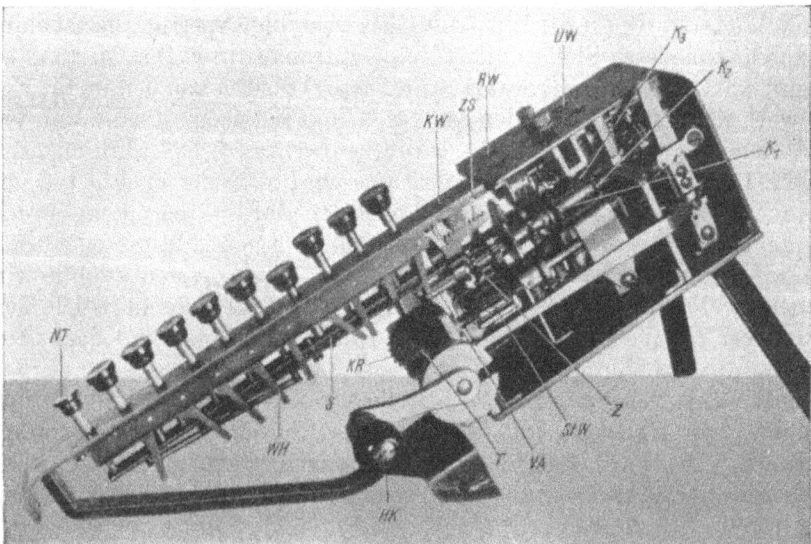

Bild 25. Schnittmodell einer neueren Staffelwalzenmaschine mit Volltastatur.

eine ältere Maschine zeigt, erkennt. Auf Bild 25, das nach einem Schnitt-modell einer neueren Maschine gemacht ist, sieht man, wie von dem die Rippen tragenden Zylinder nur noch der gerippte Teil übergeblieben ist (vgl. auch Bild 5). Die Staffelwalzen werden durch Kegelräder KR mittels der Triebwelle T gedreht. Diese wird durch eine Handkurbel HK oder durch einen Motor angetrieben. Jeder Staffelwalze gegenüber kann ein zehnzähniges Rad Z auf einer Vierkantachse VA bei älteren Maschinen mittels eines Knopfes K verschoben werden, der sich in einem Spalt bewegt, an dessen Rändern die Zahlen 0 bis 9 stehen. Stellt man den Knopf auf eine dieser Ziffern, z. B. 6 (Zwischenstellungen werden durch Einklinken vermieden), so wird das Zahnrad bei Umdrehung der Staffelwalze von der entsprechenden Anzahl von Rippen, also 6, ge-kämmt. Die Umdrehung der Vierkantachse wird durch ein Wende-getriebe auf die Ziffernscheiben ZS des Resultatwerkes übertragen und fügt die eingestellte Zahl beim Eingreifen von K_1 in K_3 additiv, beim Eingreifen von K_2 in K_3 subtraktiv der im Resultatwerk stehenden Zahl hinzu. Die beiden Kegelräder K_1 und K_2 sind durch eine Hülse ver-bunden, die auf der Vierkantachse gleiten kann. Die Verschiebung er-folgt durch einen auf der linken Seite der Maschine liegenden Hebel oder durch Druckknöpfe, die mit $+$ bzw. $-$ bezeichnet sind, oder auch auto-matisch beim Druck auf die entsprechende Operationstaste, z. B. die Additions- oder Subtraktionstaste. Umdrehungs- und Hauptzählwerk, die bei den älteren Maschinen Ziffernscheiben ZS, bei den neueren Zähl-rollen haben, sind hier in dem Schlitten S, der meist als Lineal bezeich-net wird, vereinigt, der beim Weitertransport bei den älteren Maschinen angehoben werden muß, so daß bei Verschiebung der Eingriff von K_3 in K_1 oder K_2 aufgehoben wird. Bei neueren Maschinen erfolgt der Ein-griff der Kegelräder erst bei Beginn der Kurbeldrehung, vorher steht K_2 zwischen K_1 und K_2, so daß der Schlitten ohne Anheben verschoben wer-den kann. Die Löschung der beiden im Lineal vereinigten Werke erfolgt durch Hebel, die sich im Lineal auf der rechten Seite der Maschine be-finden. Im Hauptzählwerk, meist auch im Umdrehungszählwerk, können die Ziffern durch Knöpfe, die oberhalb der Schaulöcher liegen, einzeln eingestellt werden. Durch in entsprechende Einschnitte eines mit der Scheibe verbundenen Rades eingreifende Blattfedern werden Zwischen-stellungen verhindert. Man kann so z. B. den Dividenden bei der Division direkt im Hauptzählwerk einstellen.

b) Zehnerübertragung

Die der Verhinderung des Überschleuderns und der Zehnerüber-tragung dienende Teile sind nochmals in Bild 26 dargestellt. Die Rippen der Staffelwalze StW, die sich stets in der Pfeilrichtung dreht, sind so angeordnet, daß der Eingriff in das Zahnrad Z bei allen Einstellungen bei dem gleichen Drehwinkel aufhört. In diesem Moment schiebt sich der Teil des Zylindermantels ZM, der den größeren Radius hat, in einen der zehn kreisförmigen Ausschnitte der Bremsscheibe BS, die verschiebbar aber nicht drehbar auf der Vierkantachse sitzt, und hindert dadurch diese an der weiteren Drehung.

Bild 26. Schaltwerk einer neueren Staffelwalzenmaschine.

Geht die Zifferntrommel des Hauptzählwerkes der vorhergehenden Stelle von 9 auf 0 oder umgekehrt, wird durch einen nicht dargestellten Hebel, der in die Nut rechts neben dem Zahnrad ZR eingreift, die Bremsscheibe und das mit ihr verbundene Zahnrad ZR etwas nach links verschoben. Damit ist die Zehnerübertragung vorbereitet. Die Scheibe BS steht bei weiterer Drehung dem Einschnitt A_1 des Zylinders ZM gegenüber und das zehnzähnige Rad ZR liegt in der Bahn des Zehnerzahnes ZZ_1. Bei weiterer Drehung wird also ZZ_1 in ZR eingreifen und es um einen Zahn drehen. Damit werden auch die Vierkantachse VA, die Kegelräder rechts und schließlich die Trommel T des Hauptzählwerkes um eine Stelle weitergedreht. Gleich nach Ausführung dieser Drehung legt sich wieder der Zylindermantel in einen der Ausschnitte von BS und hindert dadurch die weitere Drehung von VA. Durch Rückverschiebung von BS und ZR wird dann sofort alles wieder in den ursprünglichen Zustand zurückgeführt. Der Zehnerzahn ZZ_2 und der Ausschnitt A_2 des Zylinders ZM dienen der Zehnerübertragung an der vorhergehenden Stelle, für die die gleiche Staffelwalze vorhanden ist. Aus der Versetzung der beiden Zähne und Ausschnitte erkennt man, daß zunächst die Zehnerübertragung in der niedrigeren Stelle erfolgt. Das muß der Fall sein, damit nacheinander die Übertragung durch das ganze Zählwerk gehen kann. Blattfedern, die auf das Zahnrad Z_2 und andere, die auf die Räder des Zählwerkes drücken, halten die Achsen und Räder in ihrer Lage und verhindern, daß sie Zwischenstellungen einnehmen.

c) Neuere Maschinen

haben im Einstellwerk fast alle eine selbstkorrigierende Volltastatur (Bild 25), die außerdem meist vor jeder Tastenreihe eine Nulltaste NT hat, um eine in dieser Reihe eingestellte Zahl zu löschen. Beim Niederdrücken einer Taste wird mittels eines Winkelhebels WH eine unter der

Tastenreihe herlaufende Schiene S verschoben, die das Zahnrad Z entsprechend einstellt und außerdem mittels einer Zahnstange ZS die Ziffernrolle im Kontrollwerk KW so dreht, daß hier die eingestellte Ziffer erscheint. Bild 27 zeigt eine neuere Maschine mit Handkurbel HK. Man

Bild 27. Staffelwalzenmaschine mit Handkurbel (Rheinmetall D I c).

sieht die Volltastatur des Einstellwerkes mit den Nulltasten NT, das Kontrollwerk KW und im Schlitten oben vereinigt das Resultatwerk RW und das Umdrehungszählwerk UW mit Einstellwirteln über den Schaulöchern des Resultatwerkes, Kommaschienen zum Einteilen der Zahlen in Gruppen und den zugehörigen Löschhebeln LR und LU. Haupt- wie Umdrehungszählwerk haben natürlich Zehnerübertragung. Der Griff der Handkurbel ist ausziehbar und greift in der Ruhelage in einen Kurbelanschlag ein, mit dem gewisse Sperrvorrichtungen verbunden sind, wie das auch bei den oben beschriebenen Sprossenradmaschinen der Fall ist. Durch die Löschtaste LT kann man die gesamte Tastatur löschen. Zwischen den einzelnen Tastenreihen liegen Kommaleisten, die durch die Knöpfe KL so gedreht werden können, daß die untere weiße Seite dieser Leisten nach oben kommt und so die eingetastete Zahl in Gruppen geteilt wird. Durch Drehung des dreiarmigen Hebels HS um ein Drittel einer Umdrehung kann man den Schlitten um eine Stelle nach rechts oder nach links bewegen. Außerdem kann man ihn um mehrere Stellen verschieben, wenn man den Knopf K nach oben oder den Griff G zur Seite drückt. Die Stelle, an der gerade gerechnet wird, wird durch den Stellenanzeiger StA bezeichnet. Für die Addition und Subtraktion wird die mit Add bezeichnete Taste heruntergedrückt. Es springt dann nach einer Kurbeldrehung die ins Einstellwerk gebrachte Zahl heraus. Bei Multiplikation und Division wird diese Taste nicht gedrückt; die Zahl bleibt dann im Einstellwerk, bis sie durch Druck auf die Löschtaste *LT* gelöscht wird. Durch Eindrücken der mit — bezeichneten Umschalttaste *UT* wird das Resultatwerk von + auf — geschaltet. Sie wird also bei Subtraktion und Division gedrückt. Die Tasten *Add* und *UT* lassen sich einrasten, die Korrektionstaste *KT* dagegen nicht. Drückt man sie herunter, wird Resultat- und Umdrehungszählwerk gleichzeitig auf die entgegengesetzte Rechnungsart umgeschaltet. Sie wird also benutzt werden, wenn man eine zuviel ausgeführte Umdrehung rückgängig machen will.

Auf die Beschreibung der einzelnen Rechenoperationen braucht hier nicht eingegangen zu werden, da sie im wesentlichen ebenso verlaufen wie bei den Sprossenradmaschinen.

Vergleicht man die drei verschiedenen Einstellungsarten, durch die der Multiplikand ins Einstellwerk gebracht werden kann, hinsichtlich der Schnelligkeit des Arbeitens, so ist die Schlitzeinstellung der älteren Maschinen am ungünstigsten, die Tasteneinstellung am vorteilhaftesten. Die Hebeleinstellung kann wesentlich schneller erfolgen als die Schlitzeinstellung, weil die Bewegung dabei der natürlichen Bewegung der Hand entspricht. Sprossenradmaschinen mit Volltastatur gibt es daher sehr wenig [64].

Die meisten neueren Maschinen haben Motorantrieb. Durch eine Additions- und eine Subtraktionstaste wird der Motor eingerückt, der die Antriebswelle dreht (Bild 28, 29). Die Zahl der Umdrehungen beträgt bei deutschen Maschinen meistens 400 in der Minute. Manche im Ausland, insbesondere in Amerika, hergestellte Maschinen laufen schneller; doch baut man neuerdings auch in Deutschland Maschinen, die 500 und mehr Umdrehungen in der Minute machen, so daß der Rechenvorgang wesentlich schneller abläuft.

Den im Gegensatz zu den Sprossenrädern durch die Staffelwalzen bedingten größeren Abstand der Schaulöcher des Hauptzählwerkes hat man entweder dadurch verkleinert, daß man diese Walzen zickzackförmig anordnete oder, wie oben erwähnt, dadurch, daß man eine Staffelwalze auf zwei Vierkantachsen wirken läßt, wie das z. B. bei den von der Firma Rheinmetall gebauten Maschinen der Fall ist. Ein anderes Mittel zur Verkleinerung des Schaltorganes wird bei den amerikanischen Monroe-Maschinen angewendet. Dort ist die Staffelwalze aufgeteilt in eine Walze mit nur vier Rippen und einen Ergänzungssektor mit fünf Zähnen.

d) Vollautomatische Multiplikation

Die Entwicklung der letzten Zeit ging in Richtung der Konstruktion vollautomatisch arbeitender Maschinen, die nach Einstellung der Zahlen die Rechnung ohne weiteren Eingriff des Rechners durchführen. Zuerst

— 45 —

gelang die Konstruktion von Maschinen, die die Division automatisch
durchführen konnten. Ein erster Schritt zur vollautomatischen Multiplikation war der Einbau eines besonderen Einstellwerkes für einen einstelligen Multiplikator. Durch Drücken der entsprechenden Taste wurde
der eingestellte Multiplikand mit der einstelligen Zahl multipliziert und
der Schlitten um eine Stelle weiter gerückt, dann tastete man die nächste
Ziffer des Multiplikators ein usw. Von dieser Einrichtung kam man dann
zur vollautomatischen Multiplikation, bei der beide Faktoren vor Ausführung der Rechnung eingestellt werden. Für die Einstellung des
zweiten Faktors kann man eine zweite Volltastatur oder auch eine reduzierte Zehnertastatur verwenden. Nach Druck auf eine Multiplikationstaste werden dann die einzelnen Stellen des zweiten Faktors nacheinander
abgearbeitet, wobei der Schlitten sich automatisch verschiebt.

Bild 28 zeigt eine vollautomatische Maschine mit nur einer Tastatur.
Sie hat nur ein Resultatwerk *RW*. Die gleiche Maschine wird aber auch
mit zwei gemeinsam oder getrennt arbeitenden Hauptzählwerken gebaut,
die im Schlitten untereinander liegen. Diese beiden können wahlweise
eingeschaltet in gleichem oder entgegengesetztem Sinne arbeiten; eins

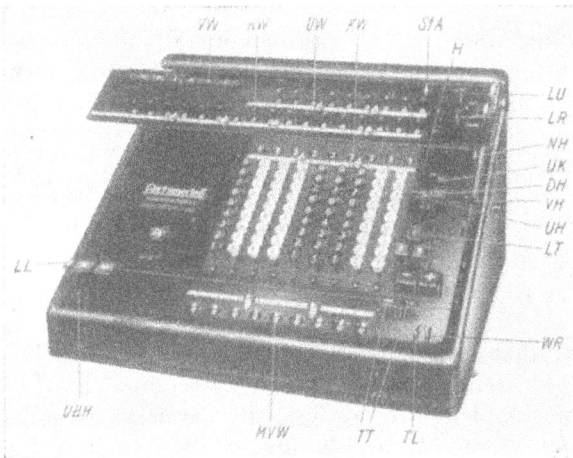

Bild 28. Vollautomatische Rechenmaschine mit gemeinsamem Einstellwerk für
Multiplikand und Multiplikator (Archimedes Modell M).

von ihnen kann als Speicherwerk benutzt werden. Die Resultatwerke
ebenso wie das darüber liegende Umdrehungszählwerk *UW* können
einzeln durch rechts im Schlitten liegende Löschhebel *LR* und *LU* gelöscht werden. Die Maschine hat, außer den weiterhin noch zu erwähnen-
den, folgende Hebel und Tasten. Die +- und —-Taste rechts vorn
schalten den Motor ein, der dann die Triebwelle in positivem oder negativem Sinne in Umdrehungen versetzt. Steht der Hebel *H* auf Addition,

springt die eingestellte Zahl nach einer Wellendrehung heraus, sonst bleibt sie stehen, bis sie durch die hier mit O bezeichnete Löschtaste LT aus der Tastatur gelöscht wird. Vor dieser Taste liegen mit R und U bezeichnete Tasten, durch welche auch das Haupt- und das Umdrehungszählwerk gelöscht werden können. Die Anordnung der Tasten erlaubt es, durch gleichzeitigen Druck mit einer Hand sämtliche Werke auf Null einzustellen. Resultat- und Umdrehungszählwerk lassen sich auch durch Druck auf die links neben der $\times$-Taste liegenden Lineallöschtaste LL löschen, die dabei den Rücklauf des Lineals veranlaßt. Der Schlitten wird durch Niederdrücken einer der beiden Transporttasten TT in der auf ihnen angegebenen Richtung verschoben. Durch den Umschalthebel UH kann das Umdrehungszählwerk so eingestellt werden, daß es entweder positive oder negative Umdrehungen positiv zählt.

Für die automatische Multiplikation wird zunächst der Hebel WR für den automatischen Wagenrücklauf eingerückt. Dann wird der Multiplikand eingetastet und durch Druck auf die links liegende $\times$-Taste in das über dem Einstellwerk liegende Kontrollwerk KW gebracht. Die Tasten springen dabei wieder hoch. Weiter wird der Multiplikator eingetastet. Dieser erscheint in dem unter dem Einstellwerk liegenden Multiplikatorvoreinstellwerk MVW. Jetzt wird das Lineal ganz nach links gezogen und durch Druck auf die ebenfalls links liegende $=$-Taste der Multiplikationsvorgang ausgelöst. Dabei verschwinden die Ziffern aus dem Multiplikatorvoreinstellwerk und erscheinen zur Kontrolle in dem ganz oben liegenden Umdrehungszählwerk UW. Die Tasten springen nach Ausführung der Multiplikation wieder hoch, falls der Tastenlöschhebel TL nach oben gestellt ist, und die in MVW eingestellte Zahl wird gelöscht. Der Schlitten kehrt von selbst in die Grundstellung zurück. Will man aus irgendeinem Grund die Multiplikation unterbrechen, legt man den unter der $\times$-Taste liegenden Unterbrechungshebel UBH um.

Zieht man den Tastenlöschhebel TL nach vorn, bleibt die in KW eingestellte Zahl stehen. Diese Stellung wird man also wählen, wenn man wiederholt mit dem gleichen Faktor zu multiplizieren hat. Vor dem Eintasten des nächsten Multiplikators ist dann jedesmal die $\times$-Taste zu drücken. Diese wiederholte Multiplikation mit dem gleichen Faktor kommt vor allem bei der Lösung von Systemen linearer Gleichungen vor.

e) Lösung von Systemen linearer Gleichungen

Da die eben beschriebene vollautomatische Maschine Archimedes Modell MZ mit zwei Resultatwerken sich besonders zur Lösung eines Systems linearer Gleichungen eignet, sei gleich hier darauf eingegangen. Man benutzt dazu am besten ein Rechenschema, wie man es z. B. in [474], S. 214, findet.

In dem Gleichungssystem

$$a_{11}\,x_1 + a_{12}\,x_2 + \ldots \ldots \ldots + a_{1n}\,x_n + a_1 = 0$$
$$a_{21}\,x_1 + a_{22}\,x_2 + \ldots \ldots \ldots + a_{2n}\,x_n + a_2 = 0$$
$$\ldots \ldots \ldots \ldots \ldots \ldots \ldots \ldots \ldots \ldots$$
$$a_{n1}\,x_1 + a_{n2}\,x_2 + \ldots \ldots \ldots + a_{nn}\,x_n + a_n = 0$$

seien die Gleichungen so geordnet, daß a_{11} der größte der Faktoren von x_1 ist. Zur Elimination von x_1 wird dann die erste Gleichung mit $a_{i1} : a_{11}$ multipliziert und von der i-ten subtrahiert. Dazu wird zunächst dieser Quotient mit der Maschine gebildet (s. u.), ins Einstellwerk getastet und ins Kontrollwerk übernommen. Dann wird der Reihe nach mit a_{12}, $a_{13}, \ldots, a_{1n}, a_1$ multipliziert, und zwar mit nach vorn gezogenem Hebel TL, damit der Quotient im Kontrollwerk stehenbleibt. Das Resultatwerk, in dem man $\dfrac{a_{i1}}{a_{11}} \cdot a_{1k}$ abliest, das dann von a_{ik} zu subtrahieren ist, wird nach jeder Multiplikation gelöscht. Nicht gelöscht werden aber das Speicherwerk und das Umdrehungszählwerk, und zwar werden diese beiden Zählwerke durch Umstellung der entsprechenden Hebel auf $+$ oder $-$ auf Addition oder Subtraktion geschaltet, so daß hier die betreffenden Posten je nach Vorzeichen addiert bzw. subtrahiert werden. Am Schluß steht im Umdrehungszählwerk $s = \sum\limits_{k=1}^{n} a_{1k} + a_1$ und im Speicherwerk $\dfrac{a_{i1}}{a_{11}} \cdot s$. Hat man schon vorher s gebildet und in das Rechenschema eingetragen, so hat man damit eine, wenn auch nicht unbedingt zuverlässige Kontrolle für die Richtigkeit der Einstellung der einzelnen Koeffizienten. Zur weiteren Kontrolle kann man anschließend a_{i1}/a_{11} nochmals mit s multiplizieren. Die mitgeführte Summenspalte dient dann in der Hauptsache der Kontrolle der Richtigkeit der Additionen und Subtraktionen. In dieser Weise wird aus allen Gleichungen x_1 eliminiert. Mit dem sich so ergebenden neuen System von $n-1$ Gleichungen verfährt man eventuell nach Umordnung genau so usw. Dann werden nacheinander die Unbekannten berechnet, wobei die Addition der Produkte und die jeweils folgende Division in einem Rechnungsgang erledigt werden kann [461]. In gleicher Weise kann man mit allen Maschinen rechnen, die ein Speicherwerk haben und bei denen eine Speicherung im Umdrehungszählwerk möglich ist, z. B. mit den II, C 3 g und II, C 4 f beschriebenen Maschinen.

f) Automatische Division

Vor ihrer Ausführung stellt man oben links den im Lineal liegenden Vorwähler VW auf die Zahl der Dezimalen ein, die hinter dem Komma errechnet werden sollen, z. B. werden drei Stellen errechnet, wenn man den Vorwähler auf 4, vier Stellen, wenn man ihn auf 5 stellt usw. Dann

tastet man den Dividenden in die Tastatur und zieht den am rechten
Rande der Maschine liegenden Voreinstellhebel *VH* kurz herunter. Dadurch erfolgt Herausrücken des Lineales, Übertragung der eingestellten
Zahl in die der Voreinstellung entsprechenden Stellen des Resultatwerkes
und Löschen der Tastatur. War der über dem Voreinstellhebel liegende
kleine Hebel *NH* auf Null gestellt, erscheint im Umdrehungszählwerk
keine Zahl, andernfalls erscheint dort eine 1, die wieder gelöscht werden
muß. Jetzt wird der Divisor ebenfalls von rechts beginnend eingetastet
und der Divisionshebel *DH* nach unten gezogen. Damit wird die Division
eingeleitet, und zwar subtrahiert die Maschine zunächst den Divisor so
oft, bis im Resultatwerk eine negative Zahl erscheint. Links von der
höchsten Stelle springen dann im Resultatwerk lauter Neunen ein. Der
Impuls der dabei ausgeführten geringen Rückwärtsbewegung des Zählrades der höchsten Stelle schaltet ein Getriebe um, das die Maschine auf
Korrektur stellt. Dabei wird das Wendegetriebe des Resultatwerks auf
Addition geschaltet, und der Divisor wird einmal addiert. Diese 1 wird
im Umdrehungszählwerk subtrahiert. Die dabei nach der anderen Seite
gehende Drehung des am weitesten links liegenden Zahnrades des Resultatwerkes veranlaßt die Umkupplung des Motors von der Antriebwelle
auf das Getriebe der Linealverschiebung und dieses wird um eine Stelle
verschoben und die Maschine wieder auf Subtraktion umgestellt. Der
gleiche Vorgang spielt sich jetzt in der nächst niedrigeren Stelle ab usw.
Der Quotient erscheint im Umdrehungszählwerk. Der Divisionsvorgang
kann an jeder Stelle durch Druck auf den Unterbrechungsknopf *UK*
unterbrochen werden.

g) Andere Ausführung

Bild 29 zeigt eine andere Ausführung einer vollautomatischen
Maschine, bei der die Einstellung des Multiplikanden mittels der Volltastatur des Einstellwerkes geschieht, während der Multiplikator in dem
rechts unten liegenden Multiplikatorwerk *MW* mittels Zehnertastatur
eingetastet wird. Die Maschine hat außerdem oben im Schlitten ein
Speicherwerk *SpW* mit Löschhebel *LSp* und ein Postenzählwerk *PZ*
mit Löschvorrichtung, das die Anzahl der in das Speicherwerk übertragenen Posten zählt.

Die Maschine hat Motorantrieb; der Motor wird eingerückt durch
Druck auf die mit + bezeichnete Additions-, die mit — bezeichnete
Subtraktions-, die mit :- bezeichnete Divisions- oder die mit × ge-
kennzeichnete Multiplikationstaste. Die Bewegung des Schlittens erfolgt
wie bei der in Bild 27 wiedergegebenen Maschine; bei automatischer
Multiplikation und Division geschieht sie natürlich selbsttätig. Löschtaste *LT* und Umschalttaste *UT* wirken wie bei dieser Maschine. Bei
der automatischen Multiplikation wird nach Einstellung des Multiplikanden im Einstellwerk der Multiplikator in das Multiplikatorwerk *MW*

mit der Ziffer der höchsten Stelle beginnend eingetastet. Er erscheint dann im Multiplikatoranzeigerwerk MAW. Dieses kann durch die beiden Löschhebel L_1 und L_2 gelöscht werden. Durch Verschieben von L_1 nach rechts wird der Multiplikator aus dem Anzeigewerk entfernt, durch Bewegung von L_2 nach vorn wird er gelöscht. Der Multiplikationsvorgang

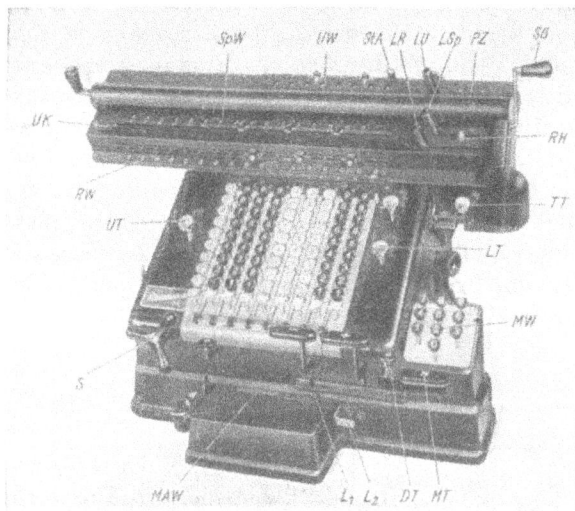

Bild 29. Vollautomatische Rechenmaschine mit Volltastatur zur Einstellung des Multiplikanden und Zehnertastatur zur Einstellung des Multiplikators (Rheinmetall Sasl II c).

wird durch Drücken der Taste $\times$ ausgelöst, dabei verschwindet der Multiplikator aus dem Anzeigewerk und erscheint zur Kontrolle im Umdrehungszählwerk. Der Schlitten kehrt selbsttätig in die Ausgangsstellung zurück. Durch Verschieben zweier rechts unter dem Schlitten liegender Kupplungsschieber kann man erreichen, daß Haupt- und Umdrehungszählwerk automatisch gelöscht werden, sobald man die Multiplikationstaste drückt. Damit wird ein Fehler ausgeschaltet, der dadurch entstehen kann, daß man vor Beginn der Rechnung vergessen hat, die Zählwerke zu löschen.

Das Multiplikatoreinstellwerk besteht hier aus einem Wagen, der parallele, in ihrer Richtung verschiebbare Zahnstangen trägt. Beim Drücken einer Taste des Multiplikatorwerkes wird die erste Zahnstange um die entsprechende Anzahl von Zähnen nach oben verschoben und in dieser Lage festgehalten. Der Wagen springt dann um eine Stelle nach links. Jetzt kann die zweite Ziffer eingetastet werden usw. Die Verschiebung der Zahnstangen bewirkt gleichzeitig, daß die eingestellte Zahl im Anzeigewerk MAW erscheint.

Willers, Instrumente

Die Division erfolgt auch bei dieser Maschine automatisch, und zwar genau in der oben beschriebenen Weise.

Bei automatischer Multiplikation wird das Produkt von selbst in das Speicherwerk SpW übertragen. In anderen Fällen kann man durch Nachvornziehen des Summiergriffes SG eine Zahl aus dem Resultatwerk in das Speicherwerk bringen. Das Resultatwerk wird dabei gelöscht. Die in das Speicherwerk gebrachte Zahl wird entweder additiv oder subtraktiv der dort bereits stehenden Zahl hinzugefügt, je nachdem ob der Umschaltknopf UK auf A oder S steht. Eine im Speicherwerk stehende Zahl kann mittels des Rückübertragungshebels RH in das vorher gelöschte Resultatwerk zurückgebracht werden. Man schiebt dazu diesen Hebel nach links und zieht den Löschhebel LSp nach rechts.

Das große Gewicht und den großen Umfang der vollautomatischen Maschinen sucht man neuerdings dadurch zu verkleinern, daß man Maschinen ohne Volltastatur, nur mit einer Zehnertastatur für den Multiplikanden und einer für den Multiplikator baut. Doch sind diese Maschinen bis jetzt noch nicht im Handel.

4. Proportionalhebelmaschinen

a) Das Schaltwerk

Im Jahre 1905 kamen die von Chr. Hamann konstruierten Proportionalhebelmaschinen in den Handel [419]. Sie haben als Schaltwerk 10 parallele, in ihrer Richtung verschiebbare Zahnstangen ZSt, deren Zähne

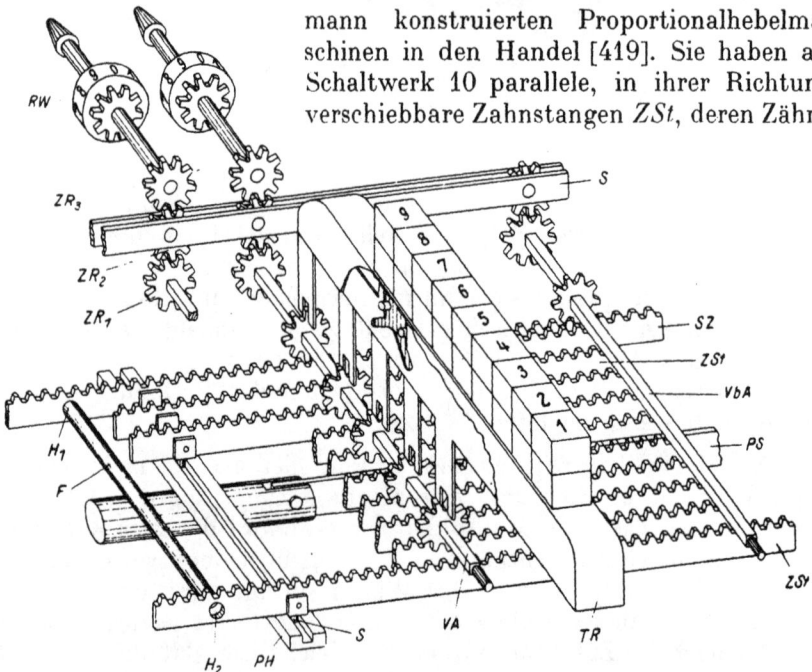

Bild 30. Schematische Darstellung des Schaltwerkes einer Proportionalhebelmaschine.

nach oben liegen (Bild 30). Links haben diese Stangen Stifte S, die in den Schlitz des Proportionalhebels PH greifen. Dieser ist mittels Pleuelstange PS und Handkurbel HK oder Motor um einen seiner Endpunkte schwenkbar. Mittels einer Vorrichtung F wird einer dieser Endpunkte festgehalten, und zwar bei Addition und Multiplikation der obere, bei Subtraktion der untere. Im ersten Fall verschieben sich der Reihe nach die oberste Zahnstange um Null, die nächste um einen, die unterste um neun Zähne, nach rechts bei der ersten, zurück nach links bei der zweiten halben Kurbeldrehung. Quer zu den Zahnstangen liegen soviel Vierkantachsen VA wie das Resultatwerk Stellen hat. Auf jeder von ihnen befinden sich fünf verschiebbare zehnzähnige Räder, die so durch Klauen vom Tastenrahmen TR aus gehalten werden, daß das oberste in die oberste Zahnstange eingreift, die anderen zwischen je zwei Zahnstangen stehen (Bild 31 oben). Durch Druck auf eine der würfelförmigen Tasten der Volltastatur wird das oberste Rad außer Eingriff gebracht, dafür greift eines der anderen in die entsprechende Zahnstange ein (Bild 31 unten). Zu je zwei Tasten gehört immer ein Einstellrad. So wird hier erreicht, daß alle Tasten bei Druck sich um das gleiche Stück senken. In Wirklichkeit liegen die Zahnstangen und die Einstellrädchen enger zusammen, so daß sich die Klauen nur etwa auf ein Drittel der Rahmenlänge verteilen. Die Tasten werden in der Tiefstellung festgehalten und geben dadurch eine Kontrolle der eingestellten Zahl; ein besonderes Kontrollwerk ist meist nicht vorhanden.

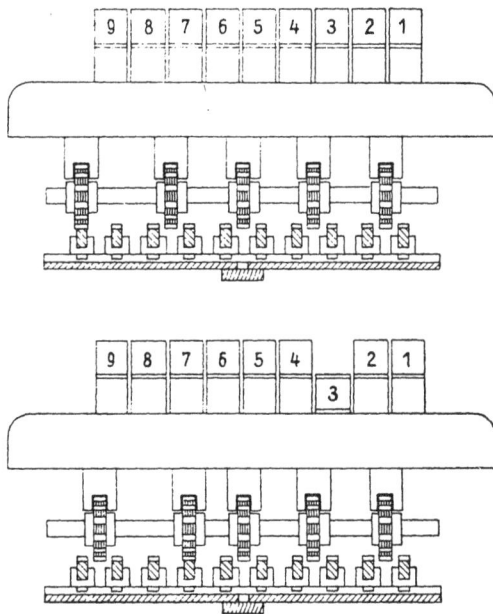

Bild 31. Schematische Darstellung des Einstellwerkes einer Proportionalhebelmaschine.

b) Die Kupplung

Die Vierkantachsen haben am Ende Zahnräder ZR_1, die mit Zahnrädern ZR_3 des Resultatwerkes durch die Räder ZR_2 gekuppelt werden können. Letztere liegen nebeneinander in einer Schiene, die bei Beginn der Bewegung mittels Maltesergetriebes so eingeschwenkt wird, daß sämtliche Räder ZR_2 zum Eingriff kommen. Die Lösung erfolgt im

Moment der Bewegungsumkehr der Zahnstangen, so daß die Kupplung in einem momentanen Ruhezustand hergestellt und gelöst wird. Überschleuderungen können daher nicht stattfinden. Die Räder des Resultatwerkes machen so nur die Hinbewegung und nicht die Rückbewegung mit; während dieser erfolgt die Zehnerübertragung.

c) Die Subtraktion

geschieht durch Addition der dekadischen Ergänzung in der Weise, daß an Stelle der oberen Zahnstange durch Druck auf die »—«-Taste die untere verriegelt wird (Bild 32 unten). Jetzt schwenkt das obere Ende

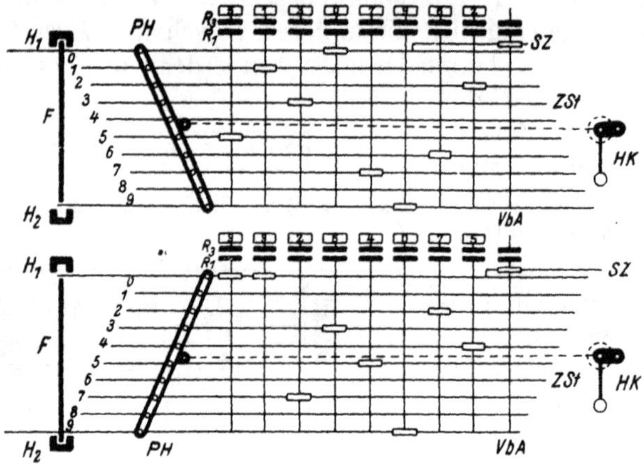

Bild 32. Schematische Darstellung der Bewegung des Schaltwerkes einer Proportionalhebelmaschine bei Addition und Subtraktion.

des Proportionalhebels aus und die oberste Zahnstange bewegt sich um neun, die nächste um acht Zähne usw., die unterste bleibt in Ruhe. Die Hinzufügung einer 1 in der niedrigsten Stelle erfolgt durch die ganz rechts liegende Vorbereitungsachse VbA. Sie bleibt bei Addition in Ruhe und wird bei Subtraktion durch eine mit der oberen Zahnstange verbundene kleine Sonderzahnstange SZ einmal voll herumgedreht und bereitet dadurch eine Zehnerschaltung in der niedrigsten Stelle vor, die dann durch den zugehörigen Zehnerschieber ausgeführt wird. Die Zehnerschaltung stellt ebenfalls die durch die oberste Zahnstange und die in sie eingreifenden Nullräder der Vierkantachsen auf neun gedrehten Ziffernräder der linken Stellen wieder auf Null. Die dabei ganz links auftretende Eins tritt nicht in Erscheinung.

d) Zehnerübertragung

Die Zehnerübertragung im Hauptzählwerk bei einem älteren Typ dieser Maschine, bei dem Haupt- und Umdrehungszählwerk noch vorn liegen, zeigen die beiden Bilder 33 und 34. Bei jeder Umdrehung der Triebwelle wird der Zehnerschieber ZS mit dem nach vorn gebogenen Zahn gehoben, und zwar während der zweiten Hälfte der Kurbeldrehung, wo die Kupplung zwischen Übertragungswerk und Zählwerk gelöst ist.

Bild 33. Zehnerübertragung einer Proportional-hebelmaschine. Es findet keine Übertragung statt.

Bild 34. Zehnerübertragung einer Proportional-hebelmaschine unmittelbar nach Ausführung einer Übertragung.

Er gleitet aber, wenn keine Zehnerübertragung vorbereitet ist, wie in Bild 33, an dem mit der Zifferntrommel des Hauptzählwerkes verbundenen Zahnrad ZR der nächsten Stelle vorüber. Geht nun an der vorhergehenden Stelle die Zähltrommel von 0 auf 9 oder umgekehrt, schiebt die abgeschrägte Nase N, die an einer mit der Zählwerksachse festverbundenen Scheibe sitzt, die horizontal gelagerte Platte P nach vorn. Damit ist die Zehnerübertragung vorbereitet, denn jetzt gleitet die obere Abschrägung des Zehnerschiebers ZS an der Platte P hin, der Schieber wird dadurch nach links gedrückt, greift, wie man in Bild 34 sieht, in das Zahnrad ZR der nächsten Stelle ein und dreht an dieser Stelle die Zählwerkstrommel um eine Einheit weiter. Nach Ausführung der Zehnerübertragung wird dann P durch den nach oben abgeschrägten Riegel R, der sich bei jeder Kurbeldrehung, natürlich später als ZS, hebt, wieder zurückgeschoben. Erst dann wird ZS durch Federkraft aus dem Rad ZR gelöst und zurückgeschoben. Dadurch, daß ZS noch eine kurze Zeit nach Ausführung der Zehnerübertragung in der Zahnlücke von ZR ruht, wie das Bild 34 zeigt, wird jede Überschleuderung verhindert. Das

Heben von Schieber und Riegel erfolgt durch eine besondere Steuerwelle von der niedrigsten Stelle beginnend, an jeder folgenden Stelle etwas später, so daß Zehnerübertragungen nacheinander durch das ganze Hauptzählwerk erfolgen können.

e) Vollautomatische Maschinen

Eine vollautomatische Maschine zeigt Bild 35. Die Löschung der im Einstellwerk eingetasteten Zahl erfolgt durch Druck auf die Taste III. Umdrehungs- und Hauptzählwerk werden mittels der Tasten I und II gelöscht. Diese verschieben eine Zahnstange, die in mit den betreffenden Zählwerkstrommeln verbundene Zahnräder eingreift. Diesen Zahnrädern fehlt ein Zahn. Diese Lücke steht dann der Zahnstange gegenüber, wenn in dem Schauloch des Zählwerkes eine Null erscheint. Die Maschine

Bild 35. Elektrisch angetriebene, ganzautomatische Proportionalhebelmaschine Mercedes-Euklid 37 SM mit Speicher- und Komplementwerk.

hat ein Komplementwerk, in dem das Komplement der im Resultatwerk stehenden Zahl erscheint. Im Falle, daß der Subtrahend größer als der Minuend ist, erscheint hier z. B. die Differenz positiv. Ist die letzte Ziffer Null, muß die der vorletzten Stelle um 1 erhöht werden. Durch Verschieben des Knopfes K von $+$ auf — werden die Zahlen des Komplementwerkes anstatt derjenigen des Resultatwerkes sichtbar. Die Addition bzw. Subtraktion der ins Einstellwerk gebrachten Zahl erfolgt durch Druck auf die mit $+$ bzw. — bezeichnete Taste. Dadurch wird der Motor eingerückt und veranlaßt eine Umdrehung der Triebwelle. Die Tasten springen wieder heraus, wenn der Hebel H_1 auf A geschaltet war.

f) Die Multiplikation

Für die Multiplikation ist das Einstellwerk in zwei Hälften geteilt zu je sechs, bei den größeren Maschinen zu je acht Stellen. Die letzte Tastenreihe *LT* der linken Hälfte ist rot. Der Multiplikand wird in der rechten Tastaturhälfte ganz rechts eingestellt, der Multiplikator in der linken, so daß die Einer in die rote Tastenreihe kommen. Beim Druck auf die ×-Taste wird der Multiplikator zunächst in das unsichtbare Multiplikatorwerk übernommen, durch den Motor der Schlitten um eine Stelle weniger herausgezogen, als der Multiplikator hat. Dieser wird dann abgearbeitet und im Einstell- und Multiplikatorwerk gelöscht. Dafür erscheint er im Umdrehungszählwerk.

Um das Produkt von drei Faktoren zu bilden, wird der erste Faktor wie ein Multiplikator in die linke Tastaturhälfte einschließlich der roten Reihe eingetastet und durch Druck auf die ÷-Taste in das Resultatwerk übertragen. Ein Druck auf die *M*-Taste überträgt ihn von hier in das unsichtbare Multiplikatorwerk. Dabei wird, wenn der Hebel H_2 auf *E* steht, wie es normal ist, das Umdrehungszählwerk gelöscht; steht er auf *A*, geschieht das nicht. Der zweite Faktor wird ebenfalls links eingestellt. Ein Druck auf die ×-Taste läßt in der linken Hälfte des Resultatwerkes das Produkt erscheinen, das durch Druck auf die *M*-Taste wieder in das unsichtbare Multiplikatorwerk übernommen wird. Die Tastatur wird gelöscht und der letzte Faktor in der rechten Tastaturhälfte eingestellt. Nach abermaligem Druck auf die ×-Taste wird auch die letzte Multiplikation ausgeführt.

Der links neben der Tastatur liegende Hebel *HM* gibt die Möglichkeit, auch mehr als sechs- bzw. achtstellige Zahlen zu multiplizieren, falls die Gesamtstellenzahl 12 bzw. 16 nicht überschreitet. Man stellt dazu Hebel *HM* auf 1 — 12 bzw. 1 — 16 und tastet die kleinere, etwa dreistellige Zahl in die linke Tastaturhälfte einschließlich der roten Reihe. Druck auf die ×-Taste schafft die Zahl in das unsichtbare Multiplikatorwerk. Damit ist die Teilung der Tastatur aufgehoben, und man kann von rechts nach links einen Multiplikanden von bis zu neun bzw. dreizehn Stellen einstellen. Bei Zurückführung des Hebels *HM* auf 1 — 6 bzw. 1 — 8 wird der Multiplikationsvorgang ausgelöst, und der Multiplikator erscheint im Umdrehungszählwerk, das Produkt im Resultatwerk.

Durch Druck auf die *S*-Taste kann eine Zahl aus dem Resultatwerk in das Speicherwerk übernommen werden, wenn sie später wieder verwendet werden soll. Die Löschung des Speicherwerkes erfolgt so, daß man durch Druck auf die *L*-Taste die Zahl aus dem Speicherwerk in das Resultatwerk bringt und dann durch Druck auf die Taste II löscht.

g) Die Division

Zur Division wird der Dividend ganz links beginnend bis zur roten Reihe eingetastet, der Divisor dagegen in der rechten Hälfte beginnend mit der roten Reihe. Durch Druck auf die »:«-Taste wird der Dividend in das Resultatwerk übertragen und im Einstellwerk gelöscht und der Schlitten automatisch ausgezogen. Dann wird der Divisor so oft vom Dividenden abgezogen, bis im Resultatwerk eine negative Zahl erscheint. Der Schlitten springt beim Überziehen vom Positiven zum Negativen um eine Stelle nach links, und die zuviel vorgenommene Subtraktion wird durch Addition in der nächstniedrigeren Stelle korrigiert, bis im Resultatwerk wieder eine positive Zahl erscheint. Bei diesem Überziehen springt der Schlitten wieder um eine Stelle weiter, die Maschine wird von Addition auf Subtraktion umgestellt, und wieder wird subtrahiert, bis im Resultatwerk eine negative Zahl erscheint usw. .Bei jeder Umschaltung des Arbeitsvorganges wird auch das Umdrehungszählwerk umgeschaltet, so daß der Quotient hier richtig abzulesen ist.

Die Umschaltung des Umdrehungszählwerkes erfolgt sonst durch vollständiges Niederdrücken der mit *COR* bezeichneten Taste. Man erhält dann bei positiver Multiplikation den Multiplikator negativ, bei Subtraktion die Anzahl der abgezogenen Posten positiv. Bei halb heruntergedrückter Taste arbeitet das Umdrehungszählwerk nicht, ausgenommen bei Division.

Mittels eines besonderen Hebels, den man auf die danebenstehenden Zahlen 4, 6 stellt, kann man erreichen, daß die Division bei vier bzw. sechs Stellen abgebrochen wird und dann der Schlitten in die Ruhelage zurückkehrt.

5. Schaltklinkenmaschinen

a) Einstellung

Im äußeren Aufbau gleicht die 1925 ebenfalls von Chr. Hamann herausgebrachte Schaltklinkenmaschine (Bild 36) den Sprossenradmaschinen. Sie hat den gleichen Vorteil der gedrängten Anordnung; doch wird die Kurbel hier immer in einer Richtung gedreht. Die Umschaltung von Addition auf Subtraktion erfolgt durch einen Hebel, der unmittelbar unter der Kurbel liegt und der mit der gleichen Hand, die die Kurbel dreht, gestellt werden kann. Als Schaltorgan wird das Schaltklinkenrad benutzt. Die Einstellung erfolgt mittels der aus dem Schlitz herausragenden Einstellhebel *EH*, die hier länger sind als bei der Sprossenradmaschine und die die Rotation nicht mitmachen. Durch den fest mit *EH* verbundenen Einstellbogen *EB* (Bild 37) werden durch Zwischenzahnräder die Zähltrommeln *KW* des Kontrollwerkes gedreht, so daß man darin die eingestellte Zahl nachprüfen kann. Die Einstellhebel werden durch Sperrklinken *SpK*, die durch die Federn F_1 nach rechts gedrückt werden, in ihrer Lage gehalten. Am Schluß der Rechnung können sie durch einen Druck auf den auf *Mult.* gestellten Rückstellknopf *RK* aus der Verzahnung gelöst werden. Durch Zug hier nicht gezeichneter Federn kehren die Einstellhebel dann in die Ausgangslage

Bild 36. Handrechenmaschine Hamann-Manus mit Schaltklinkenantrieb.

zurück, und das Kontrollwerk wird gelöscht. Dreht man den Rückstellknopf um 180⁰ auf *Add.*, springen die Einstellhebel im letzten Viertel
jeder Kurbeldrehung in die Nullage zurück. Die Maschine läßt sich so
für Additionen und Subtraktionen benutzen.

Das Übertragungswerk der Schaltklinkenmaschinen ist in Bild 37
schematisch dargestellt. In Bild 38 bis 40 sind Einzelheiten photo-
graphisch wiedergegeben.

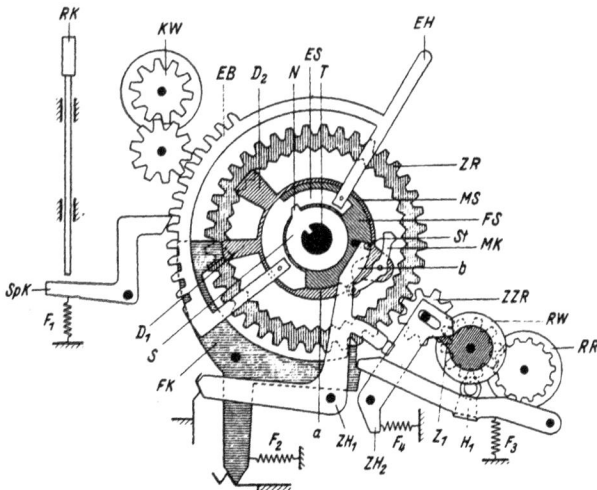

Bild 37. Schematische Darstellung eines Schnittes durch eine Schaltklinkenmaschine.

b) Das Schaltklinkenrad

Mit dem Einstellhebel EH ist der Einstellbogen EB um die Trieb-achse T drehbar. Unmittelbar unter ihm liegt die Festscheibe FS (Bild 37 und 39). Beide machen die Umdrehung der Antriebswelle nicht mit. Die Festscheibe hat eine Aussparung a, die bei Drehung des Einstellsegmentes ES, das an der entsprechenden Stelle den gleichen Radius wie die Fest-scheibe hat, mehr oder weniger verdeckt wird. Ist der Einstellhebel auf Null gestellt, liegen die Scheiben so aufeinander, daß sie keinen Ausschnitt

Bild 38. Das Schaltklinkenrad mit Einstell- und Kontrollwerk.

Bild 39. Das Schaltklinkenrad.

freigeben. Verdreht man den Einstellhebel, wird von beiden eine Aus-sparung freigegeben, deren Länge proportional der eingestellten Zahl ist. Mit der Triebachse T ist die Mitnehmerscheibe MS fest verbunden, die die um einen Zapfen drehbare Mitnehmer- oder Schaltklinke MK trägt. Der eine Arm von MK hat eine Rolle R, die durch eine Feder auf Ein-stellsegment und Festscheibe gedrückt wird und auf diesen abrollt. Fällt die Rolle in den von den beiden Scheiben freigelassenen Ausschnitt, greift das keilförmig ausgebildete Ende Z des anderen Armes in die Innen-verzahnung des um die Achse T frei drehbaren Rades ZR ein und nimmt dieses mit. Dabei wird das in die Außenverzahnung eingreifende Zwi-schenrad ZZR und mit diesem die Zähltrommel RW des Resultatwerkes um soviel Zähne gedreht, wie an dieser Stelle eingestellt sind. Bei Sub-traktion wird bei Umlegen des erwähnten Hebels der Schlitten etwas seitlich verschoben, so daß ZZR nicht mehr in das große Zahnrad ZR direkt eingreift, sondern zwischen ZZR und ZR wird ein weiteres, in der

schematischen Zeichnung nicht angegebenes Zahnrad UR (Bild 39) ein-
geschoben. Dadurch wird erreicht, daß sich ZZR und die Zähltrommel
des Hauptzählwerkes in entgegengesetzter Richtung drehen. Die eingestellte Zahl wird also von der im Resultatwerk stehenden subtrahiert.
In dem Augenblick, in dem die Rolle aus der Aussparung heraustritt
und das Zahnrad freigibt, drückt der Daumen D_1 der Mitnehmerscheibe

Bild 40. Schaltklinkenrad mit Zehnerübertragung.

MS auf den linken Arm der Fangklinke FK, bringt dadurch das keil-
förmige Ende des anderen Armes zum Eingriff mit der Außenverzahnung
des großen Zahnrades und hindert so die Weiterdrehung dieses Rades.
Gleichzeitig drückt ein Fortsatz der Fangklinke FK gegen den Hebel H_1,
der die Zähltrommel RW in ihren Rastlagen festhält und sperrt dadurch
die Drehung auch dieser Trommeln. Die Zeichnung zeigt die Stellung
der Maschine in diesem Moment. Nach Vorübergang des Daumens wird
die Fangklinke FK durch die Feder F_2 in die Ausgangslage zurückgedrückt. In der Ruhelage können die Zähltrommeln des Resultatwerkes RW mittels der Rändelrädchen RR mit Hand eingestellt werden.

Das Umdrehungszählwerk wird durch Eingriff zweier mit der Triebwelle rotierender Finger, und zwar durch den einen im positivem, durch
den anderen in negativem Sinne je nach Schaltung der Maschine in Tätig-
keit gesetzt.

c) Zehnerübertragung

In der Festscheibe befindet sich noch eine zweite kleine Aussparung b, die der Zehnerübertragung dient (Bild 37 und 39 rechts an FS). Gewöhnlich ist diese durch ein Segment des Hebels ZH_1 überdeckt, so daß die Rolle der Mitnehmerklinke darüber hinrollt. Geht aber die Zähltrommel des Resultatwerkes an der nächstniedrigen Stelle von Neun auf Null, so drückt der Zahn Z_1 den Hebel ZH_2 nach links und dieser drückt auf den nach rechts gehenden Fortsatz des Hebels ZH_1

Bild 41. Zehnerübertragung.

der nächsten Stelle, so daß dieser die Aussparung b an der höheren Stelle freigibt. ZH_2 wird durch die Feder F_4 sofort wieder in die Ausgangslage zurückgedrückt. Bei der weiteren Umdrehung der Triebwelle fällt nun die Rolle der Mitnehmerklinke in die freigegebene Aussparung b und dreht das Zahnrad ZR um einen Zahn weiter. Sowie die Rolle wieder aus der Aussparung herausgetreten ist, drückt der zweite Daumen D_2 der Mitnehmerscheibe gegen die Fangklinke und diese verriegelt in der gleichen Weise wie das erstemal das Zahnrad ZR und die Zähltrommel RW. Kurz vor Beendigung der Umdrehung drückt dann die Nase N der mitrotierenden Scheibe S den Hebel ZH_1 wieder nach rechts, so daß die Aussparung b wieder überdeckt ist. Am Ende des Hebels ZH_1 befindet sich ein Stift St, der sich in einem Schlitz der Festscheibe FS bewegen kann und der diese an der Umdrehung hindert. Damit die Zehnerübertragungen nacheinander erfolgen, in den höheren Stellen immer etwas später, sind die Mitnehmerklinken MK von Stelle zu Stelle um den gleichen Betrag versetzt. Da das Resultatwerk der Maschine mehr Stellen als das Einstellwerk aufweist und an den überschießenden Stellen natürlich auch Zehnerübertragungen erfolgen sollen, müssen für diese auch Schaltklinkenscheiben vorhanden sein, die aber nur die Zehnerschaltvorrichtungen zu haben brauchen. Eine solche Scheibe zeigt Bild 41.

d) Vollautomatische Schaltklinkenmaschine

Eine vollautomatische Schaltklinkenmaschine mit elektrischem Antrieb und mit zwei Volltastaturen zum Einstellen des Multiplikanden rechts und des Multiplikators links zeigt Bild 42. Beide haben Lösch-

Bild 42. Elektrisch angetriebene, vollautomatische Schaltklinkenmaschine Hamann-Selecta mit zwei Speicherwerken.

knöpfe NT unter jeder Tastenreihe. Der vorn liegende Schlitten vereinigt vier Zählwerke. In der oberen Reihe liegen von links nach rechts das Umdrehungszählwerk, das Resultatwerk und das durch den Hebel H_1 ein- und ausschaltbare Speicherwerk für Multiplikatoren und Quotienten. Vor dem Resultatwerk liegt das durch Umlegen des Hebels H_2 ein- und ausschaltbare Produktspeicherwerk. Liegt dieser Hebel nach oben und löscht man durch Druck auf die Taste OO das Resultatwerk, so wird die dort stehende Zahl additiv oder subtraktiv, je nach Stellung des

Hebels H_3, der im Speicherwerk stehenden Zahl hinzugefügt. Dieses wird durch die Kurbel L besonders gelöscht. Alle Zählwerke haben Rändelrädchen zum direkten Einstellen.

e) Division

Die Division ist vollautomatisch. Der Dividend wird mit Hand in das ganz vorn liegende Speicherwerk eingestellt. Nach Umlegen des Transporthebels TH wird dieses gelöscht, wobei der Dividend in das Resultatwerk übertragen wird, so daß jetzt das Speicherwerk schon zur Einstellung eines neuen Dividenden während des Rechenvorganges frei ist. Der Divisor wird in das rechte Einstellwerk getastet und der Hebel H_s nach links gelegt. Alle übrigen Hebel müssen in die mit »:« bezeichnete Stellung gebracht werden. Dann wird an dem Handgriff HG der Schlitten nach rechts gezogen und freigegeben. Damit ist der Divisionsvorgang eingeleitet, der jetzt in der bei den Staffelwalzenmaschinen beschriebenen Weise abläuft. Für das Starten aller anderen Rechnungsarten dient die in der Mitte liegende lange Starttaste ST. Rechts neben ihr liegen die Löschtasten. Der links neben der Starttaste liegende Hebel H_4 dient der Umschaltung des Umdrehungszählwerkes auf Subtraktion.

f) Selbsttätige verkürzte Multiplikation

Weiter hat die Maschine selbsttätige verkürzte Multiplikation. Der Multiplikator wird in die linke Tastatur getastet. Beim Drücken der Starttaste wird er dann in das Umdrehungszählwerk übertragen und die linke Tastatur ist schon während der Rechnung wieder frei zur Einstellung. Man kann auch mittels der Rändelrädchen direkt ins Umdrehungszählwerk einstellen. Aus dem Umdrehungszählwerk wird während des Rechenvorganges der Multiplikator von rechts nach links abgearbeitet. Diese Art der Einstellung hat den Vorteil, daß z. B. ein von der Maschine errechneter Quotient sofort wieder als Multiplikator verwendet werden kann. Der Multiplikand wird in der rechten Tastatur eingestellt. Die Abarbeitung des Multiplikators geschieht nun bei den Ziffern 1 bis 4 so wie bei anderen vollautomatischen Maschinen durch Minusumdrehungen, die im Resultatwerk positiv, im Umdrehungszählwerk negativ gezählt werden. Bei den Ziffern 5 bis 9 wird das Umdrehungszählwerk durch Plusdrehungen auf Null gebracht, wobei eine Zehnerübertragung zur nächsthöheren Stelle erfolgt, die dann dort mit abgearbeitet wird. Hierbei wird also im Resultatwerk negativ, im Umdrehungszählwerk positiv gezählt. Mechanisch ist der Vorgang so, daß die Ziffernrollen des Umdrehungszählwerkes kleine Hebel, die aus der Grundplatte des Schlittens herausragen, für die Ziffern 1 bis 4 und 5 bis 9 nach verschiedenen Seiten hin ausschwenken. Bei Bewegung des Schlittens treffen sie dann auf verschiedene Anschläge, halten den Schlitten an und steuern die Maschine entsprechend. Bei dem Rechenvorgang

werden die Hebel zurückgedreht und geben in der Nullstellung den
Schlitten frei, so daß er zur nächsten Stelle gleiten kann. Durch diese
Art der automatischen Multiplikation wird der Rechnungsgang wesent-
lich beschleunigt.

g) Abrundungsvorrichtung

Die Maschinen können mit einer ein- und ausschaltbaren Abrun-
dungsvorrichtung versehen werden, die bei Übertragung einer Zahl aus
dem Resultat- in das Speicherwerk eine Abrundung an einer bestimmten
Stelle vornimmt, so daß, wenn an der nächstniedrigeren Stelle eine der
Zahlen 5 bis 9 steht, diese Stelle um eins erhöht wird. Steht in der niedrigeren Stelle eine 0, 1, 2, 3 oder 4, unterbleibt die Erhöhung. Man kann
übrigens das gleiche dadurch erreichen, daß man in der ersten nicht mehr
benutzten Stelle des ersten Summanden die dort stehende Zahl um fünf
Einheiten erhöht. Bei Addition beliebig vieler Zahlen ist dann die letzte
in Frage kommende Stelle bereits in der richtigen Weise abgerundet.
Dieser Kunstgriff von v. Wrede wird vielfach verwendet (s. H. Bruns,
Grundlinien des wissenschaftlichen Rechnens, Leipzig 1903, S. 53).
Einige Maschinen haben auch einen Postenzähler, der eingeschaltet die
Anzahl der aus dem Resultatwerk in das Speicherwerk übernommenen
Posten anzeigt.

D. Eigentliche Multiplikationsmaschinen

1. Konstruktionsprinzip

Die eigentlichen Multiplikationsmaschinen unterscheiden sich von
den bisher besprochenen Maschinen dadurch, daß die Multiplikation
des im Einstellwerk stehenden Multiplikanden mit einem einstelligen
Multiplikator durch eine einzige Kurbeldrehung erfolgt. Die Übertragung
der errechneten Zahl ins Resultatwerk geschieht ähnlich wie bei den
Proportionalhebelmaschinen mittels Zahnstangen, Zahnrädern und Vierkantachsen. Selling (1886) verschob die Zahnstangen mittels Nürnberger Scheren um die den einzelnen Teilprodukten, die sich aus der
Multiplikation der an den einzelnen Stellen stehenden Ziffern ergeben,
entsprechende Zahl von Zähnen. Dabei traten aber Schwierigkeiten bei
der Zehnerübertragung auf, da jetzt z. B. im ungünstigsten Falle bei
dem Produkt 9 · 9 gleich 8 Zehner auf die nächste Stelle übertragen
werden mußten. Außerdem wurden die Dimensionen der Maschine sehr
groß, da für jede Zahnstange eine Verschiebung von über 80 Zähnen
möglich sein mußte. Die Zehnerübertragung dieser Maschinen war ähnlich wie bei einer von Tschebyscheff gebauten Maschine [177] »schlei-
chend«, d. h. so, wie der Minutenzeiger einer Uhr seine Bewegung auf
den Stundenzeiger überträgt, im Gegensatz zu der sonst üblichen »sprin-
genden« Übertragung. Die Maschine ist nie fabrikmäßig hergestellt

worden [400, 401]. Die heute vielfach gebrauchten Maschinen benutzen zur Bewegung der Zahnstangen den zuerst von Bollée (1888) eingeführten Multiplikationskörper und vermeiden so diese Schwierigkeiten.

2. Das Äußere der Maschinen

wie sie seit 1893 gebaut wurden, gibt Bild 43. Es zeigt eine elektrisch angetriebene Maschine, die ein durch den mit »Total« bezeichneten Knopf ein- und ausschaltbares Speicherwerk SpW hat, das die im Resultatwerk RW stehenden Posten je nach Stellung dieses Knopfes additiv

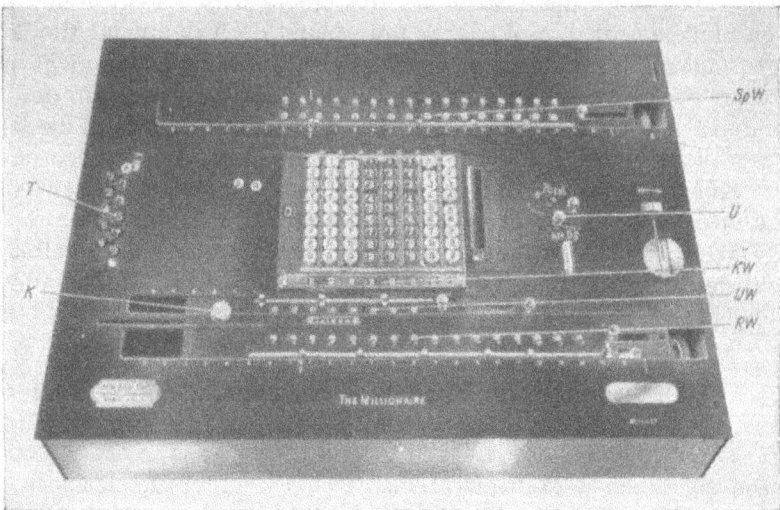

Bild 43. Multiplikationsmaschine mit elektrischem Antrieb und mit Speicherwerk.

oder subtraktiv der im Speicherwerk stehenden Zahl hinzufügt. Vor dem Tasteneinstellwerk, das durch drehbare Dreikantleisten, deren Seitenflächen verschieden gefärbt sind, in Gruppen geteilt werden kann, liegt das Kontrollwerk, daneben die Starttaste. Vorn in dem durch den Knopf K verschiebbaren Schlitten befinden sich Umdrehungszählwerk UW und Resultatwerk RW. An beiden sowie am Speicherwerk laufen Leisten mit Zeigern zur Gruppeneinteilung entlang. Neben den Ziffernreihen liegen rechts die Löschknöpfe. Die Ziffernscheiben des Speicher- und Resultatwerkes können einzeln durch Wirtel eingestellt werden. Ganz links befindet sich die Multiplikatortastatur T zur Einstellung des Multiplikationskörpers.

3. Der Multiplikationskörper

Im Multiplikationskörper sind die Ziffern der Produkte des kleinen Einmaleins durch die Längen von Stäben dargestellt, und zwar liegen die Stäbe, deren Länge den Zehnern entspricht, unmittelbar über den

Einerstäben desselben Produktes. In Bild 44 ist auf der linken Seite
schematisch ein Schnitt durch den Körper gezeichnet für die Produkte
mit dem Faktor 7. Entsprechend sind die Produkte der anderen Ziffern
von 1 bis 9 durch Stäbe dargestellt. Übereinander gelagert bilden diese

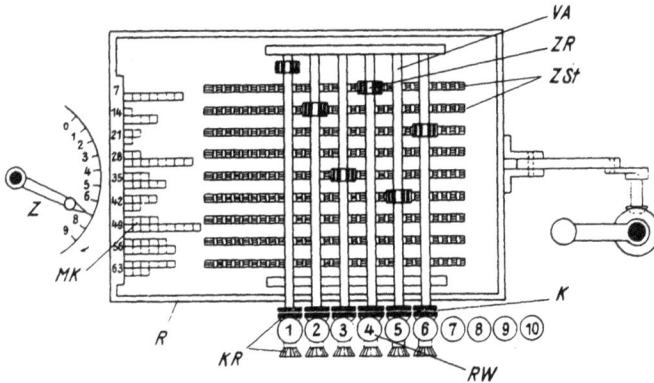

Bild 44. Schematische Darstellung des Schaltwerkes einer Multiplikationsmaschine.

Darstellungen den Multiplikationskörper *MK*. Dieser ist in den Rahmen
R eingebaut, der durch Kurbeldrehung mittels Kegelradgetriebes in
der Stabrichtung bewegt werden kann. Ferner kann er durch Stellen
des Zeigers *Z* (Bild 44) oder Druck auf eine der Tasten der Multipli-
kationstastatur *T* (Bild 43) senkrecht zur Bodenplatte so verschoben
werden, daß den Zahnstangen *ZSt* immer die der eingestellten Zahl entsprechende Einmaleinsplatte gegenübersteht. In Bild 44 ist z. B. die
7 eingestellt.

4. Das Schaltwerk

Bei Bewegung des Multiplikationskörpers nach rechts werden die
Zahnstangen *ZSt* entsprechend verschoben. Quer über ihnen liegen
ähnlich wie bei den Proportionalhebelmaschinen Vierkantachsen *VA*,
auf denen zehnzähnige Räder *ZR* verschiebbar sind, bei älteren Maschinen mittels Knöpfen in Schlitzen, bei neueren mittels Tastendruck. Die
Vierkantachsen sind mit den Zählrädern des Resultatwerkes *RW* gekuppelt, wenn der Rahmen *R* sich nach rechts bewegt; die Kupplung
K ist gelöst bei Bewegung des Rahmens nach links. Herstellung und
Lösung der Kupplung erfolgt in einem momentanen Ruhezustand. Je
nachdem, welche der Kegelräder *KR* des Wendegetriebes in die Zahnräder der Zählscheiben des Resultatwerkes eingreifen, wird die der Umdrehung der Vierkantachsen entsprechende Zahl der im Resultatwerk
stehenden additiv oder subtraktiv hinzugefügt. Die Umschaltung erfolgt
durch Einstellung des Knopfes *U* auf *A* und *M* bei Addition und Multi-

plikation, auf S und D bei Subtraktion und Division. Die Einstellung kann in dem unter dem Knopf liegenden Fenster kontrolliert werden.

5. Der Rechenvorgang

Bei jeder Kurbeldrehung bewegt sich der Multiplikationskörper zweimal hin und her. Beim ersten Viertel der Kurbeldrehung stoßen die Zehnerstäbe gegen die Zahnstangen und verschieben diese entsprechend ihrer Länge nach rechts. Dabei werden die entsprechenden Zahlen gemäß der Einstellung der Zahnräder auf den Vierkantachsen der im Resultatwerk stehenden Zahl je nach Einstellung des Wendegetriebes additiv oder subtraktiv hinzugefügt. Beim zweiten Viertel der Umdrehung geht der Rahmen zurück, die Kupplung des Schaltwerkes mit dem Resultatwerk ist gelöst, die Zahnstangen kehren in ihre Ruhelage zurück, und es erfolgen die nötigen Zehnerübertragungen. Nach Rückkehr in die Ausgangslage wird der Rahmen R etwas nach hinten verschoben, so daß jetzt die Einerstäbe den Zahnstangen gegenüberstehen; gleichzeitig springt der das Umdrehungs- und Hauptzählwerk tragende Schlitten um eine Stelle nach links. Beim nächsten Viertel der Kurbeldrehung werden dann die Zahnstangen um die der Länge der Einerstäbe entsprechende Zahl von Zähnen nach rechts verschoben. Die entsprechenden Zahlen werden jetzt, da die Kupplung wieder hergestellt ist, wegen der Schlittenverschiebung den nächsten Stellen des Resultatwerkes hinzugefügt. Beim letzten Viertel der Kurbeldrehung kehren dann Rahmen und Zahnstangen in die Ausgangslage zurück, die Kupplung mit dem Resultatwerk ist gelöst, und es erfolgen die nötigen Zehnerübertragungen.

Bei Addition und Subtraktion steht die Einerreihe des Multiplikationskörpers den Zahnstangen gegenüber. Die Division erfordert einige Überlegung, da man vor Einstellung des Multiplikationskörpers erst abschätzen muß, wie oft der Divisor in der im Resultatwerk stehenden Zahl enthalten ist.

6. Zehnerübertragung

Der Zehnerübertragung [168] dienen die in Bild 45 schematisch dargestellten Teile. Die Drehung der Vierkantachsen wird durch das hier nicht gezeichnete Wendegetriebe auf die Achsen A_1 übertragen, die oben die Zählscheiben RW des Resultatwerkes tragen. Geht eine solche Scheibe durch Null, drückt die an der Achse A_1 befestigte Nase N den Sporn Sp der ebenfalls um eine vertikale Achse A_2 drehbaren Fächerscheibe FS zur Seite. In die Einkerbungen des Fächers greifen hier nicht gezeichnete Federn ein, die die Scheiben in ihrer jeweiligen Lage halten. Der auch an der Achse A_2 befestigte Hebel H wird mit der Fächerscheibe gedreht. Er trägt am vorderen Ende einen nach unten gehenden Stift St_1 und am anderen Ende einen mit zwei Paar Zähnen versehenen

Bogen B. Durch die beschriebene Drehung ist die Zehnerübertragung vorbereitet. Die Achsen A_2 liegen in einem Rahmen R, der mittels des in einem Schlitz der Walze W gleitenden Stiftes St_2 in einer oberen und in einer unteren Lage gehalten werden kann. Sind Vierkantachsen und

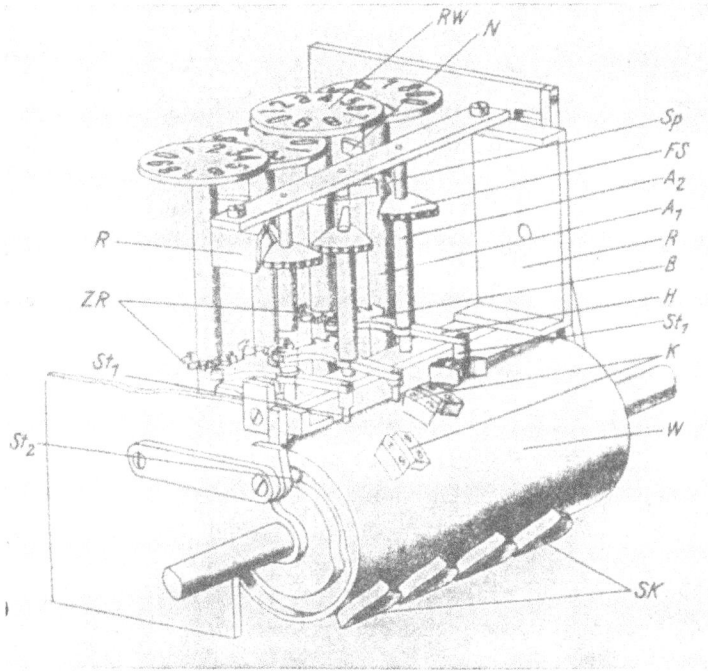

Bild 45. Zehnerübertragung bei einer Multiplikationsmaschine.

Resultatwerk gekuppelt, wird der Rahmen in der oberen Lage gehalten; die Doppelzähne des Bogens B liegen dann über den Zahnrädern ZR, die auf den Achsen A_1 der nächst höheren Stellen sitzen. Nach der Entkupplung wird der Rahmen R gesenkt, und die Doppelzähne der ausgeschwenkten Bogen greifen in die Zahnräder ZR ein. Bei weiterer Drehung der Walze W stoßen die schrägen Gleitflächen der Klötze K gegen die vorher schon aus ihrer Ruhelage herausgedrückten Stifte St_1 und drücken diese noch weiter zur Seite. Dadurch drehen die in die Zahnräder ZR eingreifenden Doppelzähne des Bogens B diese und damit die Ziffernscheiben der nächst höheren Stelle des Resultatwerkes um eine Einheit weiter. Damit ist die Zehnerübertragung ausgeführt. Die vorher nicht schon zur Seite gedrückten Stifte St_1 gleiten unberührt durch die Schlitze der Klötze K. Bei weiterer Drehung der Walze W wird der Rahmen R wieder gehoben und die Stifte St_1 und mit ihnen die Doppelzähne und die Fächerscheiben durch die schnabelförmigen

Körper SK in die Normallage gedrückt. Die nach beiden Seiten des Bogens liegenden Doppelzähne ermöglichen Zehnerübertragung sowohl bei Multiplikation wie bei Division.

E. Zusammenstellung einiger Regeln für das Maschinenrechnen

Wie für jedes Rechnen, so ist auch für das Maschinenrechnen eine übersichtliche Anordnung der Rechnung notwendig. Am besten fertigt man sich, vor allem wenn die gleiche Rechnung natürlich mit verschiedenen Zahlenwerten öfter auszuführen ist, Rechenschemata an [207, 487]. Um kurz die einzelnen Operationen in einem solchen Schema angeben zu können, verwendet man wohl eine besondere Kurzschrift [190]. Hier seien nun kurz einige Regeln für das Maschinenrechnen, insbesondere für das Rechnen mit erweiterten Additionsmaschinen, zusammengestellt.

1. Rechnen mit zwei Zahlen

α) Multiplikation $a \cdot b$

1. a ins Einstellwerk,
   b ins Umdrehungszählwerk kurbeln bzw. ins Multiplikatoreinstellwerk bringen und $\times$-Taste drücken (Schaltung $+$),
   $a \cdot b$ erscheint im Resultatwerk (Schaltung $+$), b verschwindet aus dem Multiplikatoreinstellwerk,
2. bisweilen bei Rechnung mit mehreren Zahlen erforderlich,
   a steht im Umdrehungszählwerk (Schaltung $-$),
   b ins Einstellwerk,
   $a \cdot b$ erscheint im Resultatwerk (Schaltung $+$), wenn man a aus dem Umdrehungszählwerk herauskurbelt, so daß dieses auf Null steht. In dieser Weise arbeiten z. B. die Schaltklinkenmaschinen bei automatischer Multiplikation.
   Löscht man nach Ausführung der ersten Multiplikation nicht, kann man bei entsprechender Schaltung des Resultatwerkes $a \cdot b \pm c \cdot d \pm e \cdot f \pm \ldots$ bilden, allerdings ohne die Möglichkeit zu haben, die Zwischenprodukte abzulesen (vgl. II, C 2 g).

β) Division $a : b$

1. a ins Resultatwerk (Schaltung $-$),
   b so ins Einstellwerk, daß die erste Ziffer des Divisors unter der ersten des Dividenden steht, wenn diese größer ist, unter der zweiten, wenn die erste Ziffer des Dividenden kleiner ist als die erste des Divisors,
   $\dfrac{a}{b}$ erscheint nach fortgesetztem Subtrahieren im Umdrehungszählwerk (Schaltung $+$), der Rest im Resultatwerk. Die

—-Schaltung des Resultatwerkes wird bei Handsprossenrad-maschinen durch entgegengesetzte Kurbeldrehung ersetzt. Die vollautomatische Division ist bei den einzelnen Maschinen beschrieben.

2. b ins Einstellwerk,

a oder eine Zahl, die sich um weniger als $\dfrac{b}{2}$ von a unterscheidet,

ins Resultatwerk kurbeln (Schaltung $+$),

$\dfrac{a}{b}$ erscheint im Umdrehungszählwerk (Schaltung $+$),

3. Die Division einer negativen Zahl, deren dekadische Ergänzung im Resultatwerk steht (Schaltung $+$), erfolgt durch wiederholte Addition des ins Einstellwerk gebrachten Divisors, bis im Resultatwerk Null oder nahezu Null steht. Im Umdrehungszählwerk erscheint der Quotient (Schaltung $+$).

2. Rechnen mit mehr als zwei Zahlen

Abwechselnde Multiplikation und Division $\dfrac{a \cdot c \cdot e \ldots}{b \cdot d \cdot f \ldots}$

Man bildet $a \cdot c$ nach II, E 1 α, $(a \cdot c):b$ nach II, E 1 β, $\left(\dfrac{a \cdot c}{b}\right) \cdot e$ nach II, E 1 α, $\left(\dfrac{a \cdot c \cdot e}{b}\right):d$ nach II, E 1 β usw. Hat der Zähler zwei Faktoren mehr als der Nenner, beginnt man mit einer Multiplikation, hat er gleichviel Faktoren, mit einer Division, hat er einen Faktor mehr als der Nenner, kann man mit einer Multiplikation oder einer Division beginnen. Zu beachten ist, daß die additive oder subtraktive Hinzufügung einer Zahl zu der im Resultatwerk stehenden immer durch Einstellen dieser Zahl im Einstellwerk und Übertragung ins Resultatwerk möglich ist, so daß man z. B. Ausdrücke der Form $\left(\dfrac{a \cdot b}{c} \pm d\right) \cdot \dfrac{e}{f} + \ldots$ in dieser Weise berechnen kann.

3. Verkettung bei zusammengesetzten Rechnungen

Die Durchführung der Rechnung erfolgt durch die Maschine fehlerlos. Es können aber bei der Einstellung der in die Rechnung eingehenden Zahlen und bei der Ablesung der Ergebnisse Fehler entstehen. Die Fehlerkontrolle wird bei den mit Druckwerk versehenen Maschinen dadurch erleichtert, daß man die eingehenden Daten und die Ergebnisse nachträglich kontrollieren kann. Bei zusammengesetzten Rechnungen, bei denen mit der Maschine berechnete Zahlen wieder eingehen, aber dazu von einem Werk in ein anderes übertragen werden müssen, vermeidet man Ablesungs- und Einstellungsfehler dadurch, daß man die

Übertragung nicht mit Hand vornimmt, sondern durch die Maschine ausführen läßt. Dazu dienen folgende Operationen [86, 433].

α) **Die Multiplikation einer im Resultatwerk stehenden Zahl** erfolgt bei vorhandener Rückwurfeinrichtung (Brunsviga, Mercedes usw.) durch Rückwurf aus dem Resultatwerk ins Einstellwerk, sonst dadurch, daß man die errechnete Zahl mit Hand im Einstellwerk einstellt und einmal subtrahiert. Bei richtiger Einstellung ist das Resultatwerk dann gelöscht. Man darf aber nicht vergessen, die 1 im Umdrehungszählwerk zu löschen. Die Zahl kann auch durch Division mit 1 ins Umdrehungszählwerk gebracht und dann nach II, E 1 α, 2 multipliziert werden. Es lassen sich so Produkte mehrerer Faktoren $a \cdot b \cdot c \cdot d$ auch ohne Rückwurfeinrichtung bilden.

β) **Division einer im Umdrehungszählwerk stehenden Zahl.** Man multipliziert nach II, E 1 α, 2 mit 1 und bringt die Zahl dadurch ins Resultatwerk, dann dividiert man nach II, E 1 β durch b. In dieser Weise kann man eine Zahl durch mehrere andere dividieren, $a : (b \cdot c \cdot d)$.

γ) **Division durch eine im Resultatwerk stehende Zahl.** Man bringt die Zahl durch Rückwurf ins Einstellwerk, stellt, wenn dies möglich ist, mit Hand den Dividenden im Resultatwerk ein und verfährt nach II, E 1 β, 1, oder man verfährt, wenn letzteres nicht möglich ist, nach II, E 1 β, 2.

δ) **Division durch eine im Umdrehungszählwerk stehende Zahl.** Man schaltet das Umdrehungszählwerk auf —, stellt 1 im Einstellwerk ein, kurbelt die Zahl ins Resultatwerk (Schaltung +) und verfährt weiter nach II, E 3 γ. Ein anderes Verfahren ermöglicht die Brunsviga mit 20 Stellen II, C 2 i). Eine solche Verkettung zusammengesetzter Rechnungen ist zur Vermeidung von Ablesungs- und Einstellungsfehlern sehr zu empfehlen und ist bei den elektrisch angetriebenen Maschinen in der angegebenen Art auch ohne großen Zeitverlust durchführbar [64, 64a].

4. Benutzung des Speicherwerkes

Bei vorhandenem Speicherwerk muß man die Rechnung möglichst so führen, daß die Ergebnisse im Resultatwerk stehen, so daß sie von dort additiv oder subtraktiv ins Speicherwerk übertragen werden können. Ohne weiteres kann man so mit Ablesung der Zwischenprodukte bilden $a \cdot b \pm c \cdot d \pm e \cdot f \pm \ldots$ Um $\dfrac{a \cdot b}{c} \pm \dfrac{d \cdot e}{f} \pm \ldots$ zu berechnen, beginnt man mit der Division $a : c$ nach II, E 1 β, bildet $\left(\dfrac{a}{c}\right) \cdot b$ nach II, E 1 α, 2 und übernimmt in das Speicherwerk. Man berechnet weiter nach II, E 1 β $d : f$ und nach II, E 1 α, 2 $\left(\dfrac{d}{f}\right) \cdot e$ und übernimmt additiv oder subtraktiv

ins Speicherwerk usw. Man kann bei der Multiplikation das Resultatwerk auch auf Subtraktion schalten, dann erscheint hier die dekadische
Ergänzung des Produktes. Positive Hinübernahme ins Speicherwerk bedeutet dann eine Subtraktion.

5. Das Quadratwurzelziehen

α) Am mechanischsten verfährt das sog. Töplersche Verfahren
[473], das darauf beruht, daß die Summe aufeinanderfolgender unge-
rader Zahlen immer ein Quadrat ist, $\sum_{x=1}^{n} (2x-1) = n^2$; doch arbeitet das
Verfahren sehr langsam, und man ist wenig vor Rechenfehlern geschützt.
Durch eine geringe Abänderung kommt man zu einem wesentlich schnel-
leren und sichereren Verfahren [92]. Man teilt, wie beim Töplerschen Verfahren, vom Komma aus in Gruppen zu zwei Ziffern. Hat sich irgendwie
aus den ersten m Gruppen die Quadratwurzel a ergeben, so zieht man a^2
ab. Dann steht im Resultatwerk der Rest r_m. Man bringt nun $2a$ ins Einstellwerk, verschiebt den Schlitten um eine Stelle nach links und schätzt
ab, wie oft $2a+1$ in der in den zugehörigen Stellen des Restes stehenden
Zahl enthalten ist. Benutzt man für diese Division einen Rechenschieber,
kommt man wegen der annähernden Konstanz des Divisors mit einer Einstellung für die ganze Rechnung aus. Diese Zahl b stellt man an der
$(m+1)$-ten Stelle des Einstellwerkes ein und subtrahiert b-mal. Dann
wird statt b im Einstellwerk $2b$ eingestellt. Ist der im Resultatwerk
stehende Rest r_{m+1} kleiner als $20a+2b+1$, kann man zur nächsten Stelle
übergehen. Ist er größer, stellt man an der $(m+1)$-ten Stelle $2b+1$ ein
und subtrahiert einmal. Man hat dann von der zu radizierenden Zahl
$(10a+b+1)^2$ abgezogen. Nun hat man im Einstellwerk $20a+2b+2$
einzustellen. Die im Resultatwerk verbleibende Zahl ist sicher kleiner als
diese Zahl, und man kann zur nächsten Stelle übergehen. Das Verfahren
ist im wesentlichen mit dem vielfach in Schulen gelehrten identisch.

β) Divisionsverfahren. Man bestimmt mit dem Rechenstab
die Wurzel aus der gegebenen Zahl R so genau wie möglich und dividiert
R durch diesen Wert. Ist der Fehler der Ablesung auf dem Rechenstab ε,
so hat der Quotient den Wert

$$\frac{R}{\sqrt{R}+\varepsilon} = R\frac{\sqrt{R}-\varepsilon}{R-\varepsilon^2} = (\sqrt{R}-\varepsilon)\left(1+\frac{\varepsilon^2}{R}+\frac{\varepsilon^4}{R^2}+\ldots\right) \approx \sqrt{R}-\varepsilon+\frac{\varepsilon^2}{\sqrt{R}}.$$

Das arithmetische Mittel aus den beiden Werten

$$\frac{1}{2}\left(\sqrt{R}+\varepsilon+\frac{R}{\sqrt{R}+\varepsilon}\right) \approx \sqrt{R}+\frac{\varepsilon^2}{2\sqrt{R}}$$

hat den wesentlich kleineren Fehler $\frac{\varepsilon^2}{2\sqrt{R}}$. Ist der Wurzelwert noch
nicht genau genug, wiederholt man mit dem so gefundenen Wert die

Rechnung. Praktisch stellt man $\frac{1}{2}(\sqrt{R} + \varepsilon)$, also die Hälfte des Näherungswertes b im Umdrehungszählwerk, R im Resultatwerk und $2b = 2(\sqrt{R} + \varepsilon)$ im Einstellwerk ein. Kurbelt man dann das Resultatwerk bei auf $+$ gestellten Umdrehungszählwerk möglichst auf Null, so erhält man im Umdrehungszählwerk den neuen Näherungswert [56, 161, 162, 187]. Stellt man aber das Umdrehungszählwerk auf $-$, bekommt man dort $-\varepsilon$ und kann nun, da ja ε^2/R wesentlich kleiner als $\varepsilon/\sqrt{R}$ sein wird, das Resultatwerk statt auf Null auf ε^2 bringen, was leicht durch einiges Probieren erreicht werden kann. Dadurch erhält man einen genaueren zweiten Näherungswert [420].

γ) **Das Verfahren von Collatz** steht in Beziehung zum Newtonschen Näherungsverfahren zur Bestimmung der Nullstellen, angewandt auf die Gleichung $f(x) = x^2 - R = 0$ (vgl. z. B. [474] § 18, 11). Man gewinnt damit ein Verfahren, mit dem man leicht eine größere Zahl von Stellen der Quadratwurzel bestimmen kann.

Setzt man das Komma in R so, daß der Näherungswert b eine ganze Zahl ist, so kann man b immer so bestimmen, daß

$$b - \sqrt{R} = \varepsilon < \frac{1}{2}$$

ist. Durch wiederholtes Quadrieren ergibt sich daraus

$$b^2 + R - 2b\sqrt{R} = a_2 - c_2\sqrt{R} = \varepsilon^2$$
$$a_2^2 + c_2 R - 2c_2\sqrt{R} = a_3 - c_3\sqrt{R} = \varepsilon^4$$
$$\cdots\cdots\cdots\cdots\cdots\cdots$$
$$a_n - c_n\sqrt{R} = \varepsilon^{2^{n-1}}.$$

Die rechte Seite nimmt sehr schnell ab. Man erhält so den Näherungswert

$$\sqrt{R} = \frac{a_n}{c_n} \text{ mit einem Fehler } \varepsilon^{2^{n-1}}/c_n.$$

Dabei kann man mit dem Quadrieren so lange fortfahren, wie sich c_n noch für die Division im Einstellwerk unterbringen läßt. Man kann so die dreifache Zahl von Stellen des Einstellwerkes für den neuen Näherungswert erhalten. Dazu muß man bei der Division den Rest immer wieder links im Resultatwerk einstellen.

δ) **Ein viertes Verfahren** benutzt die Kettenbruchentwicklung zur Berechnung der Quadratwurzel [31]

$$\sqrt{a^2 + b} = a + \cfrac{b}{2a + \cfrac{b}{2a + \cfrac{b}{2a + b \ldots}}}$$

6. Das Rechnen mit abgerundeten Zahlen

Beim Rechnen mit abgerundeten Zahlen führt man im allgemeinen z Schutzstellen mit. Will man z. B. das Produkt zweier Zahlen auf n Stellen genau haben, rundet man beide Faktoren auf $n + z$ Stellen ab und liest mit eventueller Aufrundung der letzten Stelle auf n Stellen ab. Im allgemeinen kommt man mit $z = 3$ Schutzstellen aus [87].

7. Weitere Anweisungen

für das Rechnen mit erweiterten Additionsmaschinen findet man außer in den bereits erwähnten Aufsätzen in [33a, 75, 85, 98, 151, 169, 188, 206, 293, 369, 392, 410, 420a, 432, 461, 478a]. In [271, 335, 350] wird das logarithmische Rechnen bzw. das Kopfrechnen mit dem Maschinenrechnen insbesondere auch, was den Zeitaufwand betrifft, verglichen. Mit dem Rechnen mit der Doppelrechenmaschine beschäftigen sich die Arbeiten [79, 142, 163, 164, 184, 189, 225, 310, 334, 348, 376, 478, 485, 486].

Weitere Anwendungen der Rechenmaschinen z. B. V, C 1 b.

III. Koordinatographen, Kurvimeter und Differentiatoren

In diesem Abschnitt sollen einige Instrumente besprochen werden, die zum Auftragen von Kurven dienen und mit denen man Messungen an vorliegenden Kurven ausführen kann.

A. Koordinatographen

Zum punktweisen Auftragen von Kurven wie zum Ausmessen der Koordinaten einzelner Punkte gezeichnet vorliegender Kurven dienen Koordinatographen. Es gibt sehr verschiedene Konstruktionen solcher Apparate sowohl für kartesische wie für Polarkoordinaten. Sie werden insbesondere in der Katastervermessung benutzt, können aber unter anderem auch z. B. bei der Herstellung von Nomogrammen gute Dienste leisten. Von den verschiedenen Konstruktionen, die durchgehend befriedigend arbeiten, wenn man die Verzerrung des Zeichenpapieres infolge der Aufnahme von Feuchtigkeit berücksichtigt, sollen hier nur einige kurz behandelt werden. Sie benutzen alle in der einen oder anderen Form Kartiermaßstäbe.

1. Kartiermaßstäbe

sind Maßstäbe, die zum genauen Auftragen von Strecken dienen bzw. von Längen in vorgeschriebenem Maßstab. Die meisten dieser Maßstäbe bestehen aus einem Anlegelineal, an dem der eigentliche Maßstab

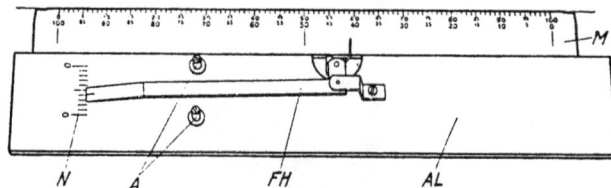

Bild 46. Kartiermaßstab »Lasco«.

verschoben wird. Bild 46 zeigt einen solchen Maßstab »Lasco«, der einen besonderen Fühlhebel FH für die Feineinstellung hat [382, 462]. Soll z. B. die Auftragung oder Messung von links nach rechts geschehen, so wird der Fühlhebel an den unteren Anschlag A gelegt und der Teilungsnullpunkt mit dem Ausgangspunkt, die Linealkante mit der Auftragsrichtung zur Deckung gebracht. Dann werden die Bruchteile der Millimeter mit dem Fühlhebel eingestellt, wodurch der Maßstab an dem Anlegelineal entsprechend verschoben wird (Einstellungsgenauigkeit $1/_{20}$ mm), und die Nadel in die der Zahl der ganzen Millimeter entsprechende Strichkerbe eingesetzt. Bei anderen Kartiermaßstäben, z. B. »Heico«, wird die Verschiebung des Maßstabes gegen das Anlegelineal um die Millimeterbruchteile mit einem Nonius ausgemessen. Von einer anderen Feineinstellung wird bei dem Koordinatographen von Coradi zu reden sein (III, A 2 c).

2. Koordinatographen für kartesische Koordinaten

a) Kartiergeräte

Für kartesische Koordinaten verwendet man zwei Kartiermaßstäbe, von denen der eine senkrecht zum anderen verschiebbar ist. Ein kleines Gerät dieser Art, »Purco«, zeigt Bild 47 [462, 470a]. Es besteht

Bild 47. Kartiergerät von Ott.

aus einem Abszissenlineal mit Schieber und einem mit diesem festverbundenen Ordinatenlineal mit einem zweiten Schieber, der Punktiernadel oder Ableselupe trägt. Der Arbeitsbereich beträgt bei der kleineren Ausführung in Abszissenrichtung 12 cm, in Ordinatenrichtung ± 4 cm, bei der größeren 40 cm und ± 9 cm. Grob- und Feineinstellung der Schieber erfolgen mittels gerauhter Rolle. Die zur Einstellung dienende Plexi-Glasscheibe (rechts oben) ist mit einem Längs- und zwei Querstrichen in 20 cm Abstand versehen.

b) Der Koordinatograph von Ott

Von einem größeren. Koordinatographen »Frico« zeigt Bild 48 eine Teilaufnahme [462]. Dieses Gerät, mit dem man einen Bereich von 70×100 cm bearbeiten kann, hat einen auf der Zeichenunterlage fest-

Bild 48. Koordinatograph von Ott.

klemmbaren eisernen Rahmen, der auf der Längsseite im Abstand von 20 cm Stahlstifte trägt, an die mittels Federn das Abszissenlineal an-geklemmt werden kann, das quer über dem Rahmen liegt. Das Bild zeigt eine Rahmenecke und den linken Teil des Abszissenlineales. Dieses liegt direkt auf dem Papier auf und trägt zwei Maßstäbe, die in entgegen-gesetzter Richtung beziffert sind. An ihm verschiebt sich das 200 mm lange Ordinatenlineal, das mittels zweier Nonien auf die richtige Abszisse eingestellt wird. Am Ordinatenlineal befindet sich ein ebenfalls mittels Nonius einstellbarer Läufer, der eine Punktiernadel mit für die gewünschte Stichtiefe einstellbarem Anschlag trägt. Sie dient zum Eintragen der Punkte und kann durch eine Lupe mit Kreismarke zum Ablesen der Koordinaten einzelner Punkte ersetzt werden. Um das Gerät auf ein vorhandenes Koordinatensystem einstellen zu können, ist ihm ein be-sonderer Ordinatenschieber beigegeben (Bild 48 rechts). Dieser Apparat hat vor allem den Vorteil, daß der zu stechende Punkt und die Teilungen nahe beieinander liegen.

c) Die Koordinatographen von Coradi

Bei den Koordinatographen von Coradi ruht auf zwei festen Schienen ein als Gitterträger ausgebildeter Ordinatenwagen. Er stützt sich auf zwei Führungsräder, die in einer Nut der einen Schiene laufen, und auf eine Rolle, die sich auf der anderen bewegt. Seine Bewegung erfolgt so, daß er stets senkrecht zur Verschiebungsrichtung ist. Seine genaue Lage kann durch Mikrometerwerk eingestellt werden. Die Führungsschiene trägt eine sehr feine Zahneinteilung, in die genau die Zähne eines kleinen Zahnrades passen, das sich mit dem Wagen bewegt. Dieses Zahnrädchen ist mit einer großen Meßtrommel verbunden, an der mit Lupe die Verschiebung des Wagens in $7\frac{1}{2}$facher Vergrößerung abgelesen werden kann. Auf dem Ordinatenwagen bewegt sich ein kleiner Abszissenwagen, der die gleiche Einstell- und Ablesevorrichtung hat. Er trägt drei Punktiernadeln im Abstand von 20 cm, in deren Hülsen auch Reißfedern zum Ziehen von Netzlinien eingesetzt werden können. Es werden Instrumente sehr verschiedener Größe gebaut. Der Arbeitsbereich der größten beträgt 150 × 135 cm. Nach Späth [406] ist selbst bei längerem Arbeiten und ungünstigen Feuchtigkeitsverhältnissen der Fehler des Punktauftrages innerhalb der Grenzen von 0,02 bis 0,03 mm zu halten.

Von sonstigen kartesischen Koordinatographen seien noch die von Haag-Streit [218], Goos [111] und Zeiß [205] erwähnt.

d) Das Reduzierkartiergerät

Wichtig ist es, bei derartig genauen Auftragungen wie auch bei Messungen an Kurven, insbesondere der Bestimmung von Flächeninhalten die Änderung des Zeichenpapieres infolge der aus der Luft aufgenommenen Feuchtigkeit zu beachten [44, 45, 102, 131, 219, 384, 448]. Je mehr Feuchtigkeit aufgenommen wird, desto stärker dehnt sich das Papier, und zwar kann diese Längenänderung in verschiedenen Richtungen verschieden sein. In diesem Falle muß man beachten, daß nur die Hauptdehnungsrichtungen aufeinander senkrecht bleiben, während sich die Winkel zwischen in anderen Richtungen verlaufenden Geraden ändern. Insbesondere muß auf die hygroskopischen Eigenschaften des Papieres Rücksicht genommen werden, wenn es sich etwa darum handelt, in vorhandene Zeichnungen oder Pläne neu ausgemessene Punkte einzutragen. Die gemessenen Koordinatenwerte müssen dann entsprechend der Papierdehnung vor der Eintragung reduziert werden. Um diese Umrechnung zu vermeiden, hat man Reduziergeräte mit drehbaren Maßstäben gebaut. Bild 49 zeigt ein solches Gerät, »Barot«, das einen Meßbereich von 20 cm für die Abszisse und ±6 cm für die Ordinate hat [462]. Der linksliegende feste Rahmen trägt einen um den Zapfen oben drehbaren Maßstab, auf dem sich ein Kreuzschieber mit Nonius bewegt. Der Kreuzschieber bewirkt, daß die Verschiebung in eine ordinatenparallele Verschiebung des zweiten Rahmens verwandelt wird. Dieser zweite Rahmen gleitet mit zwei Rädern in einer y-parallelen Nut des ersten und stützt sich rechts auf eine Rolle. Er trägt ebenfalls einen um den Zapfen links drehbaren Maßstab mit einem Kreuzschieber, der eine Punktiervorrichtung oder eine Ableselupe in x-Richtung bewegt.

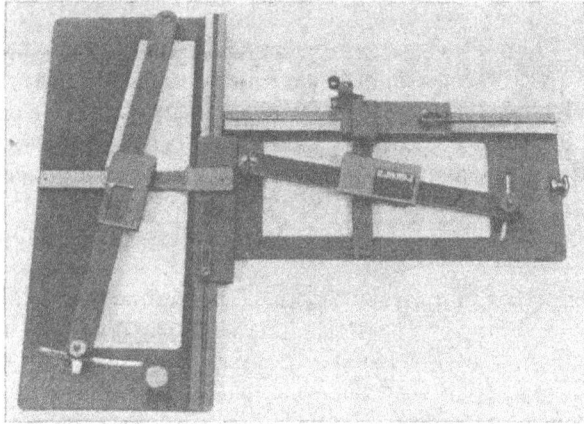

Bild 49. Reduzierkartiergerät von Ott.

Die Neigungen der Maßstäbe können entsprechend einer Papierdehnung von -2% bis $+1,5\%$ an einer Skala eingestellt werden, an der sich die Enden der Maßstäbe verschieben. Je stärker die Neigung ist, um so geringer ist die Abszissen- bzw. Ordinatenänderung bei gleicher Noniusverschiebung. Stehen die Maßstäbe auf 0%, ist die Verschiebung des Wagens bzw. der Lupe gleich der am Nonius abgelesenen Differenz in mm. Sind die Dehnungen in verschiedenen Richtungen verschieden, so kann das Gerät allerdings nur zum Eintragen von Punkten benutzt werden, wenn die Hauptdehnungsrichtungen mit den Richtungen des vorliegenden Koordinatennetzes zusammenfallen.

3. Polarkoordinatographen

a) Polarkoordinatographen mit Teilkreis

Die meisten Polarkoordinatographen benutzen einen Teilkreis [33]. Bei der einfachsten Form, wie z. B. bei dem Tachygraphen Fennel [347], hat man nur einen nach Alt- oder Neugraden geteilten Halbkreis, um dessen Nullpunkt sich ein Schwenkarm mit Maßstab dreht. An diesem wird mittels Nonius der Radius eingestellt. Eine größere Ausführung, den Polarkoordinatographen Haag-Streit, zeigt Bild 50 [218, 452]. Ähnlich ist der Apparat von Coradi gebaut [408]. Bei ihm dient der Teilkreis zunächst der provisorischen Einstellung. Die Feineinstellung des Winkels und der Distanz erfolgt mit dem oben (III, A 2 c) beschriebenen Coradischen Meßrädchen, mit dem man Auftragungen mit einem mittleren Richtungsfehler von 1,4′ machen kann, während die Distanzmessung die oben angegebene Genauigkeit von 0,02 bis 0,03 mm hat.

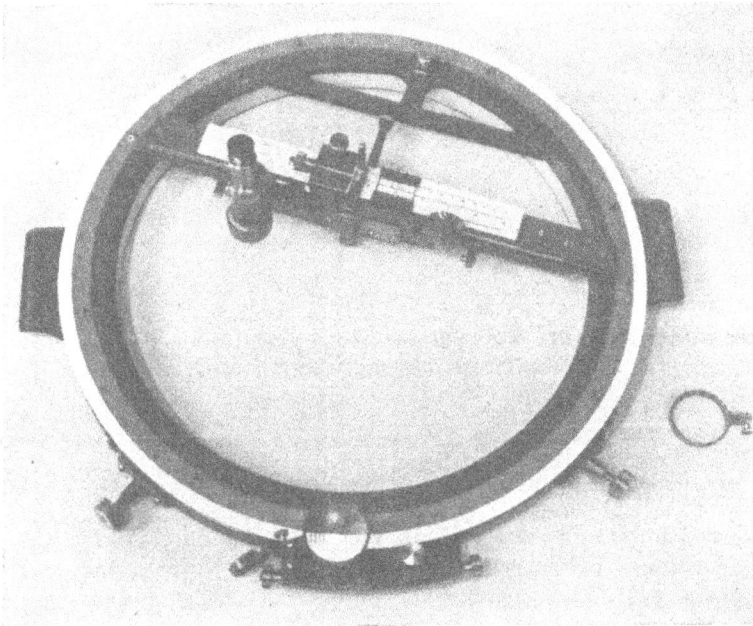

Bild 50. Polarkoordinatograph Haag-Streit.

Der Apparat wird in verschiedenen Größen hergestellt. Bei dem größten können die Radien eine Länge bis zu 21 cm haben.

b) Der Polarkoordinatograph von Ott

Der Polarkoordinatograph von Ott mißt den Winkel mittels einer Meßrolle. Er besteht aus einem um einen festen Pol drehbaren Lineal von 30 cm oder bei der größeren Ausführung von 100 cm Länge, auf dem sich die Teilungen befinden, und dem einen festen Winkel mit dem Lineal bildenden Meßrollenarm. Dieser trägt die nach Alt- oder Neugraden geteilte Meßrolle mit Nonius und Zählscheibe. Die Noniuseinheit beträgt 2′ bzw. 1′. Die Rolle hat eine besondere Einrichtung zur Einstellung auf die Ablesung Null. Die Entfernungen werden mit einem Schieber, der eine Einstellrolle und einen Nonius hat, eingestellt. Zur Übertragung der Punkte trägt der Schieber eine Punktiervorrichtung bzw. zum Ausmessen eine Lupe, die bis zu 4 mm an den Pol herangebracht werden kann. Der mittlere Fehler der Winkeleinstellung betrug nach Werk-

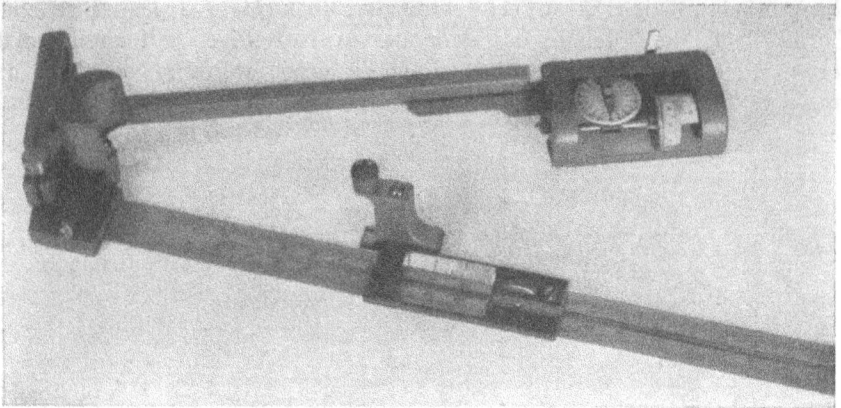

Bild 51. Polarkordinatograph von Ott.

meister [460], z. B. bei einmaliger Zentrierung, falls die Noniuseinheit 2′ war, etwa 1,5′. Ott gibt als durchschnittliche Abweichung 0,04 bis 0,07 mm an.

B. Kurvenmesser

1. Benutzung des Zirkels

Zur Bestimmung der Bogenlänge kann man den Stechzirkel verwenden. Man gibt ihm eine genügend kleine Öffnung und trägt den Spitzenabstand hintereinander als Sehne ein. Das Produkt aus Anzahl der Abtragungen und Spitzenabstand gibt dann einen angenäherten Wert für die Bogenlänge. Da der Bogen immer länger als die Sehne sein wird, erhält man so einen zu kleinen Wert. Man kann den Fehler dadurch verkleinern, daß man die Zirkelspitzen nicht auf der Kurve selbst einsetzt, sondern in einiger Entfernung von der Kurve auf der konvexen Seite.

2. Das Meßrädchen

Eine andere Möglichkeit ist die der Befahrung der Kurve mit einem Meßrädchen, wie man es bei der Bestimmung von Entfernungen, z. B. auf einem Meßtischblatt, benutzt. Bei nicht zu kurzen Kurven kann man damit brauchbare Ergebnisse erzielen. Zur Erhöhung der Genauigkeit schlägt Schwerdtfeger [394] vor, die Achse des Meßrädchens mit einem feinen Gewinde zu versehen. Beim Entlangfahren auf der Kurve verschiebt sich dann das Rad von einem Anschlag aus auf seiner Achse. Fährt man dann rückwärts auf einem geraden Maßstab entlang, bis das Rad wieder an dem Anschlag liegt, kann man auf dem Maßstab die Kurvenlänge ablesen. Der Nachteil des Meßrädchens, daß es die gerade in Betracht kommende Stelle der Kurve verdeckt, wird von anderen Kurvenmessern vermieden.

3. Das Kurvimeter von Coradi

Dieser Kurvenmesser benutzt zwei Rollen, R_1 und R_2, deren Achsen in die Richtung eines Lineales fallen, auf dem der Führungspunkt F so liegt, daß die Auflagepunkte der Rollen von dem zwischen ihnen liegenden F gleichen Abstand haben. Das Lineal muß die Richtung der Kurven-normalen haben, während F auf der Kurve entlang geführt wird; dabei machen kleine Abweichungen von der Normalrichtung wenig aus. Mit den Bezeichnungen des Bildes 52 findet man

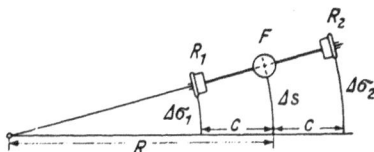

Bild 52. Schematische Darstellung des Kurvenmessers von Coradi.

$$\Delta\sigma_1 = \Delta s\,\frac{R-c}{R}, \quad \Delta\sigma_2 = \Delta s\,\frac{R+c}{R}.$$

Also ist $s = \frac{1}{2}(\sigma_1 + \sigma_2) = \varrho\,\pi\,(U_1 + U_2)$, wenn U_1 und U_2 die Ablesungen an den beiden Meßrollen und ϱ deren Radius sind. Die Genauigkeit des üblichen Apparates wird von Coradi auf etwa 0,5% angegeben. Außerdem baut Coradi nach dem gleichen Prinzip ein Kurvimeter mit Lupe, das in der Hauptsache zur Messung kompliziert verlaufender Kurven mit kleinen Ordinatenschwankungen dient. Es besteht aus einem Wagen, der sich auf Rollen, die in der Nut einer Schiene laufen, in Richtung der x-Achse bewegt. Auf diesem gleitet ein zweiter Wagen, der die eigentliche Meßvorrichtung trägt, ebenfalls auf Schienen in y-Richtung. Die Meßrädchen rollen nicht direkt auf dem Diagramm ab, sondern auf einer besonderen Platte. Die Ausrichtung der Rollenachsen in die Kurvennormale erfolgt durch Drehen der Lupe mittels eines kleinen Hebels. Mit diesem Instrument können in einem Zuge Kurven bis zu 550 mm Ausdehnung in der x-Richtung und 200 mm in der y-Richtung ausgemessen werden.

4. Der Kurvenmesser von Ott

Dieses Kurvimeter hat nur eine Meßrolle von 60 mm Umfang, deren Ebene in der Tangente der zu messenden Kurve liegen muß. Man sieht leicht aus dem Bild 53, daß die Verschiebung des Auflagepunktes der Rolle R in der Richtung der Rollenebene gleich dem Bogenelement der Kurve ist, während die Verschiebung senkrecht dazu von der Meßrolle nicht aufgezeichnet wird. Die Rolle ist so in einem Rahmen gelagert, daß ihre Ebene senkrecht zu einer Geraden g auf der Unterseite der der Beobachtung dienenden Visolettlupe ist. Diese Gerade ist durch

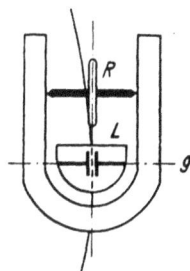

Bild 53. Schematische Darstellung des Kurvenmessers von Ott.

zwei parallele in kleinem Abstand liegende Geradenstücke unterbrochen, die senkrecht zu ihrer Richtung sind und als Fahrmarke dienen. Ihre Mittelparallele ist durch die Rollenebene bestimmt. Der Rahmen wird so geführt, daß diese beiden Geraden möglichst parallel zur Tangente,

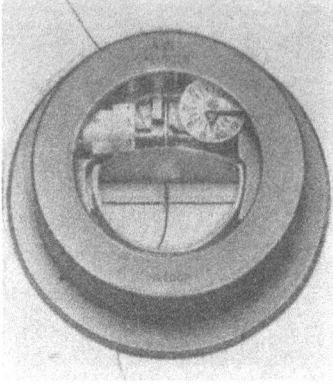

die Gerade g möglichst normal zu der Kurve verläuft. In Bild 54 sieht man links neben der Rolle das übliche Zählwerk, dessen volle Umdrehungen durch Schneckentrieb auf die Zählscheibe rechts übertragen werden. Für gewöhnlich berührt die Rolle die Unterlage nicht; erst durch leichtes Niederdrücken der Dose, in der die Meßvorrichtung angebracht ist, kommt sie mit der Zeichenunterlage in Berührung. Am besten befährt man die Kurve bei der in Bild 54 angegebenen Lage des Instrumentes in Richtung auf den Beobachter zu. Mes-

Bild 54. Kurvimeter von Ott.

sungen, die Werkmeister an Kreis- und Dreiecksumfängen ausgeführt hat, haben für eine Befahrung einen mittleren Fehler von 0,1 mm ergeben [467].

5. Der Kurvenmesser von Pressel-Riefler

Ähnlich gebaut ist der Kurvenmesser von Pressel-Riefler (Bild 55). Hier ist die in der Richtung der Kurvennormalen zu führende Gerade g durch einen senkrecht auf der Zeichenebene stehenden Spiegel S realisiert, der die Fahrmarke F trägt. Das Normalstehen wird hier dadurch kontrolliert, daß die Kurve stets knicklos in ihr Spiegelbild übergeht. Der

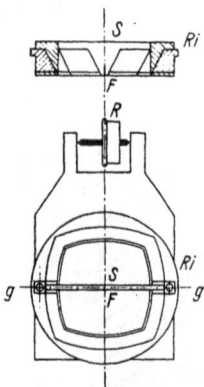

Ring Ri, in dem der Spiegel S liegt und mit dem die Meßrolle R fest verbunden ist, wird mit Hand geführt. Er ist außen geriffelt, fällt nach innen konisch ab und ist dort poliert, so daß das reflektierte Licht die Kurve beleuchtet. Damit er möglichst wenig Schatten wirft, ist der Spiegel dreieckig. Die Ebene der Meßrolle R steht senkrecht zu g und geht durch F. Eingehend hat Pressel die möglichen Instrumentenfehler und ihre Vermeidung untersucht, ebenso den Einfluß möglicher Meßfehler [340, 341]. Wie bei allen diesen Apparaten sind drei Meßfehler möglich:

Bild 55. Schematische Darstellung des Kurvenmessers von Pressel-Riefler. Oben Schnitt gg.

a) der Einstellfehler, der daher rührt, daß man die Marke F nicht genau auf Anfangs- und Endpunkt der Kurve bringt. Die Summe dieser beiden Fehler wird von Pressel auf etwa 0,2 mm geschätzt, dürfte aber bei Anwendung einer Lupe zu verkleinern sein.

b) der Seitenfehler, der seine Ursache darin hat, daß F nicht auf der Kurve, sondern daneben geführt wird. Er ist bei einiger Übung unter 0,1 mm zu bringen.

c) der Richtungsfehler, der durch die Abweichung der Geraden g von der Kurvennormalen hervorgerufen wird. Besonders bei dem Rieflerschen Kurvenmesser wird dieser Fehler klein sein, da der Winkel zwischen Kurve und Spiegelbild doppelt so groß ist wie zwischen Normale und Spiegelebene. Hier dürften Abweichungen von über 3⁰ kaum vorkommen, 3⁰ entspricht einem Fehler von $1/8\%$; bei 5⁰ beträgt der Fehler 0,5%. Dieser Fehler ist immer positiv, so daß sich nicht wie bei den anderen Fehlern positive und negative wenigstens teilweise kompensieren können.

6. Der Kurvenmesser von Amsler

Ein Kurvimeter, das sich besonders zur Ausmessung kurzer Kurvenstücke eignet, ist von Amsler unter Benutzung eines Pantographen gebaut. Im Sehfeld einer Lupe L, die sich an der Stelle des Fahrstiftes des Pantographen befindet, sieht man die beiden aufeinander senkrechten Geradenstücke t und n (Bild 56). Ihr Schnittpunkt wird so auf der Kurve entlang geführt, daß t immer tangential, n normal zur Kurve ist. Die Drehung der Lupe wird mittels dreier von Drähten D umspannten Scheiben S auf die am Vergrößerungsarm des Pantographen befindliche Meßrolle R übertragen, die senkrecht zur Zeichenunterlage auf dieser so abrollt, daß ihre Ebene immer parallel zu t ist, ihr Auflagepunkt beschreibt also eine zur gegebenen ähnliche und in bezug auf den Pol P ähnlich gelegene Kurve, deren Bogenlänge von der Meßrolle ausgemessen

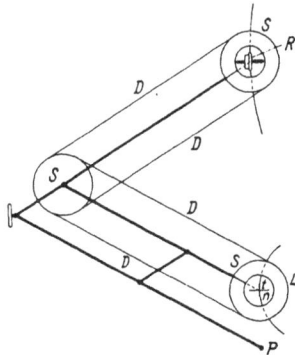

Bild 56. Schematische Darstellung des Kurvenmessers von Amsler für kleine Kurvenstücke.

wird. Meist wählt man eine fünffache Vergrößerung. Die Ablesegenauigkeit mittels Nonius beträgt dann 0,02 mm Kurvenlänge [437].

7. Das Momentenkurvimeter von Ott

Um außer der Bogenlänge $\int ds$ auch statisches Moment $\int y\,ds$ und Trägheitsmoment $\int y^2\,ds$ eines Kurvenstückes bestimmen zu können, hat Ott ein Integrimeter (vgl. IV, L 1) konstruiert, das den Wert dieser drei Integrale an drei Meßrollen abzulesen gestattet (Bild 57). Auf einer Laufschiene läuft in x-Richtung ein Wagen W, an dem mittels des Doppellenkers $L_1 L_2$ das Integriergerät angebracht ist. Es trägt einen Ottschen

6*

Kurvenmesser K, dessen Strichmarke immer parallel zur Tangentenrichtung auf der Kurve entlang geführt wird. Durch Radtrieb wird die
Ebene des Meßrades, das in Bild 57 nicht gezeichnet unter der Scheibe S
liegt, parallel zur Tangente geführt; seine Drehung wird mittels Kegelradtriebes auf die Scheibe
S eines Gonella-Mechanis-
mus übertragen, wie in
Bild 57 oben rechts ange-
deutet ist; der Drehwinkel
von S ist also proportional
der Bogenlänge. Auf der
Integrierscheibe laufen drei
Meßrollen: Die Ebene der
Rolle R_1 liegt fest, sie ist
senkrecht zum Scheiben-
radius nach dem Auflage-
punkt; R_1 mißt daher die
Bogenlänge. R_2 ist mit dem
Lenker L_1 verbunden; ihre
Ebene hat infolgedessen vom

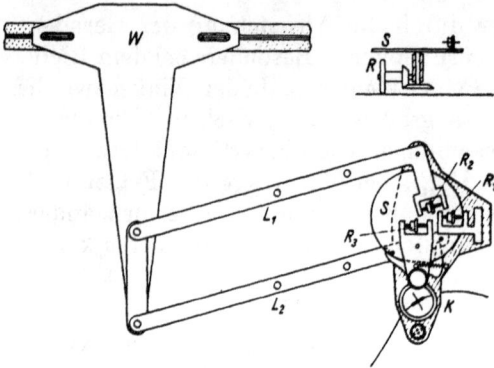

Bild 57. Schematische Darstellung des Momentenkurvi-
meters von Ott. Oben rechts Vorrichtung für die Drehung
der Meßscheibe S.

Drehpunkt der Scheibe einen Abstand, der proportional zu y ist; sie mißt
also das statische Moment $\int_{s_0}^{s} y\,ds$. Die Rolle R_3 wird mittels Gleit-

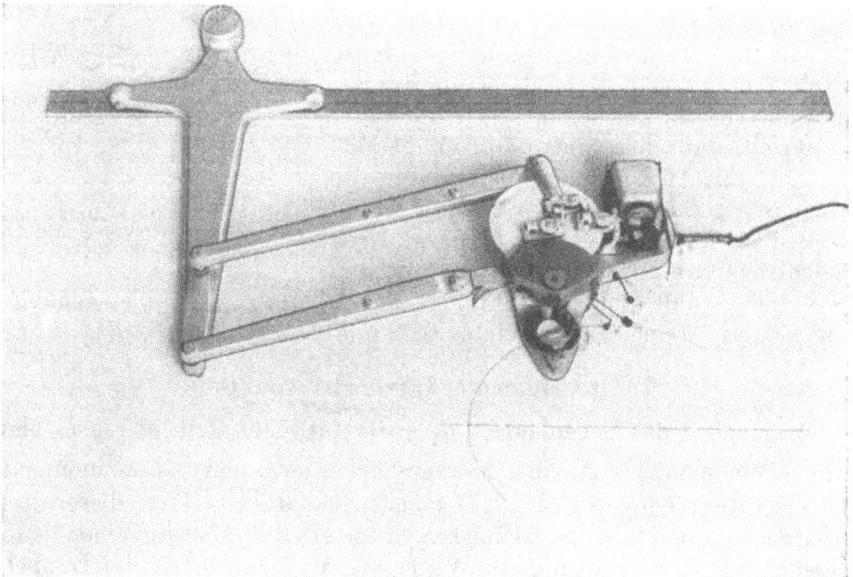

Bild 57a. Momentenkurvimeter von Ott.

kurventriebes durch den Lenker L_2 so geführt, daß ihre Ebene vom Mittelpunkt der Integrierscheibe S einen Abstand proportional y^2 hat.

Sie mißt also das Trägheitsmoment $\int_{s_0}^{s} y^2\, ds$.

Die Bewegung des Integrators geschieht mittels eines kleinen in Bild 57 nicht gezeichneten Elektromotors, der über die Scheibe S und die Kegelräder das Meßrad mit geringer Geschwindigkeit treibt. Diese ist mittels Reibscheibe leicht regulierbar. Bei der Messung braucht also nur die Fahrmarke der Lupe entsprechend der Kurventangente gedreht zu werden.

Die Lenkarme können in drei verschiedenen Längen 500, 250 und 125 mm mit dem Wagen W verkoppelt werden, so daß auch für kleine Kurvenstücke die Ablesegenauigkeit genügend groß wird. Die Ordinaten dürfen nach der positiven und negativen Seite in den drei Fällen einen Wert von 34, 17 bzw. 8,5 cm nicht überschreiten. Die Meßwerte sind für die Bogenlänge in allen drei Fällen 0,015 mm, für das statische Moment 1,25, 2,5 bzw. 5 mm² und für das Trägheitsmoment 125, 500 bzw. 2000 mm³. Bild 57a zeigt den ausgeführten Apparat.

C. Differentiatoren

1. Der Tangentenzeichner von Pflüger

Differentiatoren, Derivatoren oder Derivimeter sind Apparate zur Bestimmung der Tangente in einem Punkt einer gezeichnet vorliegenden Kurve. Dem Wesen dieser Aufgabe entspricht es, daß die Tangente nur dann mit ausreichender Genauigkeit bestimmt werden kann, wenn die

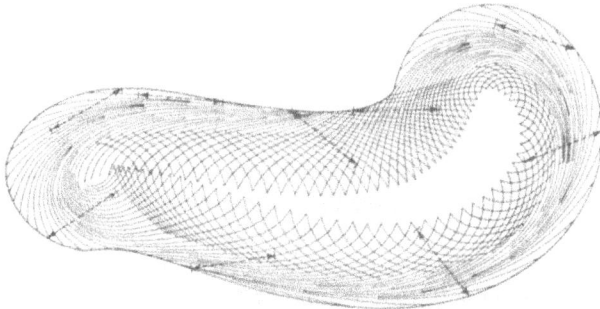

Bild 58. Tangentenzeichner von Pflüger.

Kurve durch eine scharfbegrenzte, nicht zu breite Linie dargestellt ist. Ein sehr einfaches Instrument zur Tangentenkonstruktion ist der Tangentenzeichner von Pflüger [332] (Bild 58). Er besteht aus einem durchsichtigen Kurvenlineal, dessen Randkurve die Schleppkurve zahlreicher auf dem Lineal verzeichneter Kurven ist, die sämtlich die gleiche Schlepplänge l haben (in Bild 58 durch eine Reihe von Doppelpfeilen angedeutet). Um die Tangente in einem Punkt P einer vorliegenden Kurve zu konstruieren, legt man den Tangentenzeichner so auf die Kurve, daß ein Stück von einer der auf ihm verzeichneten Kurven die vorliegende in der Umgebung von P möglichst gut annähert. Dann zeichnet man das zugehörige Stück der Randkurve auf das Zeichenblatt und beschreibt um P mit l einen Kreis, der dieses Kurvenstück in einem zweiten Punkt der Tangente schneidet.

2. Das Spiegellineal

Die meisten Derivatoren beruhen auf dem Spiegelungsprinzip. Setzt man auf die gezeichnete Kurve senkrecht zur Zeichenebene einen Spiegel, so geht die Kurve nur dann ohne Knick in ihr Spiegelbild über, wenn die Spurgerade des Spiegels in die Kurvennormale fällt. Man benutzt meist dreiseitige massive Prismen aus schwarzem Glas mit rechtwinklig gleichschenkligem Querschnitt, von denen die eine Katheten-

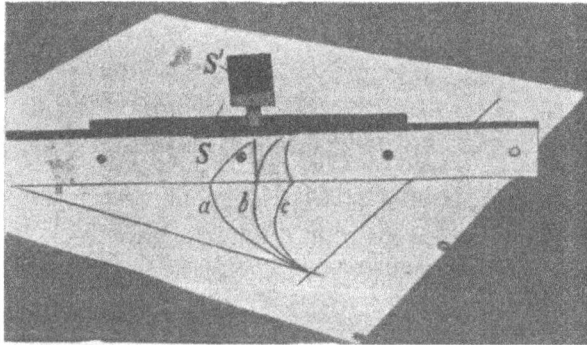

Bild 59. Spiegellineal.

fläche zur Spiegelfläche geschliffen ist. Bild 59 zeigt ein Spiegellineal, das aus einem polierten Metallspiegel S besteht. Der abgebildete Apparat (s. Brion, Die elektrische Meßtechnik, Leipzig-Berlin, 1929, 15) hat oben noch einen kleinen Spiegel S', der dazu dienen soll, das Auge ungefähr in die Richtung der Kurventangente zu bringen, da man dann die Kurve und ihr Spiegelbild am besten beobachten kann. Man bringt das Auge dazu in eine Lage, in der es sein Bild in dem oberen kleinen Spiegel sieht. Es kann sich empfehlen, schwach versilberte, also halb durchsichtige Glasspiegel zu nehmen, so daß man gleichzeitig die Fortsetzung der Kurve hinter dem Spiegel und ihr Spiegelbild beobachten kann. Das erleichtert die knickfreie Einstellung sehr. Dem gleichen Zweck dienen Aussparungen in der Fußplatte des Spiegellineales von Blaeß, das aus einem Metallwinkel besteht, dessen senkrecht stehende Platte poliert ist [455a]. Mit richtiger Einstellung des Spiegels ist die Normale bestimmt und damit natürlich auch die Tangente. In Bild 59 geht die Kurve *b* ohne Knick in ihr Spiegelbild über. Durch die Lage des Lineales ist also die Normale dieser Kurve in dem betreffenden Punkte bestimmt. Wagener hat das Spiegellineal zur Konstruktion eines Derivators benutzt, der zur Messung der Steigungswinkel der Kurventangenten dient [450]. Cranz und Härlen haben unter Benutzung des Spiegelungsprinzips einen Apparat zur punktweisen Konstruktion der Differentialkurve gebaut [65].

3. Das Derivimeter von Ott

Auf dem Spiegelungsprinzip beruht auch das Derivimeter von Ott [469] (Bild 60). Die Spiegelung erfolgt hier im Innern einer durch einen Meridianschnitt geteilten Kugellupe. Über dieser Lupe befindet sich ein Spiegel, in dem man gleichzeitig das rückwärts liegende Stück der Kurve und sein Spiegelbild beobachten kann, wodurch man größere Schärfe der knickfreien Einstellung erreicht. Die Kugellupe befindet sich im Mittelpunkt eines Winkelmessers und läßt sich mittels eines in Richtung der Spiegelebene liegenden Armes drehen, der einen an der Kreisteilung gleitenden Nonius trägt; dieser erlaubt eine Ablesung auf $0,1^0$. Der Winkelmesser kann entweder mit einer geraden Kante an einer Reißschiene verschoben werden, oder er wird an einer Zeichenmaschine befestigt und so mit sich selbst parallel über das Zeichenblatt bewegt, daß die Nullrichtung des Winkelmessers stets in eine feste Richtung fällt. Den Winkel liest man ab, den Wert

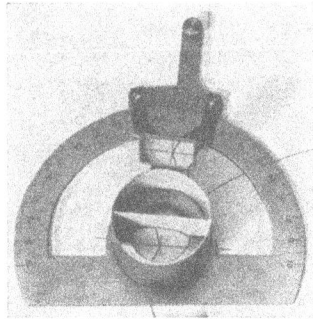

Bild 60. Derivimeter von Ott.

der Ableitung muß man dann aus einer Tangenstafel entnehmen. Werkmeister hat durch Messungen an Kreisen mit verschiedenen Halbmessern festgestellt, daß man etwa mit einem mittleren Fehler von 0,02 rechnen kann.

Benutzt man als spiegelnde Fläche die Stirnfläche einer Zylinderlupe, so erreicht man gleichzeitig, daß die Krümmung der Kurve verstärkt erscheint, so daß die Einstellung der Spur der spiegelnden Fläche in die Normalenrichtung dadurch verschärft wird (DRGM. Nr. 1305444). Bei Verwendung solcher Zylinderlupen muß man aber besonders auf gute Beleuchtung achten.

4. Der Prismenderivator von v. Harbou

Imhoff [175] und v. Harbou [141] gingen von dem Gedanken aus, daß eine Unstetigkeitsstelle der Kurvenordinate leichter zu erkennen ist als eine

Unstetigkeit der Tangentenrichtung. Ihre Derivatoren bestehen im wesentlichen aus einem kleinen Prisma, das auf den Punkt P der Kurve gesetzt wird, in dem man die Tangente bestimmen will. Infolge der Strahlenbrechung sieht man dann ein kleines zu beiden Seiten der oberen Kante liegendes Kurvenstück zweimal. In dem vom Auge wahrgenommenen Bilde fallen die beiden Kurvenpunkte A und B (Bild 61) zusammen, während der durch eine Marke festgelegte Punkt P zweimal erscheint. Die Bilder von A und B werden natürlich zunächst an verschiedenen Stellen dieser Kante gesehen (Bild 61 rechts).

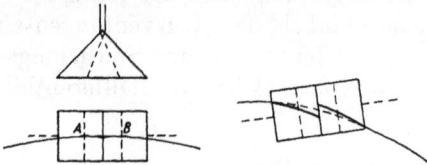

Bild 61. Tangentenbestimmung mit Prisma.

Dreht man nun das Prisma, bis die beiden Bilder zusammenfallen, so steht diese Kante senkrecht auf der kleinen Sehne AB und damit, wenn man die Krümmung in dem Bogenstück AB konstant setzen kann, senkrecht zur Tangente in dem unter der oberen Kante liegenden Kurvenpunkt. Die Beobachtung erfolgt durch eine Lupe (Bild 62). Der Steigungswinkel wird an einem Teilkreis, der fest mit dem Prisma verbunden ist, abgelesen. Die Nullrichtung der Teilung ist die der Kurvennormalen. Zum Zeichnen der Tangente und der Normalen kann man mittels einer feinen Nadel durch Löcher der Teilkreisscheibe zwei Punkte auf dem Zeichenpapier markieren [141].

Bild 62. Prismenderivator von v. Harbou.

Den Unstetigkeitseffekt und die Bildknickung hat man in einem Gerät vereinigt, wenn man einen nicht durch einen Äquator begrenzten Kugelabschnitt einer Glaskugel durch einen durch den Kugelmittelpunkt gehenden Schnitt teilt und die beiden Hälften mit ihren Grundflächen zusammensetzt. Setzt man diesen Glaskörper auf die Kurve, spiegelt die gemeinsame Fläche, während bei senkrechter Betrachtung von oben eine gegenseitige Verschiebung der beiden Kurvenäste eintritt, wenn die Spur dieser gemeinsamen Fläche nicht mit der Kurvennormalen zusammenfällt (DRGM. Nr. 1305212).

Apparate, die zu einer gegebenen Kurve die Differentialkurve zeichnen, sog. Differentiographen, werden im Abschnitt VI, A besprochen werden.

5. Krümmungsmessung

Die Bestimmung höherer Ableitungen aus gezeichnet vorliegenden Kurven ist nur sehr wenig genau durchführbar. Bei der zweiten Ableitung kann diese Messung durch die Bestimmung der Krümmung ersetzt werden. Man kann die Krümmung durch Anpassen eines starren Kurvenlineales bekannter Krümmung bestimmen. Kurvenlineale mit einer entsprechenden Skala am Rand sind von Bennecke aus Stücken von logarithmischen Spiralen als Linealprofil zusammengesetzt worden, bei denen bekanntlich der Krümmungsradius proportional der Bogenlänge wächst, und von Emde [88] unter Benutzung von Stücken der Spinnlinie (Klothoide) und von Kurven, die er als Sici-Spiralen bezeichnet, weil ihre Koordinaten proportional dem Integralkosinus und dem Integralsinus von $\frac{100\,K}{p}$ sind, wo mit p die Änderung der Krümmung K in Prozent je mm Bogenlänge bezeichnet ist. Bei ihnen ändert sich die relative Krümmung proportional der Bogenlänge. Am Rande gibt Emde außer dem Krümmungsradius in cm die Krümmungsänderung p in Prozenten an.

Apparate zur elastisch-mechanischen Bestimmung der Krümmung sind von Katterbach [185] und von Teofilato [422] konstruiert worden. Sie bestimmen die Krümmung K einer Kurve durch Messung des Biegemomentes M einer Blattfeder, die sich der Kurve in der Umgebung des betreffenden Punktes möglichst anschmiegt. Die Krümmung wird dann nach der Formel $K = M/EI$ berechnet (EI Biegesteifigkeit des Balkens). Das Biegemoment wird dabei aus den Druckkräften zwischen der Feder und einer Reihe gleichabständiger Stellschrauben bestimmt, die der Feder die erforderliche Form geben.

Katterbach hat auch einen Apparat zur elasto-optischen Krümmungsmessung, insbesondere schwach gekrümmter Kurven, konstruiert [185]. Eine elastische Feder, die an einer Seite verspiegelt ist, wird mittels einer Anzahl von Schrauben der Kurve möglichst gut angepaßt.

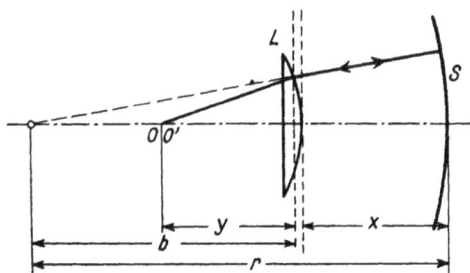

Bild 63. Optische Messung der Krümmung einer spiegelnden Fläche.

Die Krümmung dieser Feder wird dann nach einem aus der praktischen Optik bekannten Krümmungsverfahren für spiegelnde Flächen bestimmt. Bringt man unter Benutzung einer Zylinderlinse L Gegenstand O und Bild O' nach Reflexion an der spiegelnden Fläche S zur Deckung, so gilt mit den Bezeichnungen von Bild 63, wenn man die Brennweite der Linse mit f bezeichnet,

$$r = x + b, \quad \frac{1}{y} - \frac{1}{b} = \frac{1}{f} \quad \dots \dots \dots (1)$$

Also ist

$$r = x + \frac{fy}{f - y} \quad \dots \dots \dots \dots (2)$$

Da f bekannt ist, hat man nur x und y zu messen. Bei den vorgenommenen Messungen betrugen die Abweichungen im Mittel etwa 2%. Für konvexe Krümmung erhält die rechte Seite von (2) das entgegengesetzte Vorzeichen. Wie Lindinger [227] gezeigt hat, kann man eine größere Meßgenauigkeit erzielen, wenn man unter Benutzung geodätischer Instrumente die halbe Sehne und den zugehörigen Zentriwinkel mißt.

IV. Planimeter

A. Geschichtliches

Planimeter nennt man heute meist Apparate, mit denen Flächeninhalt oder irgendein Moment eines Ebenenstückes dadurch bestimmt wird, daß man seine Umrandung mit einem Fahrstift umfährt. Älter sind Vorrichtungen, die den Inhalt krummlinig begrenzter Ebenenstücke durch Auszählen von Quadraten oder durch Ausmessen von Parallelstreifen ermitteln. Auch diese werden wohl als Planimeter bezeichnet; z. B. ist das Planimeter von Zobel und Müller aus dem Jahre 1815, das sich im Deutschen Museum in München befindet, ein solcher Apparat [484]. Das erste Umfahrungsplanimeter wurde im Herbst 1814 von Hermann erfunden. Ein Modell wurde 1817 von dem Mechaniker Sammet in München hergestellt. Messungen mit diesem Modell ergaben eine Genauigkeit von $\frac{1}{4}$%. Als Integriermechanismus wurde ein sich in x-Richtung abrollender Kegel benutzt, auf dessen Mantel eine Meßrolle so verschoben wurde, daß ihr Abstand von der Spitze immer proportional y war. Die Erfindung geriet in Vergessenheit. Erst nach dem Tode von Sammet 1848 fanden sich in dessen Nachlaß Aufzeichnungen, auf Grund deren Bauernfeind 1855 in Dinglers Polytechnischem Journal [24] über die Erfindung Hermanns berichtete. Nach dem gleichen Prinzip, das Hermann benutzt hatte, bauten 1824 Gonella [91] und 1827, wahrscheinlich unabhängig von Gonella, Oppikofer Planimeter. Einen ähnlichen Integrationsmechanismus schlug auch Sang 1852 vor. Gonella ging 1825 vom Kegel zur Scheibe über und erfand damit den Integrationsmechanismus, der nach ihm genannt wird und der neuerdings vielfache Verwendung findet. Der Apparat von Oppikofer wurde von Ernst, General Morin und Wetli umkonstruiert, Wetli verwendet ebenfalls die Meßrolle auf einer Scheibe. Diese Wetli-Planimeter wurden mit einigen Verbesserungen seit 1849 von Starke, später Starke und Kammerer in Wien ·und ebenfalls mit einigen Änderungen seit 1850 von Hansen in Gotha gebaut. Auf einem anderen Prinzip beruht das Hyperbelplanimeter von Stadler (1855), das zum Integrieren einen Umdrehungskörper benutzt, der durch Rotation einer gleichseitigen Hyperbel um eine Asymptote entsteht [80, 105].

1854 erfand dann Amsler das heute am meisten benutzte Polarplanimeter mit der sich auf der Zeichenebene verschiebenden Integrierrolle [8, 10]. Es wurde zunächst von der Firma Amsler in Schaffhausen hergestellt. Ein Jahr später erhielt Miller-Hauenfels (Leoben) ein Patent auf ein nach dem gleichen Prinzip arbeitendes Planimeter. Der Bau dieses Apparates wurde ebenfalls Starke und Kammerer übergeben, die das Planimeter mit einigen Verbesserungen von Stampfer herstellten [70a, 409]. Die Planimeter Miller-Stampfer waren Kompensationsplanimeter [375]. Ott und Coradi lernten diese Apparate in Wien kennen und bauten von 1874 ab in einer gemeinsam gegründeten Firma in Kempten unter Verzicht auf die Kompensation und unter Aufnahme Amslerscher Konstruktionsideen derartige Planimeter. Das Kompensationsprinzip geriet in Vergessenheit und wurde erst 1894 von dem Landmesser Lang [217] wiedergefunden. Coradi schied 1880 in Kempten aus und gründete in Zürich eine neue Firma. Noch heute sind es insbesondere die drei Firmen Amsler, Coradi und Ott, die außer Planimetern einen großen Teil der weiterhin zu besprechenden mathematischen Instrumente konstruiert haben und bauen (s. a. [70, 158]).

B. Flächenmessung durch Umwandlung, Streifenmessung und Abgleichen

1. Bestimmung der Größe geradlinig begrenzter Flächenstücke

a) Aufteilung in Dreiecke

Der Inhalt geradlinig begrenzter Flächenstücke wird durch Zerlegen in Dreiecke, Rechtecke und Trapeze und deren Ausmessung bestimmt. Zur Inhaltsbestimmung der Dreiecke kann man diese z. B. mittels des Waue-Flächenmessers in Dreiecke gleicher Höhe verwandeln und dann ihren Inhalt an einer mit der neuen Grundlinie zusammenfallenden Skala des Apparates ablesen. Man kann dazu auch ein Parallelenlineal benutzen, dessen eine Schiene einen Maßstab zum Messen einer Seite trägt, während man mit einem senkrecht dazu stehenden Maßstab den Abstand der Parallelen, den man gleich der Dreieckshöhe macht, bestimmt [23, 209].

b) Die Klothsche Hyperbeltafel

Häufig wird zur Bestimmung der Dreiecksinhalte die Klothsche Hyperbeltafel benutzt. Diese besteht nach Bild 64 aus einer längs einer Schiene verschiebbaren durchsichtigen Platte, die ein Netz bezifferter gleichseitiger Hyperbeln trägt, dessen eine Asymptote in der Verschiebungsrichtung, dessen andere senkrecht dazu verläuft. Letztere bringt man mit einer Dreiecksseite OB so zur Deckung, daß O in den Schnittpunkt der Asymptoten fällt. Verschiebt man dann die Tafel so, daß die dritte Ecke C auf der Asymptote liegt, so liest man an der Hyperbel, auf der jetzt B liegt, den Dreiecksinhalt ab [155, 196, 216, 378, 385, 477].

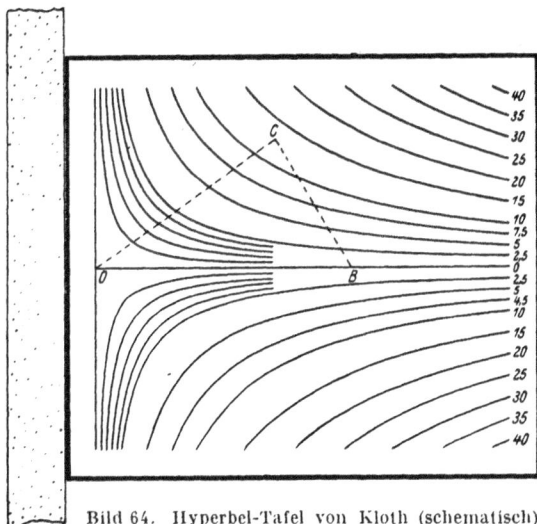

Bild 64. Hyperbel-Tafel von Kloth (schematisch).

c) Verwandlungsplanimeter

Ein anderer sehr brauchbarer kleiner Apparat ist das Verwandlungsplanimeter [18, 72, 216]. Es besteht (Bild 65) aus einer mit einem Maßstab
versehenen Schiene S_1, die fest auf die Zeichenunterlage gelegt wird und
in der eine zweite Schiene S_2 gleitet. Die Stellung der Schiene S_2 kann mit
dem Nonius N abgelesen werden. Sie trägt einen Seitenarm C mit einer
Achse D, um die sich eine dritte Schiene S_3 drehen kann. Die Achse D
besitzt eine Öffnung, die unten durch eine Glasplatte mit einem kleinen
Kreis geschlossen ist; sein Mittelpunkt fällt mit dem Drehpunkt von S_3
zusammen. Er bewegt sich auf einer Geraden s. S_3 kann durch die
Sperrschraube Sp blockiert und durch die Schraube Sch_1 in ihrer Richtung
etwas verstellt werden. Diese Schiene trägt in einer Aussparung eine
Glasplatte mit einem Maßstab M, dessen Nullpunkt im Drehpunkt
von S_3 liegt, und eine Indexgerade I, die durch diesen Drehpunkt geht.
I kann man mittels der Marke m senkrecht zu S_1 stellen. Das geschieht
zunächst, und man verschiebt S_2 so, daß I durch A geht (Bild 65 links
oben). Man notiert den Abstand des Punktes A von s und stellt den
Maßstab von S_1 mittels der Schraube Sch_2 so ein, daß der Nonius etwa
auf Null steht. Dann bringt man S_3 in die Lage $A'B$, verschiebt sie
parallel mit sich nach links so, daß I durch A geht. Jetzt ist $\triangle A'BN_1$
$= \triangle ABA'$ und damit das Trapez $A'ABB' = \triangle N_1B'B$. Unter Festhalten von N_1 dreht man S_3 so, daß I durch C geht, verschiebt wieder
parallel, bis B auf I liegt. Nun ist $\triangle N_1CN_2 = \triangle N_1CB$ und das Flächenstück $A'C'CBA = \triangle N_2C'C$. In der gleichen Weise geht man weiter.
Hat man so das ganze zu messende Flächenstück umfahren, ist sein Inhalt gleich dem rechtwinkligen Dreieck, dessen eine Kathete gleich dem

Abstand der Anfangs- und Endeinstellung des Nonius auf der Haupt-schiene S_1 ist, während die andere gleich dem senkrecht zu dieser Schiene gemessenen Abstand des Drehpunktes der Schiene S_3 vom letzten Punkt

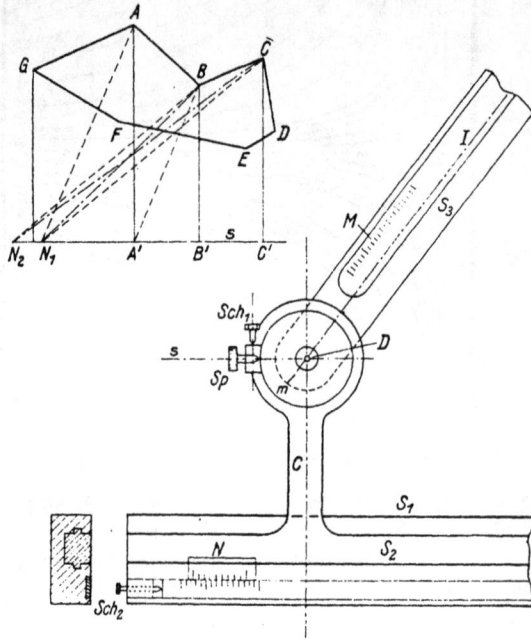

Bild 65. Verwandlungsplanimeter.

A der Umrandung, der mit dem Anfangspunkt zusammenfällt, ist. Diese Größe wurde bei Beginn gemessen.

Bei allen diesen Verfahren hat man auf die mögliche Änderung der Papiergröße und die Verzerrung durch wechselnde Aufnahme von Luft-feuchtigkeit zu achten [44, 45, 102, 131, 219, 384, 448].

2. Bestimmung der Größe krummlinig begrenzter Figuren

a) Quadratmillimetertafel

Den Inhalt krummlinig begrenzter Flächenstücke kann man so be-stimmen, daß man auf das Flächenstück ein auf eine Glastafel geritztes Quadratnetz legt und zunächst die ins Innere fallenden Quadrate aus-zählt. Weiter ist der ins Innere fallende Teil der von der Randkurve ge-schnittenen Quadrate abzuschätzen [186, 244, 245].

b) Schiebeplanimeter

Um das Auszählen zu sparen, kann man statt des Quadratnetzes eine Tafel mit gleichabständigen Parallelen benutzen (Harfenplanimeter)

[204] und die Länge der ausgeschnittenen Streifen mit einem Meßrädchen oder einem Additionszirkel ausmessen und addieren. Dabei sind die krummlinigen Grenzen abzugleichen, d. h. der Streifen ist durch eine senkrecht zu seiner Länge verlaufende Gerade so zu begrenzen, daß die beiden von ihr, den beiden Grenzparallelen und der Kurve begrenzten Dreiecke inhaltgleich sind. Das Produkt aus der Summe der Streifenlängen und der Streifenbreite gibt den Inhalt. Meistens erfolgt eine Einteilung in Streifen gleicher Breite durch eine längs eines Rahmens oder Lineales verschiebbare Glasplatte, die gleichabständige, parallele Gerade in der Verschiebungsrichtung trägt. Diese werden von einer Indexgeraden senkrecht geschnitten, die zur Abgleichung der Streifen am unteren und oberen Ende dient. Die Größe der Verschiebung des Indexstriches von dem unteren zum oberen Rande wird mittels einer Rolle abgelesen, wie bei dem Planimeter von Beuvière [177] und dem von Mönkemöller [173, 273], bei denen diese Rolle auch gleich die Aufsummierung vornimmt. Die Genauigkeit des letzteren wird von J. Hamann [129] der eines Präzisionsplanimeters gleichgesetzt. Ähnlich arbeitet auch das Planimeter von Müller und Zobel [484]. Bei diesem kann durch Hebeldruck ein auf einem Rahmen laufender Wagen stets um das gleiche Stück in x-Richtung verschoben werden. Auf dem Wagen läuft in y-Richtung eine große Meßrolle mit Zählrad für die ganzen Umdrehungen. An einem kleinen Rahmen, der sich mit der Meßrolle in y-Richtung verschiebt, befindet sich auf einer Glasplatte ein Indexstrich zum Einstellen der Ordinaten. Bei Bewegung in der einen Richtung liegt die Meßrolle auf der Unterlage auf, bei der in der anderen wird sie gehoben und festgehalten. Andere Planimeter nehmen die Messung und Addition mittels eines besonderen Rechenstabes vor, wie das beim Planimeter von de Wal [451] geschieht, oder man kann, wie beim Planimeter von Wilda [471], wenn die Tafel genügend lang ist und eine genügende Zahl engliegender Querlinien hat, die Addition durch Verschiebung der Tafel selbst vornehmen.

Zum Ausmessen schmaler Streifen veränderlicher Breite hat man Meßrollen mit veränderlicher Achsenrichtung benutzt [124].

c) Die Planimeter von Günther und Schnöckel

benutzen das gleiche Prinzip, nur daß sie die Fläche nicht in Streifen, sondern in Kreisringe, wie es früher schon Westfeld getan hatte, zerlegen. Diese Kreisringe haben bei dem ersten Planimeter alle die gleiche Breite. Ihre Länge wird mit einer Meßrolle ausgemessen, deren Abstand vom Drehpunkt immer gleich dem mittleren Streifenradius ist [122, 123]. Beim zweiten [387, 387a] sind die Grenzkreise nicht gleichabständig, sind vielmehr wie in Bild 66 so gewählt, daß alle Vollringe den gleichen Flächeninhalt von 4000 mm² haben. Stücke der Grenzkreise sind auf einen langen durchsichtigen Streifen gezeichnet, der um die Achse A drehbar ist, die mit einer Spitze auf das Papier gesetzt wird. Um die gleiche Achse dreht sich eine Scheibe *MS*, deren Umfang in 400 gleiche Teile geteilt ist. Sie wird bei Drehung des Streifens *S* durch Reibung mitgenommen, kann aber auch festgehalten werden, so daß sich dann der Streifen allein dreht.

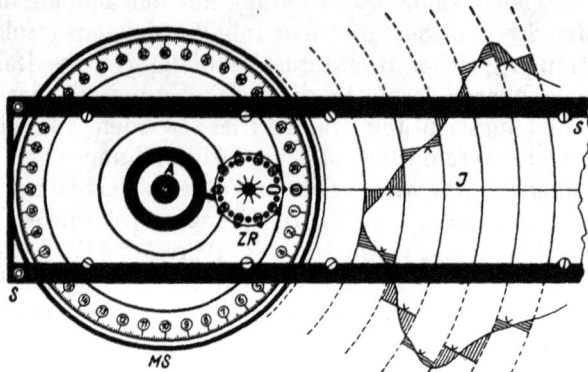

Bild 66. Planimeter von Schnöckel.

Auf der Mitte des Streifens verläuft der Indexstrich *J*. Die Anwendung des Instrumentes ist die folgende. Man setzt den Apparat so auf die zu planimetrierende Fläche, daß diese links von einem Grenzkreis berührt wird, und stellt den Streifen so, daß der Indexstrich das von dem ersten Kreisring abgeschnittene Flächenstück oben abgleicht. Dann dreht man den Streifen unter Festhalten der Scheibe so weit nach unten, daß der Indexstrich dieses Kreisringstück am unteren Rande abgleicht. Jetzt wird die Scheibe losgelassen und Streifen und Scheibe so weit nach oben gedreht, daß *J* den zweiten Streifen am oberen Rande abgleicht. Die Zählscheibe wird festgehalten und der Streifen nach unten gedreht, bis der Index den zweiten Kreisringstreifen unten abgleicht usw. Nachdem die ganze Fläche so ausgemessen ist, multipliziert man die vollen Umdrehungen der Zählscheibe, die durch ein besonderes Zählrad *ZR* gezählt werden, mit 4000 mm², während man die Bruchteile an der Scheibe abliest. Ein Zehntel ihrer Teilung entspricht einem Quadratmillimeter Fläche.

d) Flächenmessung durch Wägung

Eine andere Möglichkeit zur Bestimmung des Flächeninhaltes ist die, daß man das Gewicht der Flächeneinheit des Papiers bestimmt, auf dem die Figur gezeichnet ist, und dann das Gewicht des ausgeschnittenen Flächenstückes feststellt; der Quotient aus beiden Gewichten gibt die Flächengröße. Bei Benutzung genauer Waagen erhält man so recht gute Werte.

C. Theorie der Umfahrungsplanimeter[1])

Die heute verwendeten Planimeter haben fast alle einen **Fahrarm**; das ist ein Stab von im allgemeinen konstanter Länge l. Dieser trägt an seinem einen Ende den **Fahrstift** F, der auf der Randkurve des zu planimetrierenden Flächenstückes herumgeführt wird, während das andere Ende, der **Leitpunkt** L, sich mechanisch auf einer Kurve, der **Leitkurve**, bewegt. Ferner ist an dem Fahrarm irgendeine Meßvorrichtung angebracht, deren Einstellung man vor und nach der Umfahrung bestimmt. Die Differenz der Ablesungen gibt dann ein Maß für die Größe der vom Fahrstift umfahrenen Fläche, und zwar erhält man diesen Inhalt im allgemeinen positiv, wenn die Fläche im Zeigersinn umfahren wurde.

Um die Theorie dieser Planimeter [19a, 57, 393, 473, 474] zu erhalten, bringen wir die vom Fahrstrahl vom Anfangspunkt O nach dem Fahrstift F überstrichene Fläche in Beziehung zu einem Linienintegral. Dabei wird die Fläche positiv gerechnet, wenn der Fahrstrahl sie im Gegenzeigersinne, negativ, wenn er sie im Zeigersinne überstreicht. Sind ξ, η die Koordinaten des Leitpunktes L, x, y die des Fahrstiftes F und bezeichnet man den Neigungswinkel des Fahrarmes gegen die x-Achse mit ϑ, so bestehen die Beziehungen

$$x = \xi + l \cdot \cos \vartheta, \qquad y = \eta + l \sin \vartheta \ \ \ldots \ \ldots \ (1)$$

Da es auch einige wenige Planimeter gibt, deren Fahrarmlänge l eine Funktion der Lage des Fahrarmes ist, z. B. könnte man den Planimeterstab von Schnöckel dahin rechnen [385a, 386], wollen wir alle in diesen Formeln auftretenden Größen als veränderlich ansehen, und zwar wollen wir annehmen, daß man sie alle als Funktion einer Variablen t, die man etwa als Zeit deuten mag, ansehen kann. Der Fahrarm bewege sich nun in Bild 67 aus einer Anfangslage 1 in eine Endlage 2. Bei dieser Bewegung überstreicht der Fahrstrahl r vom Anfangspunkt O zum Fahrstift F den Sektor $S = OF_1F_2$, der Leitstrahl ϱ von O nach dem Leitpunkt L den Sektor $\bar{S} = OL_1L_2$, deren Größe sich nach der bekannten Sektorformel aus

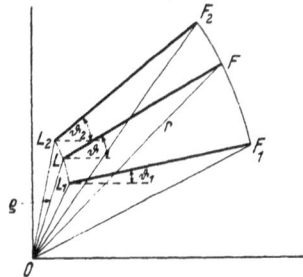

Bild 67. Fahrarmverschiebung.

$$2 S = \int_1^2 (x y' - y x') \, dt; \qquad 2 \bar{S} = \int_1^2 (\xi \eta' - \eta \xi') \, dt \ \ . \ \ \ldots \ \ (2)$$

[1]) Für die Leser, denen die hier gegebene Ableitung zu abstrakt sein sollte, werden in Anmerkungen bei den wichtigsten Planimetern kurze Ableitungen der betreffenden Planimeterformeln gegeben.

berechnet, in denen die Striche die Ableitungen nach t bezeichnen sollen. S und $\overline{S}$ ergeben sich aus den beiden Formeln positiv, wenn OF_1F_2 und OL_1L_2 im Gegenzeigersinne aufeinanderfolgen. Aus den Gl. (1) erhält man nun durch Differentiation:

$$\begin{aligned} x' &= \xi' - l \sin \vartheta \cdot \vartheta' + l' \cos \vartheta \\ y' &= \eta' + l \cos \vartheta \cdot \vartheta' + l' \sin \vartheta \end{aligned} \right\} \quad \cdots \cdots \quad (3)$$

und daraus durch Multiplikation mit der entsprechenden Gl. (1) und Subtraktion den Integranden von S

$$\begin{aligned} x y' - y x' &= \xi \eta' - \eta \xi' + l^2 (\cos^2 \vartheta + \sin^2 \vartheta) \vartheta' + l (\eta \sin \vartheta + \xi \cos \vartheta) \vartheta' \\ &+ l (\eta' \cos \vartheta - \xi' \sin \vartheta) + l' (\xi \sin \vartheta - \eta \cos \vartheta), \quad (4) \end{aligned}$$

wo das positiv und negativ auftretende Glied $l l' \sin \vartheta \cdot \cos \vartheta$ fortgelassen ist. Nun ist

$$\begin{aligned} - \frac{d}{dt} \{ l (\eta \cos \vartheta - \xi \sin \vartheta) \} &= - l (\eta' \cos \vartheta - \xi' \sin \vartheta) \\ &+ l (\eta \sin \vartheta + \xi \cos \vartheta) \vartheta' \\ &- l' (\eta \cos \vartheta - \xi \sin \vartheta) \quad \cdots \cdots \quad (5) \end{aligned}$$

Unter Benutzung dieser Formel kann man den dritten und letzten Summanden auf der rechten Seite von (4) durch

$$+ l (\eta' \cos \vartheta - \xi' \sin \vartheta) - \frac{d}{dt} \{ l (\eta \cos \vartheta - \xi \sin \vartheta) \}$$

ersetzen und erhält, wenn man noch beachtet, daß $\cos^2 \vartheta + \sin^2 \vartheta = 1$ ist,

$$\begin{aligned} x y' - y x' &= \xi \eta' - \eta \xi' + l^2 \vartheta' \\ &- \frac{d}{dt} [l (\eta \cos \vartheta - \xi \sin \vartheta)] + 2 l (\eta' \cos \vartheta - \xi' \sin \vartheta). \quad \cdots \quad (6) \end{aligned}$$

Führt man nun die Integration von der Anfangslage 1 bis zur Endlage 2 aus und dividiert noch durch 2, so erhält man:

$$\begin{aligned} S = \overline{S} + \frac{1}{2} \int_{\vartheta_1}^{\vartheta_2} l^2 \, d\vartheta - \frac{1}{2} [l (\eta \cos \vartheta - \xi \sin \vartheta)]_1^2 \\ + \int_1^2 l (\eta' \cos \vartheta - \xi' \sin \vartheta) \, dt. \quad \cdots \cdots \cdots \quad (7) \end{aligned}$$

Um zu sehen, worum es sich bei den beiden letzten Summanden handelt, bedürfen diese noch einer Umformung. Bildet der Leitstrahl $OL = \varrho$ mit der x-Achse den Winkel φ, so sind die Koordinaten des Leitpunktes $\xi = \varrho \cos \varphi$ und $\eta = \varrho \sin \varphi$; also ist, wie man im einzelnen aus Bild 68 abliest:

$$\begin{aligned} [l (\eta \cos \vartheta - \xi \sin \vartheta)]_1^2 &= [l \varrho (\sin \varphi \cos \vartheta - \cos \varphi \sin \vartheta)]_1^2 \\ &= [- l \varrho \sin (\vartheta - \varphi)]_1^2 = - [l q]_1^2 = l_1 q_1 - l_2 q_2, \quad (8) \end{aligned}$$

wenn man mit q die Stützgerade bezeichnet, d. h. den Abstand des Nullpunktes O von der Geraden durch die betreffende Fahrarmlage. Der
vorletzte Summand ist also gleich dem Unterschied der Inhalte der beiden
Dreiecke OLF, deren Grundlinie der Fahrarm in der Anfangs- bzw. Endlage, deren Spitze der Punkt O ist.

Im letzten Gliede tritt das Differential dh auf, das die Verschiebung
des Leitpunktes L senkrecht zum Fahrarm mißt. Bildet nämlich die
Verschiebung ds des Leitpunktes L mit der x-Achse den Winkel ω, so
liest man für die Komponente ds senkrecht zum Fahrarm aus Bild 68 ab:

$$dh = ds \sin(\omega - \vartheta) = ds \sin \omega \cos \vartheta - ds \cos \omega \sin \vartheta = d\eta \cos \vartheta - d\xi \sin \vartheta,$$

und dafür kann man, da ja alle Veränderlichen nur von t abhängen,
setzen

$$dh = (\eta' \cos \vartheta - \xi' \sin \vartheta)\, dt \quad \ldots \quad (9)$$

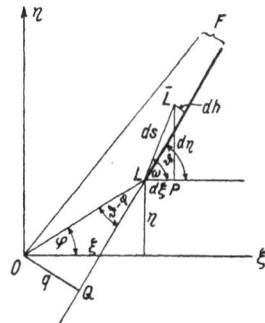

Die Meßvorrichtungen der Planimeter sind nun
im allgemeinen so gebaut, daß eine Verschiebung des Fahrarmes, die von L aus gesehen nach
rechts erfolgt, positiv gezählt wird; in diesem
Fall ergibt die Fläche bei Umfahren im Zeigersinne einen positiven Inhalt. Wir haben hier
dh positiv angesetzt, wenn von L gesehen die
Verschiebung nach links erfolgt, um einheitlich
alle Flächeninhalte positiv zu bekommen, wenn
die Flächenstücke im Gegenzeigersinne um-
laufen werden, wie das allgemein in der Mathematik üblich ist. Später werden wir gelegent-
lich das Vorzeichen anders wählen. Setzt man nun die Werte aus den
Formeln (8) und (9) in die Gl. (7) ein, wird

Bild 68. Zur Umformung der
beiden letzten Glieder der
Planimetergleichung.

$$S = \overline{S} + \frac{1}{2} \int_{\vartheta_1}^{\vartheta_2} l^2\, d\vartheta + \frac{1}{2}(l_2 q_2 - l_1 q_1) + \int_{P_1}^{P_2} l\, dh. \quad \ldots \quad (10)$$

Das ist die allgemeine Planimetergleichung[1]). In ihr sind ϑ_1 und ϑ_2
die Winkel des Fahrarmes in der Anfangs- und Endlage gegen die x-
Achse und P_1 und P_2 Anfangs- und Endpunkt der vom Leitpunkt L be-
fahrenen Kurve. Ist l konstant, erhält man die allgemeine Planimetergleichung für Planimeter mit einem Fahrarm unver-
änderlicher Länge:

$$S = \overline{S} + \frac{1}{2} l^2(\vartheta_2 - \vartheta_1) + \frac{1}{2} l(q_2 - q_1) + l \int_{P_1}^{P_2} dh. \quad \ldots \quad (11)$$

Durch Spezialisierung gewinnt man aus dieser Formel für den größten
Teil aller Planimeterkonstruktionen die in jedem Einzelfall geltende

---

[1]) Unter Benutzung der Vektorschreibweise läßt sich diese Gleichung in
wenigen Zeilen herleiten.

Formel. Mit der Formel (10) bzw. (11) hat man also einen Zusammenhang zwischen einem zu bestimmenden Flächeninhalt und dem mittels Meßrolle oder einer anderen Vorrichtung zu bestimmenden Wert eines Linienintegrales gewonnen.

Ein anschauliches Bild der in der Formel (11) auftretenden Summanden gibt Bild 69. Bringt man alle Glieder bis auf $l\int_{r_1}^{r_2} dh$ auf die linke Seite, so treten hier die drei positiven Summanden

$$S + \frac{1}{2} l q_1 + \frac{1}{2} l^2 \vartheta_1 = O F_1 F_2 + O L_1 F_1 + L_1 A F_1$$

auf. Das gibt zusammen das Flächenstück $OL_1AF_1F_2O$. Ferner stehen dort die drei negativen Glieder

$$\overline{S} + \frac{1}{2} l q_2 + \frac{l}{2} l^2 \vartheta_2 = O L_1 L_2 + O L_2 F_2 + L_1 A B.$$

Diese Flächenstücke sind in Bild 69 schraffiert. Das restliche Stück $L_1 B F_1 F_2 L_2$ wird also durch das Integral $l\int_{r_1}^{r_2} dh$ gemessen.

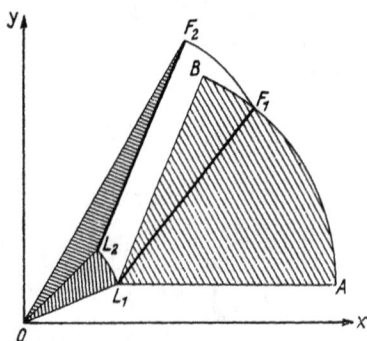

Bild 69. Darstellung der einzelnen Glieder der allgemeinen Planimetergleichung.

Die verschiedenen Planimeter unterscheiden sich einmal durch die Form der Leitkurve; ist diese ein Kreis, hat man ein Polarplanimeter, ist sie eine Gerade, heißt der Apparat Linearplanimeter; erlaubt eine scharfkantige Rolle oder Schneide dem Leitpunkt L nur, sich in der augenblicklichen Fahrarmrichtung zu bewegen, so daß in Gl. (10) stets $\int l\, dh$ Null ist, spricht man von einem Schneidenplanimeter, das wohl auch als Beilplanimeter bezeichnet wird. Läßt man den Fahrarm durch einen festen Punkt gleiten, hat man ein Radialplanimeter.

Ferner unterscheiden sich die verschiedenen Konstruktionen durch die Art, in der $\int dh$ gemessen wird. Die meisten Planimeter benutzen dazu eine Meßrolle. Es kann dies Integral aber auch mittels einer scharfkantigen Rolle gemessen werden, die sich auf einem zum Fahrarm senkrechten Arm verschieben kann. Ferner benutzt man dazu Reibradgetriebe, die aus einem Meßrad oder Meßzylinder bestehen, die durch eine sich drehende Scheibe, einen Kegel oder eine Kugel mitgenommen werden. Diese letzten Meßvorrichtungen werden meist bei

Präzisionsapparaten benutzt, deren Genauigkeit etwa das Fünffache der der üblichen Planimeter beträgt.

D. Integriervorrichtungen

Im vorigen Abschnitt wurde gezeigt, wie man die Flächenmessung auf die Bestimmung eines Linienintegrales $\int dh$ zurückführen kann. Zur Messung dieses in der allgemeinen Planimetergleichung für Umfahrungsplanimeter IV, C(11) auftretenden Linienintegrales benutzt man verschiedene Vorrichtungen.

1. Die Integrierrolle

a) Konstruktion der Rolle und des Fahrwerkes

Am häufigsten benutzt man dazu Integrierrollen, das sind Rollen mit balligem Rand, die auf ihrer Unterlage je nach Art der Verschiebung teils gleiten, teils abrollen. Ein mit einer solchen Rolle ausgestattetes Meßwerk zeigt Bild 70. Ihr wesentlicher Teil ist eine Stahlscheibe von rd. 20 mm Dmr. und 2 mm Dicke mit gewölbtem Laufrand, dessen die Unterlage berührende Mittelzone durch Querschliff mit einer Verzahnung von mikroskopischer Feinheit bei einer Breite von 0,3 bis 0,6 mm, der sog. Riffelung, versehen ist. Diese Scheibe sitzt auf einer in fein geschliffene Kegelspitzen auslaufenden Achse von rd. 40 mm Länge und ist mit einer hundertteiligen Meßtrommel verbunden, an der mit einem Nonius N die Tausendstel einer Rollenumdrehung U abgelesen werden können. Das Vielfache von U wird von einer durch Schneckentrieb St von der Achse bewegten Zählscheibe Z angezeigt.

Die Achsen laufen in Körnerstiften (Zylindern mit einer Bohrung von etwa 0,3 mm), deren gegenseitige Entfernung durch die Schrauben S reguliert werden kann. Die Rolle sitzt in einem außer von ihr auch von einer Stützrolle StR getragenen Rahmen, der entweder auf dem Fahrarm festsitzt oder auf ihm verschoben werden kann. Seine Lage, die die Länge des Fahrarmes bestimmt, kann durch Mikrometerwerk M mittels Nonius eingestellt werden. Der dritte Stützpunkt des ganzen Fahrwerkes ist der Fahrstift oder eine neben ihm

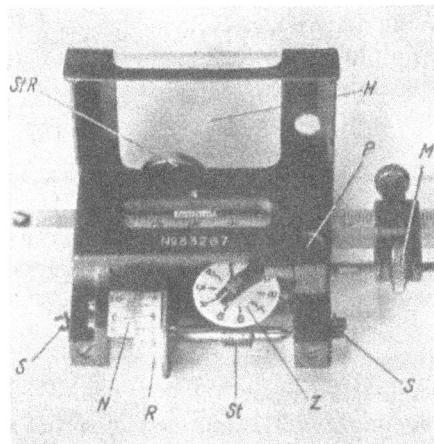

Bild 70. Meßwerk eines Planimeters mit Integrierrolle R und Zählscheibe Z. Schutzhaube H hochgeklappt.

angebrachte Stütze, die so eingestellt werden kann, daß der Fahrstift eben gerade über der Zeichenfläche hingleitet.

Gelegentlich ist das Meßwerk durch eine leicht abnehmbare Staubkappe H mit Zellophanfenster (in Bild 70 hochgeklappt) [468] geschützt, wenn es nicht ganz in einen Kasten eingebaut ist, aus dem nur der Rollenrand herausragt [140]. Weitere gelegentliche Sonderheiten sind eine Ableselupe über dem Nonius der Rolle und eine Fahrlupe statt des Fahrstiftes.

b) Theorie

Verschiebt sich der Auflagepunkt der Rolle R (Bild 71) in Richtung ihrer Achse, gleitet die Rolle, ohne sich zu drehen; bei Verschiebung senkrecht zur Achse rollt sie ab, ohne zu gleiten, bei Drehung der Rolle um eine Achse durch den Auflagepunkt tritt weder ein Gleiten noch ein Abrollen ein. Jede Verschiebung in irgendeiner Richtung kann man sich zerlegt denken in eine Verschiebung dv_2 in Achsenrichtung und eine dv_1 senkrecht dazu. Nur bei der zweiten Verschiebungskomponente wickelt sich der Rollenumfang um das Stück $dv_1 = ds \cdot \sin \gamma$ ab. Dieser Abwicklung entspricht eine Drehung der Rolle um dU, wo die unbenannte Zahl dU den Bruchteil der vollen Rollenumdrehung angibt. Ist ϱ der Radius der Integrierrolle, so hat man also die Gleichung

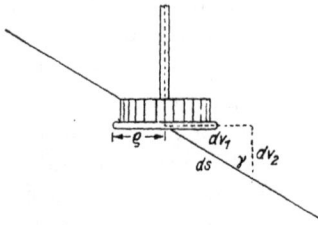

Bild 71. Elementarverschiebung einer Integrierrolle.

$$dv_1 = ds \sin \gamma = 2\pi\varrho \cdot dU. \quad \ldots \ldots \ldots (1)$$

Haben nun zwei Punkte P_1 und P_2 einer Kurve von einem beliebigen Anfangspunkt gemessen die Bogenlängen s_1 und s_2 und ist der variable Winkel zwischen Rollenachse und Kurventangente γ, so gilt beim Entlangführen des Auflagepunktes längs der Kurve von P_1 nach P_2 für die Rollendrehung

$$2\pi\varrho U = \int_{P_1}^{P_2} dv_1 = \int_{s_1}^{s_2} \sin \gamma \, ds, \quad \ldots \ldots \ldots (2)$$

wo s_1 und s_2 die Bogenlängen bis P_1 und P_2, gemessen von einem beliebigen Punkt aus, sind. Die Teilung der Rolle ist meist so beziffert, daß bei Verschiebung des Fahrarmes nach rechts, vom Leitpunkt aus gesehen, die Ablesung U anwächst. Bei Umfahren eines Ebenenstückes im Zeigersinne ist daher die Endablesung U_2 größer als die Anfangsablesung U_1. Bei Umfahrung im Gegenzeigersinne, die hier als positiv angesetzt wurde, hat man also $U = U_1 - U_2$ zu setzen. Liegt der Auflagepunkt der Integrierrolle unter dem Leitpunkt L des Fahrarmes, ist $dv_1 = dh$, so daß $2\pi\varrho \cdot U$ der Wert des in der Planimetergleichung IV, C (11) auftretenden Integrales $\int dh$ ist.

Bei den meisten Planimetern ist nun aus technischen Gründen die Integrierrolle seitlich an irgendeiner Stelle des Fahrarmes angebracht. Wir bezeichnen den Winkel zwischen der Projektion der Verbindungslinie vom Leitpunkt L zum Auflagepunkt R der Rolle und der Fahrarmrichtung auf die Zeichenebene mit α; ferner möge die Rollenebene den Fahrarm im Abstand c vom Leitpunkt L schneiden. Wie in Bild 72 angedeutet, läßt sich nun jede Bewegung des Fahrarmes aus den folgenden drei Teilbewegungen zusammensetzen:

α) Verschiebung in Richtung des Fahrarmes, so daß LA nach $L'A'$ kommt; dabei tritt keine Drehung der Rolle ein.

β) Verschiebung senkrecht zum Fahrarm um dh, so daß $L'A'$ nach $L''A''$ wandert. Die Integrierrolle wickelt sich dabei um $2\pi\varrho \cdot dU_1 = dh$ ab.

γ) Schwenkung des Fahrarmes bei festgehaltenem L'' um den Winkel $d\vartheta$, so daß sich der Auflagepunkt der Rolle auf einem Kreisbogen mit dem Radius $\dfrac{c}{\cos\alpha}$ von R''

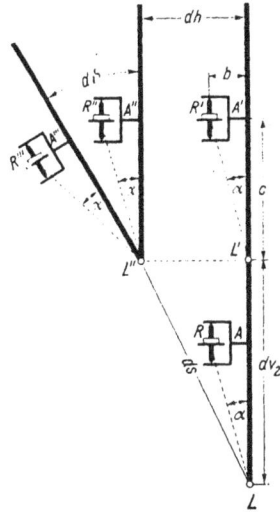

Bild 72. Zerlegung der Elementarverschiebung einer seitlich am Fahrarm angebrachten Integrierrolle.

nach R''' bewegt. Er verschiebt sich dabei um eine Strecke der Länge $\dfrac{c}{\cos\alpha}\,d\vartheta$. Da aber die Rollenachse mit der Bewegungsrichtung den Winkel $90^0 + \alpha$ bildet, findet eine Abwicklung der Rolle um

$$2\pi\varrho \cdot dU_2 = \frac{c}{\cos\alpha}\,d\vartheta\,\sin(90^0 + \alpha) = c\,d\vartheta \quad \ldots \ldots \quad (3)$$

statt. Die Endformeln enthalten α nicht; die Drehung der Meßrolle ist daher unabhängig von dem Abstand der Rollenachse vom Fahrarm. Die gesamte Rollenabwälzung bei Entlangfahren längs eines Kurvenbogens $P_1 P_2$ ist somit:

$$2\pi\varrho \cdot U = 2\pi\varrho \int_{P_1}^{P_2} (dU_1 + dU_2) = \int_{P_1}^{P_2} dh + c\,(\vartheta_2 - \vartheta_1). \quad \ldots \quad (4)$$

Setzt man hier den sich aus IV, C (11) ergebenden Wert für $\int dh$ ein, so erhält man die allgemeine Gleichung für Umfahrungsplanimeter mit Integrierrolle auf ruhender Unterlage

$$2\pi\varrho\,U = \frac{S}{l} - \frac{\overline{S}}{l} - \left(\frac{l}{2} - c\right)(\vartheta_2 - \vartheta_1) - \frac{1}{2}\,(q_2 - q_1). \quad \ldots \quad (5)$$

Tritt an die Stelle der Integrierrolle eine andere Meßvorrichtung, wie z. B. beim Planimeter von Petersen (IV, E 9), so ist für $2\pi\varrho\, U$ zu setzen $l\int dv_1$ [177].

2. Das verschiebbare Schneidenrad

Die längs ihrer Achse verschiebbare scharfkantige Rolle ist eine andere Vorrichtung zur Bestimmung des Integrales $\int dh$ in der Planimetergleichung IV, C (11). Sie wurde schon von Amsler [10] angegeben. Eine solche Rolle hat die Eigenschaft, daß sie nur auf der Schnittgeraden ihrer Ebene mit der Unterlage abrollen, daß sie sich also nicht senkrecht zu ihrer Ebene verschieben kann. Sie kann sich aber um eine senkrecht zur Zeichenebene stehende Achse durch ihren Auflagepunkt drehen. Sie ist auf einem Hilfsarm verschiebbar, der meistens im Leitpunkt senkrecht zum Fahrarm steht. Wie oben zerlegen wir, um ihre Wirkungsweise kennenzulernen, eine beliebige kleine Bewegung des Fahrarmes in drei Teilbewegungen (vgl. Bild 73):

α) Bei Bewegung des Fahrarmes in seiner Richtung um dv_2 rollt die Rolle ab, verschiebt sich aber nicht auf dem Hilfsarm.

β) Verschiebt man den Fahrarm senkrecht zu seiner Richtung um dh, behält die Rolle ihre Lage relativ zum Zeichenblatt bei, verschiebt sich aber auf dem Hilfsarm um die Strecke dh.

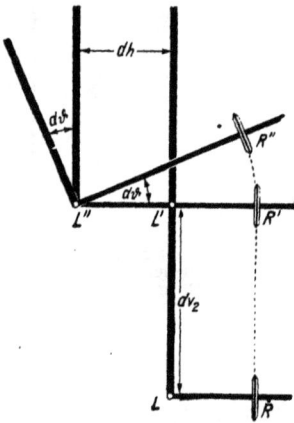

Bild 73. Zerlegung der Elementarbewegung einer scharfkantigen Rolle, die längs ihrer zum Fahrarm senkrecht stehenden Achse verschiebbar ist.

γ) Bei Schwenkung des Fahrarmes um den Winkel $d\vartheta$ rollt die Rolle auf einem Kreisbogen von R' nach R'' ab, ohne sich auf dem Hilfsarm zu verschieben.

Die Gesamtverschiebung, die die Rolle auf dem Hilfsarm erfährt, wenn sich der Leitpunkt L auf einer Kurve von P_1 nach P_2 bewegt, ist also $\int_{P_1}^{P_2} dh$. Diese auf dem mit einer Einteilung versehenen Hilfsarm, bei einigen Planimetern mit Nonius, abzulesende Verschiebung ist also gleich dem in der Planimetergleichung IV, C (11) auftretenden Integral. Geht die Verlängerung des Meßarmes nicht durch L, sondern steht er an irgendeiner anderen Stelle senkrecht zum Fahrarm, treten in der Planimetergleichung dieselben Zusatzglieder auf, wie sie bei der Meßrolle in IV, D 1 b abgeleitet sind. Den Einfluß von Fehlern kann man ähnlich wie bei der Integrierrolle abschätzen (vgl. IV, M). Gelegentlich wird die scharfkantige Rolle auch durch zwei schwere Walzen ersetzt, die durch eine Achse verbunden sind, auf der das eine Ende des Fahrarmes mit einer Hülse gleitet.

3. Die Schneide

In anderer Weise wird das Schneidenrad oder eine beilartige Schneide bei den Schneidenplanimetern und bei Integraphen verwendet. Bei ersteren ist die Rolle fest mit dem Fahrarm verbunden, so daß ihr Auflagepunkt unter dem Leitpunkt L liegt und daß ihre Ebene parallel zum Fahrarm senkrecht auf der Unterlage steht. Sie bewirkt, daß sich der Leitpunkt L in jedem Bewegungsmoment nur in Richtung des Fahrarmes bewegen kann, so daß stets dh gleich Null ist. In der Planimetergleichung IV, C (11) tritt also das Integral $\int dh$ dann nicht mehr auf.

4. Der Gonellasche Integriermechanismus

Der neuerdings wieder vielfach verwendete Gonellasche Integriermechanismus, z. B. [289, 383], besteht aus einer Scheibe S (Bild 74), die sich proportional einer Größe v dreht, etwa der Abszisse der zu integrierenden Kurve. Auf dieser läuft eine Meßrolle R_1, deren Ebene senkrecht zu dem Radius der Scheibe steht, der durch ihren Auflagepunkt geht. Die Führung dieser Rolle ist so, daß sie sich nur in Richtung dieses Radius, d. h. senkrecht zu ihrer Ebene verschieben kann und daß ihr Abstand vom Scheibenmittelpunkt proportional einer Größe w, etwa der Ordinate der gegebenen Kurve, ist. Bei Drehung der Scheibe entsprechend dv wird also die Abwicklung der Integrierrolle proportional $w \cdot dv$ sein. Ist ϱ der Rollenradius,

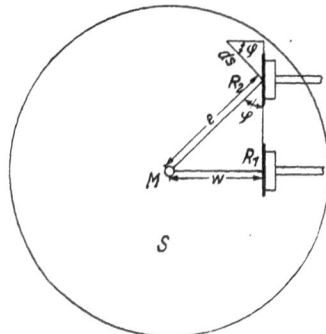

Bild 74. Schematische Darstellung des Gonellaschen Integriermechanismus (Scheibe-Rolle).

so ist die Drehung der Rolle bei Bewegung des Fahrstiftes auf einer Kurve von P_1 nach P_2

$$U = \frac{k}{2\pi\varrho} \int_1^2 w \, dv . \qquad\qquad (6)$$

Dieser Mechanismus wird vielfach in Meßvorrichtungen eingebaut, um direkt das Integral einer gemessenen Größe anzuzeigen. Man findet ihn z. B. bei integrierenden Thermometern [94], in den Kommandogeräten der Flugabwehr [213, 214, 214a], bei integrierenden Pegeln [13], in den elektrischen Meßwagen der Reichsbahn (Arch. techn. Messen V 8291—1

(1940)); in den beiden letzteren Fällen ist er mit einer Vorrichtung zur elektrischen Fernmeldung der Ergebnisse versehen.

Bild 75 zeigt die im letzten Fall benutzte Gonellasche Integriervorrichtung. Die Drehung der Scheibe S ist dem Wege, der Abstand der Integrierrolle vom Drehpunkt der Scheibe der Zugkraft der Maschine proportional, so daß die Drehung der Rolle die geleistete Arbeit mißt. Die ganzen Umdrehungen der Integrierrolle R werden vom Zählrad Z, die ganzen Umdrehungen dieses Rades von der Trommel T gezählt. Integrierrolle und Zählwerk sind mit der Schiene Sch verbunden, die sich auf Führungsrollen F parallel zum Scheibenradius nach dem Auflagepunkt der Integrierrolle R verschiebt.

Bild 75. Gonellasche Integriervorrichtung, wie sie in den Meßwagen der Reichsbahn verwendet wird.

Ist $w = y$ und $dv = dx$ und ist die Führung des Fahrstiftes so, daß bei Verschiebung parallel zur y-Achse keine Drehung der Scheibe eintritt, so kann man bei Befahrung einer Kurve $y = f(x)$ mit dem Fahrstift in jedem Moment

$$\int_{x_0}^{x} y\,dx = \frac{2\pi\varrho}{k}\,U(x) \quad\ldots\ldots\ldots\ldots (7)$$

ablesen. Instrumente dieser Art bezeichnete man früher als Koordinaten-, gelegentlich auch als Linearplanimeter. Heute nennt man sie Integrimeter. Viele ältere Planimeter, wie das von Gonella (1825), das von Wetli (1849), sind so gebaut. Heute verwendet man derartige Mechanismen bei den sog. Präzisionsplanimetern meist so, daß der Radius vom Drehpunkt M der Scheibe zum Auflagepunkt R_2 der Rolle auf der Meßrollenebene nicht senkrecht steht. Die in Richtung der Rollenebene fallende Komponente der Verschiebung des Auflagepunktes ist dann, wie man aus Bild 74 abliest, $ds \cdot \sin \varphi = e \cdot k \cdot dv \sin \varphi = w \cdot k \cdot dv$, also die gleiche, wie wenn die Rolle im Abstande w senkrecht zum Berührungsradius stände. Bei einer neueren Abart des Gonellamechanismus wird die Scheibe durch eine Kugelkalotte ersetzt [214, 214a]. Die Meßrolle wird dabei unverschiebbar eingebaut und dafür die Drehachse der Kugelkalotte um den Kugelmittelpunkt um den entsprechenden Winkel geschwenkt. Bei diesen Konstruktionen wird der Durchstoßpunkt der Drehachse mit der Scheibe bzw. der Kugelkalotte vor allem, wenn die Meßrolle mit großem Druck aufliegt und die Kalotte sich viel und schnell dreht, besonders beansprucht, da hier eine rein schleifende Bewegung der Meßrolle auf der Kugeloberfläche stattfindet. Während man daher die übrigen Teile der Kugelschale aus irgendeinem Metall machen kann, pflegt man für diese Stelle besonders gehärteten Stahl zu nehmen.

5. Der Thomsonsche Integriermechanismus

Um Gleitbewegungen möglichst zu vermeiden, hat J. Thomson die Integrierrolle durch eine Kugel ersetzt, die mittels einer sie umfassenden Gabel G so verschoben werden kann, daß ihr Berührungspunkt von der Achse der jetzt schräg gestellten Scheibe immer einen Abstand $k \cdot w$ hat (Bild 76) [428]. Diese Kugel ruht außer auf der Scheibe noch auf dem

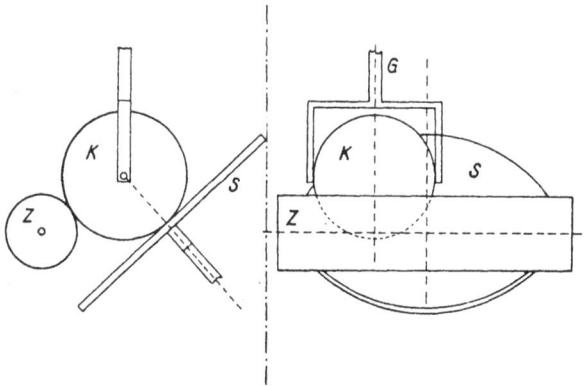

Bild 76. Thomsonscher Integriermechanismus.

Zylinder Z, dessen Achse parallel dem Scheibenradius zum Berührungspunkt der Kugel mit der Scheibe ist. Beide Berührungspunkte der Kugel bewegen sich bei Drehung der Scheibe um $K \cdot dv$ um das gleiche Stück $k \cdot K \cdot w \cdot dv$, so daß die von einer Zählscheibe abzulesende Drehung des Zylinders, dessen Radius ϱ sein möge, bei Befahrung des Kurvenstückes $P_1 P_2$

$$U = \frac{kK}{2\pi\varrho} \int_1^2 w\,dv \quad \ldots \ldots \ldots \ldots \quad (8)$$

ist. Diese Integriervorrichtung ist praktisch wenig benutzt worden, weil die geringen Reibungskräfte zwischen Kugel und Scheibe und Kugel und Zylinder es nicht erlauben, durch den Zylinder andere Mechanismen bewegen zu lassen. Beim Gonellaschen Integriermechanismus ist das eher der Fall, vor allem beim Einbau von Drehmomentenverstärkern (torque amplifier) [287, 288], wie sie bei den später zu besprechenden Differentialanalysatoren benutzt werden (VI, D).

6. Der Kugelzylindermechanismus

Eine andere Vorrichtung zur Bestimmung von $\int dh$, die ohne Gleiten arbeitet und die schon 1856 von Amsler (10) vorgeschlagen wurde, wird heute bei den Kugelrollplanimetern angewendet. Sie besteht aus einer Kugelkalotte, die sich proportional der Größe v dreht, und einem sich darauf abwälzenden Zylinder (Bild 77). Der Zylinder mit dem Radius

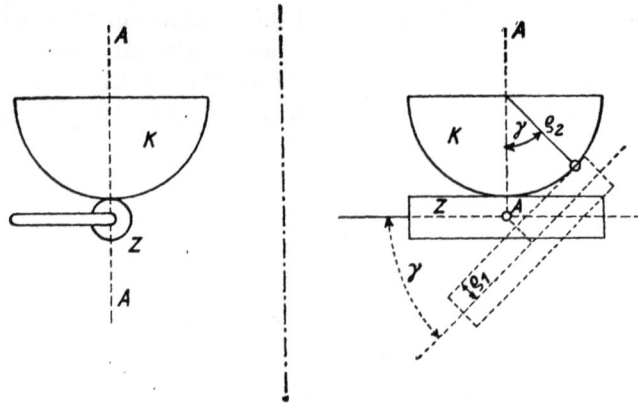

Bild 77. Kugelzylindermechanismus.

ϱ_1 wird federnd gegen die Kugelkalotte, die den Radius ϱ_2 hat, gedrückt, so daß er in der Nullage diese im Durchstoßpunkt der Drehachse AA berührt. Bildet die Zylinderachse mit der Senkrechten zur Drehachse der Kugel den Winkel γ, so ist bei einer Drehung der Kugel um den Winkel dv die Drehung des Zylinders bestimmt durch die Gleichung $\varrho_2 \sin \gamma \, dv = 2 \pi \varrho_1 \, dU$. Macht man nun $\varrho_2 \sin \gamma = k \cdot w$, so ist beim Befahren einer Kurve von P_1 nach P_2 die Umdrehung des Zylinders, die mittels einer Zählscheibe gemessen wird,

$$U = \frac{1}{2 \pi \varrho_1} \int_1^2 \varrho_2 \sin \gamma \, dv = \frac{k}{2 \pi \varrho_1} \int_1^2 w \, dv \quad \ldots \ldots (9)$$

Dieser Integriermechanismus ist sehr empfindlich und verliert leicht etwas von seiner ursprünglichen Genauigkeit.

7. Der Integriermechanismus von Hele Shaw

besteht aus einer Kugel, die so gelagert ist, daß sie sich um ihren Mittelpunkt frei drehen kann [154]. Sie wird von zwei Rollenpaaren, deren vertikale Ebenen zu einander senkrecht stehen und die mit einem gewissen Druck gegen den horizontalen größten Kugelkreis liegen, gestützt. In den Polen dieses Kreises setzen Schneidenräder auf die Kugel auf, oder sie ist auf einem Zylinder gelagert, dessen Achse mit der des zweiten Rollenpaares den Winkel γ bilden möge. Die Kugel kann sich dann nur um einen Durchmesser drehen, der der Achse der Schneidenräder bzw. des Zylinders parallel ist. Dreht sich nun eine der Stützrollen des ersten Paares, die den Radius ϱ_1 haben soll, um den Winkel dx, so dreht sich die Kugel um $d\varphi = \dfrac{\varrho_1 \cdot dx}{R \cdot \cos \gamma}$ und infolgedessen eine Rolle des zweiten Paares mit dem Radius ϱ_2 um $dY = \dfrac{R \cdot \sin \gamma}{\varrho_2} \cdot d\varphi$

$= \dfrac{\varrho_1}{\varrho_2}\, \mathrm{tg}\,\gamma \cdot dx$. Werden die Schneidenräder nun so geführt, daß stets $\mathrm{tg}\,\gamma$ proportional $f(x)$ ist, und ist der Drehwinkel des ersten Rades proportional x, so ist der des zweiten proportional $\int f(x)\,dx$ [153]. Dreht sich dagegen der Zylinder, auf dem die Kugel gelagert ist, um einen Winkel, der proportional dx ist, so dreht sich das zweite Rad um $dz = \dfrac{R}{\varrho_1}\sin\gamma\,dx$. Jetzt muß man also $\sin\gamma$ proportional zu $f(x)$ machen, um $\int f(x)\,dx$ zu messen (vgl. Bild 106).

E. Polarplanimeter

1. Konstruktion

Die am weitesten verbreitete Form der Planimeter ist das 1854 von Amsler erfundene Polarplanimeter mit Integrierrolle auf ruhender Unterlage, das als Leitkurve einen Kreis benutzt. Die Führung des Leitpunktes geschieht durch einen Lenkarm, den Polarm, der um einen festen Punkt, den Pol P, geschwenkt werden kann. Der Pol wird entweder durch eine mit einem Gewicht belastete Nadel realisiert, die in die Unterlage leicht eingestochen wird (Nadelpol, Bild 78), oder durch ein Gewicht mit einem Kugelzapfen, der in die Pfanne einer schweren Polplatte greift, die durch Reibung auf dem Zeichenpapier festgehalten wird (Kugelpol,

Bild 78. Polarplanimeter mit Nadelpol und Fahrarm unverstellbarer Länge.

Bild 79). Gelegentlich wird die Polplatte auch durch einen Zylinder mit Dreipunktauflage ersetzt, um den sich ein mit dem Polarm verbundener Hohlzylinder dreht. Polarm und Fahrarm sind im Leitpunkt durch ein

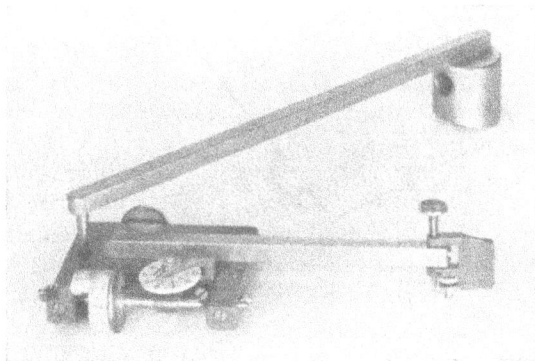

Scharniergelenk oder bei neueren Konstruktionen durch ein auseinander-
nehmbares Kugelgelenk verbunden, dessen Kugel sich am Ende des
Polarmes befindet, während die Pfanne im Fahrarm liegt (*P* in Bild 70).
Durch diese Konstruktion wird eine Fehlerquelle, die Scharnierschiefe,
vermieden, die dadurch
entsteht, daß das Schar-
nier nicht senkrecht zur
Zeichenebene steht. Untersuchungen haben allerdings
ergeben, daß der durch
die Scharnierschiefe verur-
sachte Fehler nicht groß
ist [59, 351, 476]. Gleichzeitig besteht so die Möglichkeit, Polarm und Fahrarm im Leitpunkt ausein-
anderzunehmen und unter
Festhalten der Lage des

Bild 79. Polarplanimeter mit Gewichtpol. Fahrarm ver-
stellbarer Länge, Schutzhaube für das Meßwerk und Ersatz des Fahrstiftes durch Lupe.

Poles und des Fahrstiftes durchzuschlagen (Bild 80). Man kann so von
zwei symmetrischen Stellungen des Planimeters ausgehend die Fläche
zweimal umfahren. Setzt man das Mittel aus den beiden Messungen in
die Planimeterformel ein, vermeidet man den durch die Achsenschiefe
entstehenden Fehler, d. h. einen Fehler, der dadurch entsteht, daß die
Projektion der Achse der Meßrolle auf die Zeichenebene nicht zu der des
Fahrarmes parallel ist (vgl. IV, M 1).
Derartige Apparate bezeichnet man als
Kompensationsplanimeter [217,
375]. Die Länge des Fahrarmes kann
bei vielen Planimetern verstellt werden. Der Fahrarm ist dann mit einer
durchlaufenden Einteilung versehen,
und Meßwerk, Stützrad und Polgelenk
sind, in einem Schlitten vereinigt, verschiebbar. Durch eine Klemmschraube
kann ein Teil dieses Schlittens fest-
geklemmt werden und dann der Hauptteil mittels Mikrometerschraube und
Nonius auf eine bestimmte Fahrarm-

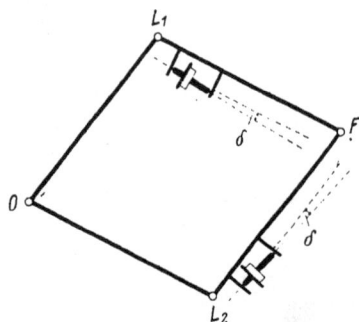

Bild 80. Die beiden Ausgangslagen bei
Umfahrung mit einem Kompensationsplanimeter.

länge eingestellt werden (Bild 79 und 70). Man benutzt das, um bei
Messungen auf Plänen zu erreichen, daß eine Rollenumdrehung gleich
einer Fläche in der Wirklichkeit ist, die eine runde Maßzahl hat (vgl.
IV, G 1) [67, 96].

Der Fahrarm ist außer durch Meß- und Stützrolle durch einen neben
dem Fahrstift liegenden, in seiner Höhe verstellbaren Führungsstift

gestützt, an dem sich ein um eine vertikale Achse drehbarer Flügel befindet, den man mit zwei Fingern faßt, um den Fahrstift auf der Kurve
entlangzuführen. Bei neueren Planimetern ist dieser Führungsgriff
außerdem oft noch um eine horizontale Achse drehbar [468]. Der Führungsstift verhindert, daß die Spitze des Fahrstiftes das Papier ritzt.
Meistens ist letzterer gefedert, so daß durch Niederdrücken die Ausgangslage der Umfahrung auf dem Papier markiert werden kann. Gelegentlich wird der Fahrstift durch ein Ablesekreuz oder einen kleineren Kreis
von etwa 0,5 mm Radius auf einer in einem Ring liegenden Glas- oder
Zellophanplatte ersetzt [134, 176] oder durch eine kreisförmige Marke
auf der Unterseite einer Lupe. Diese vergrößert nicht nur die betreffende
Stelle der Umrißkurve, sondern hat auch den Vorteil, die Aufsicht von
oben zu gestatten, während man beim Fahrstift von der Seite auf die
Kurve sieht. So wird jede Parallaxe vermieden, die leicht zu Fehlern
führt, wenn die Fahrtstiftspitze nicht unmittelbar über dem Papier
steht. Versuche von Werkmeister haben ergeben, daß durch eine
solche Lupe die Umfahrungsgenauigkeit wesentlich erhöht wird [468].

2. Messung mit Pol außerhalb oder Pol innerhalb

Bei Benutzung eines Planimeters wird im allgemeinen das ganze
Ebenenstück umfahren, so daß der Fahrarm in seine Ausgangslage zurückkehrt. Der Sektor S der Gl. IV, D 1 (5) wird dann gleich dem Inhalt F
des umfahrenen Flächenstückes (Bild 81). Ferner wird wegen der
gleichen Anfangs- und Endlage des Fahrarmes $q_1 = q_2$. Betreffs des
Gliedes $\frac{1}{2} l (\vartheta_2 - \vartheta_1)$ sind zwei Fälle zu unterscheiden.

Kleine Flächenstücke umfährt man, wie
das Bild 81 zeigt, so, daß der Pol außerhalb
des umfahrenen Ebenenstückes liegt. In
diesem Fall wird $\vartheta_1 = \vartheta_2$; außerdem wird
$\overline{S} = 0$, da der Leitstrahl denselben Sektor
in positivem und negativem Sinne überstreicht. Somit ergibt sich für die Fläche
F der zu planimetrierenden Figur bei Pol
außerhalb

$$F = S = l \cdot 2 \pi \varrho U = k_1 \cdot U. \quad . \quad . \quad (1)$$

Bild 81. Der vom Fahrstrahl
überstrichene Sektor.

Da c in dieser Gleichung nicht vorkommt, ist die Lage der Integrierrolle
am Fahrarm hier gleichgültig.

Große Flächenstücke planimetriert man so, daß man den Pol in
das Innere des Flächenstückes legt. Wie oben, möge der Anfangspunkt
O mit dem Pol zusammenfallen. Der Leitstrahl, d. h. in diesem Falle
der Polarm, der die Länge p haben möge, überstreicht dann bei der Umfahrung einen vollen Kreis, so daß der Sektor $\overline{S} = p^2 \pi$ wird. Ferner

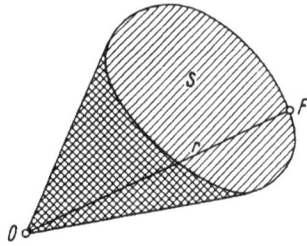

wächst der Winkel ϑ um 2π. Aus der Gleichung ergibt sich, wenn man das einsetzt, für **Umfahrung mit Pol innerhalb**

$$F = S = \pi\,(p^2 + l^2 - 2\,l\,c) + 2\,\pi\varrho\,l \cdot U. \quad\ldots\ldots\ldots (2)$$

Den Kreis mit dem Radius $y = \sqrt{p^2 + l^2 - 2\,l\,c}$, den der Fahrstift beschreibt, wenn die Verbindungsgerade vom Pol zum Auflagepunkt der Rolle senkrecht auf dem Fahrarm steht, bezeichnet man als Grundkreis[1]).

Nach Versuchen von Werkmeister [464] arbeitet man bei größeren Ebenenstücken, bei denen eine Aufteilung in sechs und mehr Teile bei Pol außerhalb nötig wäre, besser mit Pol innerhalb. Ebenenstücke, die kleiner als der Grundkreis sind und bei denen keine Teilung oder eine

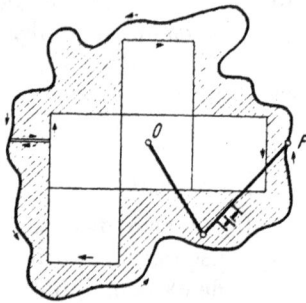

Teilung in etwa zwei Teile nötig wäre, mißt man besser mit Pol außerhalb. Will man auch bei großen Flächenstücken die Anwendung der Formel (2) vermeiden, kann man um den Pol herum ein Flächenstück bekannten Inhaltes (Kreis, Quadrate) legen und seine Randkurve mit dem Rande des zu planimetrierenden Flächenstückes durch einen doppelt zu befahrenden Linienzug verbinden. Umfährt man dann die Restfläche in einem Zuge, kann man die Formel (1) anwenden. Zu dem so sich ergebenden Inhalt ist dann der des ausgeschlossenen Flächenstückes zu addieren (Bild 83).

Bild 83. Ausschließen der Umgebung des Poles durch eine Fläche bekannter Größe, so daß auf die Restfläche die Formel (1) angewendet werden kann.

---

[1]) Die Formeln (1) und (2) kann man aus Bild 82 einfach folgendermaßen ableiten. Nach dem Kosinussatz ist mit den Bezeichnungen dieses Bildes

$$r^2 = p^2 + l^2 + 2\,l\,(w - c),$$

also

$$2\,l\,w = r^2 - (p^2 + l^2 - 2\,l\,c) = r^2 - g^2,$$

wo g der Radius des Grundkreises ist. Ändert nun a seine Richtung um $d\psi$, so wird die Abwicklung der Meßrolle

$$2\,\pi\varrho \cdot dU = w \cdot d\psi = \frac{1}{l}\left(\frac{r^2}{2} \cdot d\psi - \frac{g^2}{2} \cdot d\psi\right).$$

$$\ldots\ldots (1')$$

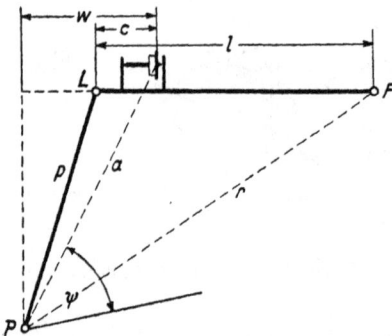

Bild 82. Zur Ableitung der Gleichung für das Polarplanimeter.

Wird eine Figur mit Pol außerhalb umfahren, kehrt a so in seine Ausgangslage zurück, daß die Gesamtänderung von ψ Null ist (Bild 81); infolgedessen wird $\oint \frac{r^2}{2} \cdot d\psi = F$ und $\oint \frac{g^2}{2} \cdot d\psi = 0$. Man erhält so die Formel (1). Liegt dagegen der Pol innerhalb, so kehrt a so in die Ausgangslage zurück, daß ψ um 2π gewachsen ist, wenn man die Figur umfahren hat. Infolgedessen ergibt sich dann die Formel (2).

Früher hat man Planimeter mit einstellbarer Länge des Polararmes
gebaut, um durch passende Wahl von p zu erreichen, daß der erste
Summand in Formel (2) eine runde Zahl wird [217a]. Doch ist man heute
davon zurückgekommen. Ist die Länge des Polarmes gleich der des
Fahrarmes, also $p = l$, und ist außerdem $c = l$, befindet sich also z. B.
die Integrierrolle neben dem Fahrstift, so daß ihre Ebene den Fahrarm
in der Höhe des Fahrstiftes schneidet, so fällt in Formel (2) der erste
Summand heraus, und man hat die gleiche Formel wie für Umfahrung
mit Pol außerhalb. Diese Konstruktion findet sich beim Universal-
planimeter von Ott [83a, 137, 465] und in etwas anderer Form bei
einem von Hamann angegebenen Planimeter [132], wo Fahrstift und
Integrierrolle sich an den Enden einer kurzen Schiene befinden, deren
Mittelsenkrechte durch eine Hülse über dem Pol gleitet. Fahrstift und
Auflagepunkt der Rolle beschreiben so kongruente, um einen kleinen
Winkel gegeneinander gedrehte Kurven.

3. Das Kreisring-Planimeter

ist eine Form des Polarplanimeters, die mit Pol innerhalb arbeitet (Bild
84). Es dient zur Querschnittsbestimmung massiver Körper. Bei ihm
fällt der Polarm fort und der Leitpunkt, realisiert durch einen Zapfen,
gleitet in einer Kreisrille. Beim Umfahren wird der Fahrstift gegen den

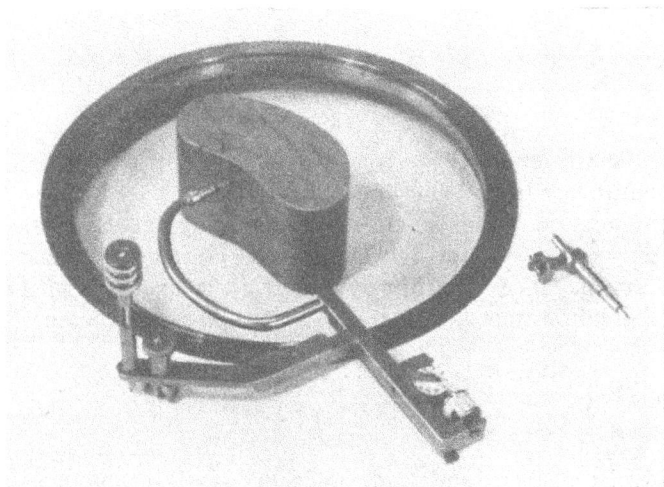

Bild 84. Kreisring-Planimeter.

Körper gedrückt, dessen Querschnitt zu bestimmen ist. Der Fahrarm
wird dabei entgegen dem Uhrzeigersinn ganz im Kreise herumgeführt.
Der in Bild 84 im Vordergrund liegende Zeichenstift zeichnet dabei eine
Kurve auf. Ersetzt man nach Umfahrung den zum Abtasten dienenden

Stift durch einen zweiten Zeichenstift und befährt mit dem ersten die gezeichnete Kurve, zeichnet der zweite den Umriß des gemessenen Körpers auf.

4. Gleitkurven

Die Meßrolle wird sich bei einer Bewegung des Fahrstiftes auf dem Grundkreis mit dem Radius $\sqrt{p^2 + l^2 - 2\,lc}$ nicht drehen, da dann die Ebene der Rolle senkrecht zur Bewegungsrichtung steht. Kurven, bei deren Befahrung die Integrierrolle sich nicht dreht, bezeichnet man als Gleitkurven. Der Grundkreis, auch wohl als Nullkreis bezeichnet, gehört zu diesen Gleitkurven. Zwei andere Gleitkurven zeigt Bild 84a.

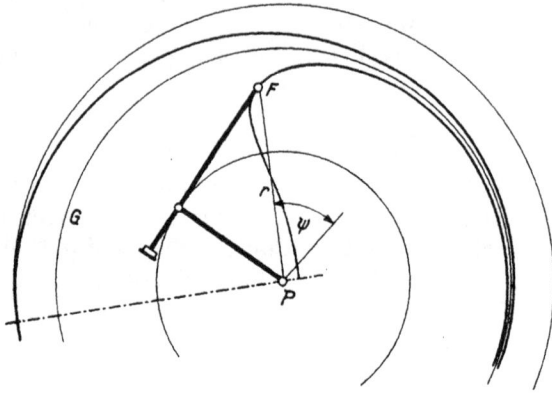

Bild 84a. Gleitkurven.

Sie haben die strichpunktierte Gerade als Symmetrieachse und nähern sich in unendlich vielen Windungen asymptotisch dem Grundkreis G. Man bezeichnet sie daher auch wohl als Langsche Spiralen. Durch Drehung dieser Kurven um den Pol P erhält man die beiden Scharen der Gleitkurven. Ihre Gleichung wird z. B. von Nyström [294] angegeben. Sie lautet mit den hier gewählten Bezeichnungen

$$\psi - \psi_0 = \int_{r_0}^{r} \frac{(p^2 + l^2 - r^2)(r^2 - p^2 + l^2) + 2\,lc\,(r^2 + p^2 - l^2)}{r\,(p^2 + l^2 - r^2 - 2\,lc)\,\sqrt{4\,p^2 l^2 - (p^2 + l^2 - r^2)^2}}\,dr.$$

(In Bild 84a ist der Abstand c der Meßrolle vom Leitpunkt negativ gewählt.) Das Integral läßt sich in geschlossener Form auswerten. Flächenstücke, die in der einen Richtung beträchtlich mehr ausgedehnt sind als in der anderen, legt man zum Ausplanimetrieren möglichst quer zu den Gleitlinien; Schwankungen des Fahrstiftes quer zur Randkurve beeinflussen so das Resultat wenig [192]. Die Gleitkurven können dann von Wichtigkeit sein, wenn man den Inhalt eines Flächenstückes bestimmen will, ohne dieses ganz zu umfahren, wenn man also das Planimeter als Integrimeter benutzen will [117, 118, 119]. Praktisch zeichnet man dazu die Kurven in ein besonders beziffertes Polarkoordinatennetz mit dem Grundkreis als Nullinie [294]. Bewegungen in der Nähe der Gleitkurven, annähernd parallel zu ihnen sind möglichst zu vermeiden, da dabei die Abwicklung der Meßrolle ungleichmäßig wird [20].

5. Planimeterkonstanten

Als Planimeterkonstanten bezeichnet man wohl die Fahrarmlänge l und den Radius ϱ der Integrierrolle [125], die meistens in eine Konstante $k = 2\,\pi\varrho \cdot l$ zusammengefaßt werden, und weiter den Inhalt G des Grundkreises $G = (p^2 + l^2 - 2\,lc)\,\pi$. Die beste Bestimmung dieser Konstanten wird in zahlreichen Arbeiten erörtert. Man kann sie entweder aus der Messung von Ebenenstücken bekannter Größe bestimmen oder aus den bei allen Planimetern angegebenen Werten von l, ϱ usw. Zu ihrer Bestimmung wird jedem Planimeter ein Kontrollineal beigegeben; das ist eine Metallschiene, die auf der einen Seite eine Spitze hat, die in die Unterlage eingedrückt wird, auf der anderen in 2, 4, 6 und 8 cm Entfernung von dieser Nadel kleine Bohrungen aufweist, in die man den Fahrstift nach Abschrauben des Führungsstiftes einsetzen kann. Die Abstände dieser Punkte werden auch so gewählt, daß der Inhalt des von ihnen beschriebenen Kreises eine runde Zahl ist [134]. Am Ende hat das Kontrollineal einen Strich als Marke. Führt man das Lineal nach Einsetzen des Fahrstiftes einmal herum, bis die Marke wieder an der alten Stelle ist, hat der Fahrstift einen Kreis bekannten Inhaltes F_k beschrieben. Ist die Differenz der zugehörigen Ablesungen an der Integrierrolle U_k, so ist $k = F_k/U_k$. Die übliche Einstellung der Fahrarmlänge ist so, daß eine Einheit der Noniusablesung der Integrierrolle, die man gewöhnlich als Meßeinheit bezeichnet, 10 mm^2 entspricht. Bei Verkürzung des Fahrarmes wird diese Meßeinheit kleiner. Für die Ermittlung der Differenzen zwischen Rechts- und Linksumfahrung kann man Kontrollineale wegen der bei ihrem Gebrauch eintretenden Durchbiegung des Fahrstiftes nicht verwenden [20]. Bei Planimetern mit Lupe hat das Kontrollineal eine besondere Form [468]. Über die Bestimmung der zweiten Konstanten sei z. B. auf die Arbeiten von Hammer [130] und Werkmeister [464] verwiesen. Man umfährt am besten zwei Flächen bekannter Größe F_1 und F_2, von denen die eine etwas kleiner, die andere etwas größer als der Grundkreis ist. Man erhält dann nach (2)

$$F_1 = G - k\,U_1 \qquad F_2 = G + k\,U_2$$

und kann daraus G und k bestimmen. Die beste Ausführung der Messungen ist in den den Instrumenten beigegebenen Gebrauchsanweisungen beschrieben und braucht daher hier nicht erörtert zu werden.

6. Genauigkeitsuntersuchungen

Über Genauigkeitsuntersuchungen an Polarplanimetern ist häufig berichtet worden [73, 74, 234, 235, 246]. Meistens werden sämtliche Ungenauigkeiten durch Formeln der Form

$$\Delta F = \alpha f + \beta \sqrt{F \cdot f} \quad \dots \dots \dots \dots (3)$$

$$\Delta F = a f \cdot F + b \sqrt{F f} + c \cdot f$$

dargestellt, wo F der ermittelte Flächenwert, f der einer Rollenumdrehung entsprechende Flächenwert ist. Aus einem sehr großen Material (40000 doppelt ausgeführten freihändigen Umfahrungen) bestimmt z. B. Montigel [274] bei Messung der Flächen in cm² die Werte

$$\alpha = 0{,}0025; \qquad \beta = 0{,}000722.$$

$$a = 0{,}0000720; \quad b = 0{,}00169; \quad c = 0{,}000986.$$

Den Einzelursachen der Fehler ist Baer [20] nachgegangen. Unter anderem hat er auch den Umfahrungsfehler untersucht, der seinen Grund in dem mangelhaften freihändigen Nachfahren des gegebenen Umrisses hat und zu dessen Vermeidung man bei geradliniger Begrenzung gelegentlich die Benutzung von Schablonen empfohlen hat. Während Lorber [234] angibt, daß man diesem Fehler durch Verdoppelung von β Rechnung tragen könne, daß er also proportional der Wurzel aus F ist, findet Baer [20], daß er der Wurzel aus dem Umfang u der umfahrenen Fläche proportional ist, und zwar gibt er an, daß der Fehler

$$m = 0{,}1 \sqrt{u} \quad \dots \dots \dots \dots \dots (4)$$

ist, wenn man ihn in Noniuseinheiten und u in cm mißt.

7. Das Pantographen-Planimeter

Um eine größere Abwicklung der Meßrolle und damit eine größere Meßgenauigkeit zu erzielen, hat man nach dem Vorschlag von Amsler

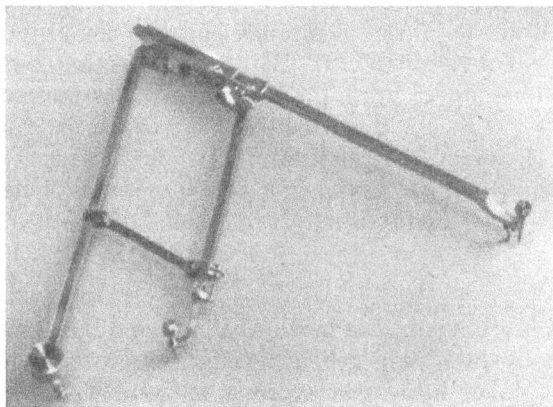

Bild 85. Pantographen-Planimeter. Es arbeitet bei Benutzung des rechten Fahrstiftes wie ein gewöhnliches Polarplanimeter; bei Umfahrung mit dem mittleren Fahrstift wird in der abgebildeten Anordnung der Weg der Integrierrolle auf das Vierfache vergrößert.

und von Stampfer das Polarplanimeter mit einem Pantographen verbunden, wie das Bild 85 zeigt [71, 83, 193]. In umgekehrtem Sinn benutzt man die Verbindung mit einem Pantographen, um mit dem Fahrstift größere Flächenstücke umfahren zu können. Bei dem Auszugplanimeter (Bild 86), das zum Ausmessen ganz großer Flächenstücke,

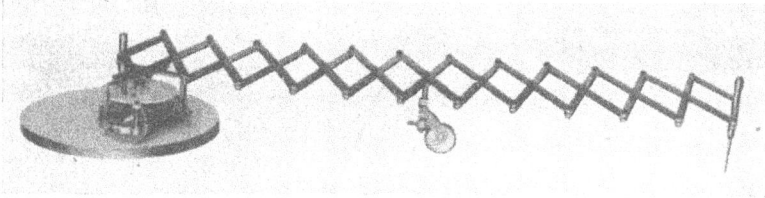

Bild 86. Auszugplanimeter.

z. B. von Häuten und Fellen dient, setzt man an den Pantographen noch eine Nürnberger Schere an, an deren Ende sich der Fahrstift befindet. Die geringere Genauigkeit solcher Planimeter ist für derartige Messungen ausreichend.

8. Präzisions-Scheiben-Planimeter

Ein anderer Weg, wesentlich genauere Messungen zu erhalten, ist der, daß man die Integrierrolle auf einer beweglichen Unterlage abrollen läßt, wie das beim Präzisions-Scheiben-Polarplanimeter der Fall ist [60, 236, 351 a, 435]. Ein solches Planimeter ist wohl zuerst von Stampfer gebaut worden [70a]. Eine heute gebaute Form zeigt Bild 87. Bei diesem ist die Achse einer mit Papier überzogenen Scheibe S, die als Unterlage für die Meßrolle dient, in einem Lager des Polarmes

Bild 87. Präzisions-Scheiben-Polarplanimeter.

drehbar gelagert und trägt unten eine gezähnte Rolle vom Radius r. Diese rollt bei Schwenkung des Polarmes auf dem ebenfalls gezähnten Rande einer schweren kreisförmigen Polplatte P mit dem Pol als Mittelpunkt ab. Dreht sich der Polarm um den Winkel $d\chi$, dreht sich die Scheibe relativ zum Polarm um $d\psi = \dfrac{R}{r} \cdot d\chi$ (s. Bild 88). Der Auflagepunkt der Meßrolle, der vom Scheibenmittelpunkt den Abstand e haben möge, bewegt sich dabei um die Strecke $e \cdot d\psi = \dfrac{e \cdot R}{r} \cdot d\chi$. Bezeichnet man den Winkel zwischen Rollenebene und Scheibenradius nach dem Auflagepunkt der Rolle mit φ, so wird nach IV, D 4 bei dieser Bewegung die Rolle um

$$2\pi\varrho\,dU = \frac{R}{r}\,d\chi\cdot e\sin\varphi$$

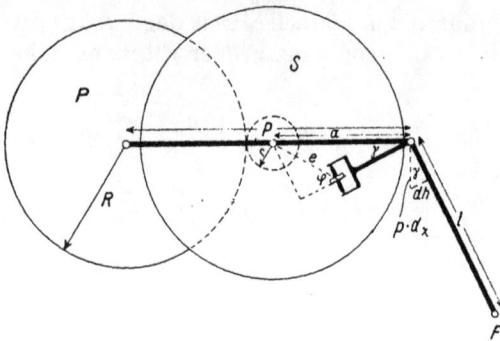

Bild 88. Schematische Darstellung des Präzisions-Scheiben-Planimeters.

abrollen. Aus Bild 88 liest man ab, daß $e\sin\varphi = a\sin\gamma$ ist, wo γ der Winkel des Fahrarmes gegen die Tangente des Leitkreises, also gegen die Verschiebungs- richtung des Leitpunktes ist; ferner ist, wenn man die Länge des Polarmes mit p bezeichnet, $a = p - (R + r)$. Somit ist

$$2\pi\varrho\,dU = \frac{R}{r}\,(p - (R + r))\sin\gamma\,d\chi.$$

Die Meßrolle ist an einem hochklappbaren Seitenarm des Fahrarmes so angebracht, daß ihre Ebene den Fahrarm im Leitpunkt L schneidet. Daher ist, wie man wieder aus dem Bilde abliest, $p\cdot d\chi\cdot\sin\gamma = dh$. Setzt man auch das in obige Gleichung ein, wird

$$2\pi\varrho\,dU = \frac{R\,(p - (R + r))}{r\cdot p}\,dh.$$

Wird nun mit dem Fahrstift ein Ebenenstück ganz umfahren, so wird bei Pol außerhalb $\overline{S} = 0$, $\vartheta_1 = \vartheta_2$ und $q_1 = q_2$, und man erhält aus der Planimetergleichung IV, C (11)

$$F = \frac{2\cdot r\cdot p\cdot l\cdot\varrho\cdot\pi}{R\cdot(p - (R + r))}\cdot U[1]. \qquad \ldots \ldots \ldots (5)$$

Bei Umfahrung mit Pol innerhalb würde noch die Fläche des Grund- kreises $(p^2 + l^2)\pi$ hinzukommen. Die hier auftretenden Konstanten werden wie oben beschrieben bestimmt.

Der durchlaufend geteilte Fahrarm ist wie beim gewöhnlichen Polar- planimeter mittels Mikrometerwerk einstellbar und meist mit besonderen Marken für runde Meßeinheiten zwischen 0,4 und 2 mm² versehen. Bei gleichem Umfahrungsbereich ist die Rollenablesung dieses Scheiben- planimeters etwa das Zehnfache und die wirkliche Meßgenauigkeit etwa das Fünffache derjenigen des gewöhnlichen Polarplanimeters.

---

[1] Diese Formel erhält man auch durch Einsetzen des Ausdruckes für $2\pi\varrho\,dU$ in IV, E 2 (1′) und Integrieren.

9. Planimeter mit längs der Achse verschiebbarem Schneidenrad

Polarplanimeter sind auch mit anderen Meßvorrichtungen gebaut worden. So verwenden z. B. die Planimeter von Fieguth [135] statt der Integrierrolle die in IV, D 2 beschriebene scharfkantige Rolle, die senkrecht zu ihrer Ebene auf einem senkrecht zum Fahrarm im Leitpunkt angebrachten Hilfsarm verschiebbar ist. Schon von Amsler wurde eine solche Meßvorrichtung vorgeschlagen [10, 76]. Wie in IV, D 2 gezeigt, mißt ihre Verschiebung $\int dh$. Ganz ähnlich ist das Planimeter von Lippinkott gebaut [113], dessen Hilfsarm aus Glas ist. Auch das Planimeter von Petersen [177] arbeitet nach dem gleichen Prinzip. Hier sind zwei breitrandige schwere Walzen durch eine Achse verbunden, auf der eine Hülse gleitet, die am Ende des Fahrarmes, meist allerdings nicht im Leitpunkt, angebracht ist.

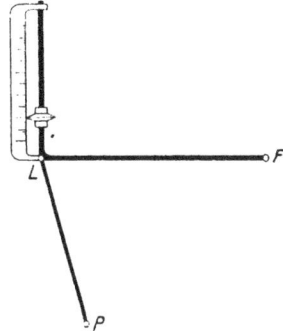

Bild 89. Schematische Darstellung eines Polarplanimeters mit längs der Achse verschiebbarem Schneidenrad.

Die Achse wird bei der Bewegung so geschwenkt, daß sie immer senkrecht zum Fahrarm steht. Nach Umfahrung des Ebenenstückes mit dem Fahrstift hat sich die Hülse um $\int dv$ auf dieser Achse verschoben (IV, D 2). Die Achse ist mit einer Teilung versehen, so daß man den Wert von $\int dv$ ablesen kann.

F. Linearplanimeter

1. Gewöhnliche Linearplanimeter

a) Verschiedene Geradführungen

Wird der Leitpunkt des Fahrarmes eines Planimeters auf einer Geraden geführt, spricht man von einem Linearplanimeter. Diese Konstruktionen eignen sich besonders zum Ausmessen langgestreckter Figuren. Die Geradführung kann entweder verwirklicht werden durch die Nut einer Schiene, in der sich ein Stift oder eine Führungsrolle bewegt, wie in Bild 90, oder sie kann auch durch einen Spurwagen erreicht werden, der, wie es Bild 91 zeigt, auf zwei Rollen in einer Nut läuft und an dessen Ausleger der Fahrarm mit einem Gelenk ansetzt, oder endlich, wie in Bild 92 durch einen Wagen auf zwei schweren Walzen, der nur in der Richtung senkrecht zu der gemeinsamen Achse der beiden Walzen rollen kann und in den der Fahrarm mit einem Kugelzapfen eingelenkt ist [137]. Der Führung entsprechend bezeichnet man die Apparate als Planimeter mit Schienenlenker, mit Spurwagen- oder mit Walzenlenker. Hat man eine Reihe von Kurvenscharen mit parallelen Nullinien zu

Bild 91. Linearplanimeter mit Spurwagenlenker.

Bild 93. Linearplanimeter auf Rollbandtisch.

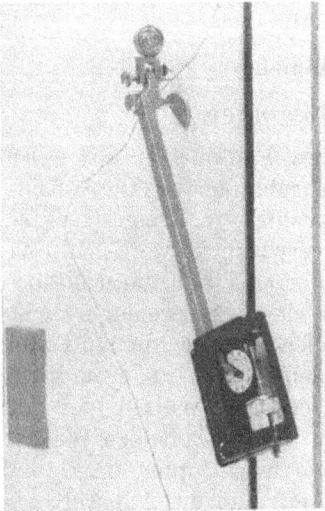

Bild 90. Linearplanimeter mit Schienenlenker.

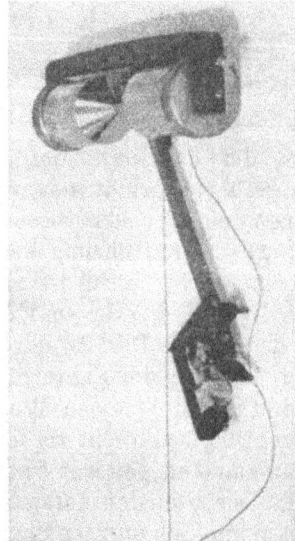

Bild 92. Linearplanimeter mit Walzenlenker.

integrieren, kann es praktisch sein, an die Führungsschiene ein Dreieck anzubringen, um diese in jedem Fall parallel mit sich so verschieben zu können, daß der Fahrstift in seiner tiefsten, durch einen Anschlag begrenzten Lage die Nullinien befährt [35]. Für Rollbanddiagramme benutzt man ein Linearplanimeter in Verbindung mit einem Rollbandtisch, wie es Bild 93 zeigt. Hier ist der Leitpunkt L unbeweglich, und das Diagramm wird unter ihm so hergezogen, daß sich L relativ zum Diagramm auf einer Geraden bewegt. Im allgemeinen ist die Tischbreite für verschiedene Streifenbreiten verstellbar, und auch der Leitpunkt läßt sich in verschiedene Abstände vom Papierrand und damit jeweils genau über die Nullinie des Diagrammes bringen.

b) Die Planimetergleichung

Die Formel für die Messung mit diesen Linearplanimetern ergibt sich aus der allgemeinen Planimetergleichung IV, C(11). Legt man den bei der Ableitung dieser Gleichung benutzten Anfangspunkt 0 in die Anfangslage L_1 des Leitpunktes, so wird, da sich der Leitpunkt auf einer Geraden durch 0 bewegt, $\overline{S}$ stets Null, ferner wird q_1 Null. Kehrt man nun hier einmal das Vorzeichen des Integrales in der Planimetergleichung um, so daß also die Verschiebung des Leitpunktes positiv genommen wird, wenn sich L nach rechts zur Richtung Leitpunkt-Fahrstift bewegt, so lautet diese Gleichung

$$S = \frac{1}{2} l^2 \vartheta_2 + \frac{1}{2} l q_2 - \frac{1}{2} l^2 \vartheta_1 - l \int_1^2 d h. \quad \ldots \ldots (1)$$

In Bild 94 sind die entsprechenden Flächenstücke eingezeichnet, dabei ist der Winkel ϑ von der Richtung der Schiene aus gerechnet, die mit der der x-Achse zusammenfallen möge. In der obigen Reihenfolge ist also

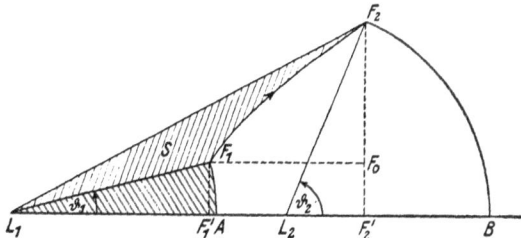

Bild 94. Darstellung der einzelnen Glieder der Planimetergleichung.

$$L_1 F_1 F_2 = L_2 F_2 B + L_1 L_2 F_2 - L_1 A F_1 - A B F_2 F_1.$$

Durch das Produkt aus der Fahrarmlänge l und dem Wert des Integrales $\int_1^2 d h$ wird somit das nichtschraffierte Flächenstück des Bildes 94 gemessen, das von der x-Achse, zwei Kreisbogen mit dem Radius l und dem gegebenen Kurvenbogen begrenzt wird.

Fällt die x-Achse wie in Bild 94 mit der Leitgeraden zusammen, kann man den Inhalt eines Flächenstückes, das von einem Kurvenbogen $F_1 F_2$, zwei Ordinaten und der x-Achse begrenzt ist, auch dadurch bestimmen, daß man mit dem Fahrstift den Linienzug $F_1'F_1F_2F_2'$ durchfährt. Ein Zurückgehen auf der x-Achse ist überflüssig. Das erspart Arbeit vor allem beim Planimeter mit Rollbandtisch. Es würde auch genügen, wenn man das Stück $F_1F_2F_0$ mit dem Fahrstift beführe, wo F_0 in gleichem Abstand von der x-Achse liegt wie F_1. In dieser Art wird man derartige Messungen mit Planimetern mit Schienenlenker machen müssen, wo ja die x-Achse, die hier in die Nut der Schiene fällt, dem Fahrstift nicht zugänglich ist.

c) Linearplanimeter mit Integrierrolle auf fester Unterlage

Die meisten Apparate, wie die in den Bildern 90 bis 93 abgebildeten, gehören zu dieser Gruppe. Einige dieser Apparate, wie z. B. der in Bild 90, haben den Vorzug, daß die Meßrolle auf der Gleitbahn des Lineales also stets auf einer Fläche gleicher Rauhigkeit abrollt. Die Planimetergleichung für diese Instrumente erhält man am einfachsten aus der Gl. IV, D 1 (5). Bei voller Umfahrung eines Flächenstückes wird hierin $q_1 = q_2$, $\vartheta_1 = \vartheta_2$ und $\overline{S} = 0$. Also hat man[1])

$$F = 2\pi \varrho l U. \qquad\qquad (2)$$

Wie beim Polarplanimeter ist auch beim Linearplanimeter bei voller Umfahrung die Lage der Meßrolle am Fahrarm gleichgültig für das Meßresultat. Bei manchen Instrumenten liegt die Meßrolle unmittelbar neben dem Fahrstift; das hat den Vorteil, daß man die Rolle bequem beobachten kann, so daß man Unregelmäßigkeiten leicht bemerkt; es hat bei

---

[1]) Eine andere Ableitung der Formel (2) gewinnt man aus Bild 95. Die Verschiebung des Fahrarmes von L_1F_1 nach L_2F_2 führt man in drei Schritten aus. Zunächst wird durch eine Parallelverschiebung F_1L_1 nach $F'L'$ überführt, von da durch eine Drehung nach $F''L'$ und schließlich wieder durch eine Parallelverschiebung nach F_2L_2. Die Drehungen der Meßrolle werden dabei

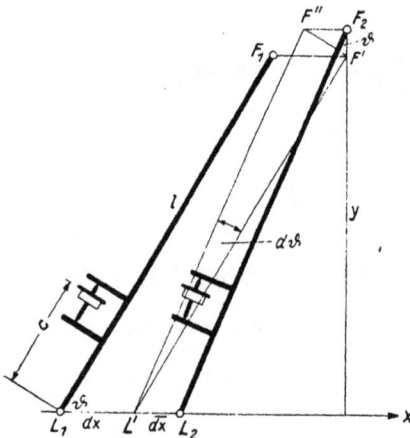

$$2\pi\varrho \cdot dU = dx \sin\vartheta - c \cdot d\vartheta + \overline{dx} \sin(\vartheta + d\vartheta)$$

oder mit Vernachlässigung der Größen, die von zweiter Ordnung klein sind,

$$2\pi\varrho \cdot dU = \frac{y}{l} dx - c \cdot d\vartheta + \overline{dx} \sin\vartheta;$$

beachtet man, daß man $\overline{dx} = l \cdot d\vartheta \cdot \sin\vartheta$ setzen kann, wie sich aus Dreieck $F'F''F_2$ ergibt, wird

$$2\pi\varrho \cdot dU = \frac{y}{l} dx - (c - l\sin^2\vartheta)\, d\vartheta. \quad (2')$$

Bei vollständiger Umfahrung einer geschlossenen Figur fällt, da die Gesamtänderung von ϑ Null ist, das Integral über die Klammer fort, und es bleibt (2).

Bild 95. Zur Ableitung der Gleichung des Linearplanimeters.

Planimetern mit schweren Walzenlenkern den Nachteil, daß sich die Rolle beim Umfahren der Figur leicht von der Unterlage abhebt, so daß man ungenaue Messungen erhält [137]. Große Linearplanimeter mit bis zu 3 m langer Lenkschiene und entsprechend langem Fahrarm werden für Fell- und Ledermessung gebraucht.

d) Das Planimeter von Weber-Kern

Das Planimeter von Weber-Kern benutzt einen anderen Integriermechanismus; es mißt $\int dh$ durch die Verschiebung einer scharfkantigen Rolle auf einem mit Teilung versehenen Hilfsarm, der im Leitpunkt senkrecht auf dem Fahrarm steht (IV, D 2). Die Verschiebung der Rolle mißt

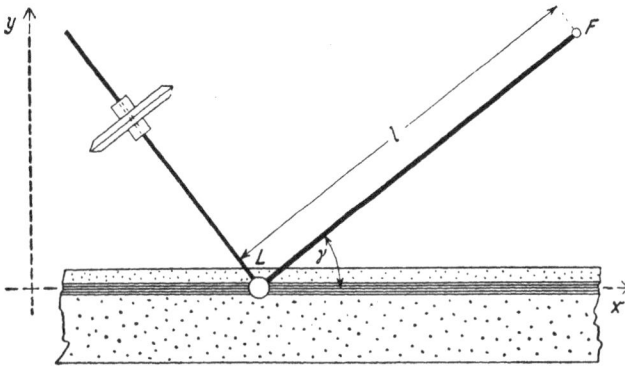

Bild 96. Schematische Darstellung des Planimeters von Weber-Kern.

also multipliziert mit der Fahrarmlänge die in Bild 94 nicht schraffierte Fläche. Bei vollständiger Umfahrung wird $\vartheta_2 = \vartheta_1$ und bei der gewählten Lage des Nullpunktes auch $q_2 = 0$. Somit erhält man bei voller Umfahrung aus Gl. (1)

$$F = l \cdot h, \quad \ldots \ldots \ldots \ldots \ldots \ldots \ldots (3)$$

wo h die Verschiebung der Rolle auf dem Hilfsarm ist [121, 388]. Die Messungen mit dem Planimeter von Weber-Kern sind im allgemeinen etwas weniger genau als die, welche man mit den oben beschriebenen Planimetern erzielen kann.

2. Präzisionsplanimeter

a) Das Scheibenrollplanimeter

Die Linearplanimeter sind als Präzisionsplanimeter mit verschiedenen Integriermechanismen gebaut worden. Am verbreitetsten ist das Scheibenrollplanimeter in der Form, die ihm Homann und Coradi gegeben haben [93, 170, 237, 352]. Es ist ein Walzenlenker, der den gleichen Integriermechanismus benutzt wie das Scheibenpolarplanimeter IV, E 8;

nur greift die unter der Scheibe liegende Rolle mit dem Radius r hier nicht in eine Polplatte, sondern in einen Zahnkranz der einen Walze des Lenkers ein. Nimmt man wie in Bild 97 die gemeinsame Achse der beiden Lenkwalzen als y-Richtung, so bewegt sich der Leitpunkt L auf der x-

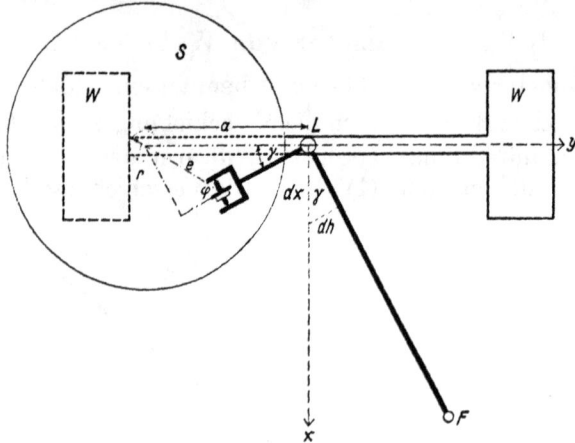

Bild 97. Schematische Darstellung des Scheibenrollplanimeters.

Achse bzw. auf einer Parallelen zu dieser Achse. Verschiebt man den Wagen um ein Stück dx, so wälzt sich der Umfang der kleinen Rolle ebenfalls um das Stück dx ab, so daß diese sich um den Winkel $d\psi = \dfrac{dx}{r}$ dreht. Um den gleichen Winkel dreht sich die Scheibe. Bezeichnet man auch hier den Abstand zwischen Scheibenmittelpunkt und Leitpunkt mit a, so wird mit den Bezeichnungen des Bildes 97

$$2 \pi \varrho \, dU = \frac{dx}{r} a \sin\gamma = \frac{a}{r} \, dh,$$

da ja $dh = dx \sin\gamma$ die Verschiebung des Leitpunktes senkrecht zu der Richtung des Fahrarmes ist. Integriert man und setzt in die Planimetergleichung (1) ein, so erhält man bei voller Umfahrung

$$F = 2 \pi \varrho \, \frac{r}{a} \, lU. \quad . \ (4)$$

Bild 98. Scheibenrollplanimeter.

Wie stets beim Planimetrieren wird natürlich auch

hier die Konstante unter Benutzung eines Kontrollineales bestimmt. Die
Maße der meisten Instrumente sind so gewählt, daß wie bei dem in IV, E 8
besprochenen Präzisions-Scheiben-Polarplanimeter die Meßeinheit je nach
der Länge des Fahrarmes, die mit Mikrometerwerk eingestellt werden kann,
0,4 bis 2 mm² ist. Ein Scheibenrollplanimeter in der heute üblichen Ausführung zeigt Bild 98. Die Justierung derartiger Planimeter erfolgt so,
daß man den Winkel zwischen Fahrarm und Meßrollenachse so einstellt,
daß bei Umfahrung eines zur x-Achse (Weg des Leitpunktes) symmetrischen Ebenenstückes die Ablesung ein Maximum wird [19].

b) Abarten

dieses Planimeters werden verschiedentlich gebaut, z. B. wird die Meßrolle von einem Schlitten so geführt, daß ihre Ebene stets senkrecht zu
dem Scheibenradius nach ihren Auflagepunkt steht, so daß man also
den ursprünglichen Gonellaschen Integriermechanismus hat, bei dem
sich die Scheibe im Auflagepunkt immer senkrecht zur Meßrollenachse
bewegt. Der Schlitten wird dabei durch eine Kugel geführt, die sich an
einem Parallelarm zum Fahrarm befindet und die in einer Querrinne des
Schlittens gleitet.

Bei einigen dieser Instrumente ist eine Umstellung derart möglich,
daß der Abstand der Integrierrolle vom Drehpunkt der Scheibe, der nor-
malerweise dem Abstand des Fahrstiftes von der Leitgeraden proportio-

Bild 99. Scheibenlinearplanimeter mit Spurwagenlenker.

nal ist, proportional dem Ausschlagswinkel γ des Fahrarmes wird. In
dieser Form kann das Instrument zum Ausplanimetrieren von Registrierstreifen mit Kreisbogenordinate benutzt werden, wie man sie z. B. bei
Barographen hat.

Eine andere Abart ist als Planimeter mit Spurwagenlenker gebaut.
Das mit der Scheibe verbundene gezähnte Rädchen rollt dann an einer
über der Leitschiene liegenden gezähnten Längsschiene ab, während die

Führung des Wagens, der durch ein Gegengewicht ausbalanciert ist, durch zwei in der Nut der Leitschiene laufende Räder erfolgt (Bild 99).

Betreffs der verschiedenen älteren Linearplanimeter mit Integrierrolle, die auf einer bewegten Scheibe, einem Kegel oder auf einem anderen Rotationskörper abrollt, sei auf die zusammenfassenden Berichte insbesondere von Dyck [80] und Galle [105] verwiesen.

c) Genauigkeitsuntersuchungen

Genauigkeitsuntersuchungen mit derartigen Planimetern sind z. B. von Ulbrich [438] gemacht worden. Er gibt den Fehler sowohl in der Form

$$m = \alpha_1 F + \beta_1 \sqrt{F}$$

wie in der Form

$$m = \sqrt{\alpha_2 F + \beta_2 F^2}$$

an, wo F die Größe des umfahrenen Flächenstückes in mm² ist und findet

$$\alpha_1 = 0,00037 \pm 0,00008; \qquad \beta_1 = 0,089 \pm 0,020;$$
$$\alpha_2 = 0,0093 \pm 0,0026; \qquad \beta_2 = 0,00000034 \pm 0,000000006.$$

Ferner sind Fehleruntersuchungen im einzelnen an einem derartigen Instrument von Idler gemacht worden [174]. Dieser faßt das Resultat seiner Prüfung dahin zusammen, daß die Genauigkeit des Apparates für alle Arbeiten des Ingenieurs und für Flächenmessungen in der Katasterpraxis ausreicht, mit Ausnahme der Berechnungen der Grundstücksinhalte in Städten mit hohem Bodenwert.

d) Das Kugelrollplanimeter

Integriervorrichtungen, die eine Meßrolle benutzen, haben theoretisch den Nachteil, daß diese teils abrollt, teils gleitet, was, wie erwähnt, bei Bewegung der Meßrolle in der Nähe der Gleitkurven leicht zu Ungenauigkeiten führt. Von Anfang an ging daher das Bestreben dahin, ein Präzisionsplanimeter zu schaffen, dessen Integriermechanismus keine Gleitbewegung ausführt. Schon J. Amsler hat 1856 dafür den auf einer Kugel sich abwälzenden Zylinder vorgeschlagen [10, 15] IV, D 6. Ein solches Planimeter wurde von Coradi zunächst als Polarplanimeter gebaut und wird heute meist als Linearplanimeter mit Walzenlenker in der Form, wie es Bild 100 und 101 zeigen, benutzt [238]. Bei diesem Apparat wird die Scheibe durch eine Kugelkalotte K, die sich um eine waagerechte Achse A dreht, ersetzt. Ihr Radius sei ϱ_1. An ihrem anderen Ende trägt diese Achse eine kleine Rolle vom Radius r, deren Zähnung in einen Zahnkranz am Umfange der einen Lenkwalze eingreift, so daß sich die Kugelkalotte K bei Verschiebung des Instrumentes in der Richtung der x-Achse um dx um den Winkel $dv = d\psi = \dfrac{dx}{r}$ dreht.

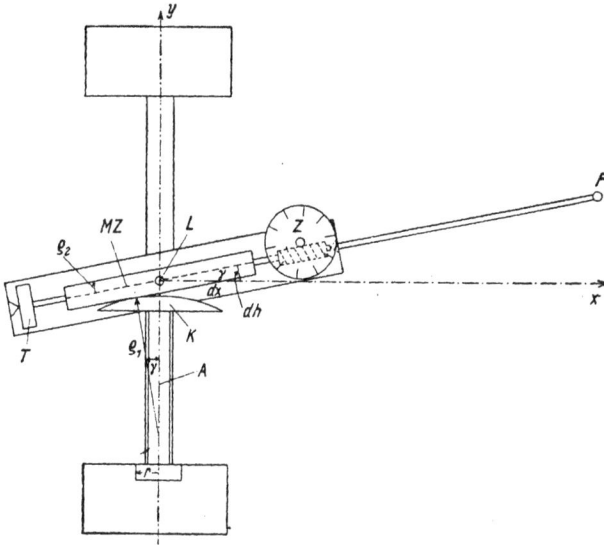

Bild 100. Schematische Darstellung des Kugelrollplanimeters.

Bei Fortbewegung des Planimeters um das Stück dx ist nach IV, D 6 die Drehung des Meßzylinders durch

$$\varrho_1 \sin \gamma \, d\psi = 2 \, \pi \, \varrho_2 \, dU.$$

bestimmt. Also ist

$$dU = \frac{\varrho_1 \sin \gamma \, d\psi}{2 \, \pi \varrho_2} = \frac{\varrho_1 \, dx \sin \gamma}{r \cdot 2 \, \pi \, \varrho_2} = \frac{\varrho_1}{r \cdot 2 \, \pi \, \varrho_2} \, dh,$$

Bild 101. Kugelrollplanimeter mit Walzenlenker.

da die Verschiebung des Leitpunktes L senkrecht zur Fahrarmrichtung $dh = dx \sin \gamma$ ist. Integriert man und setzt in die Planimetergleichung IV, C (11) ein, so wird bei voller Umfahrung eines Flächenstückes

$$F = \frac{2 \pi \varrho_2 r l}{\varrho_1} U, \quad \ldots \ldots \ldots \quad (5)$$

eine Gleichung, die man auch leicht aus IV, F 1 c (2) gewinnt.

Bei all diesen Präzisionsplanimetern werden die vollen Umdrehungen an einer durch Schneckentrieb bewegten Zählscheibe Z abgelesen, die Bruchteile bis zu Tausendstel einer Umdrehung mittels Nonius direkt an der Integrierrolle oder der mit dem Zylinder verbundenen Meßtrommel T. Die Meßeinheit ist beim Kugelrollplanimeter die gleiche wie beim Scheibenrollplanimeter, nämlich 0,4 bis 2 mm².

G. Einige Anwendungen der Planimeter

1. Wahl der Fahrarmlänge

Nächst Rechenschieber und Rechenmaschinen sind die Polarplanimeter die heute am meisten gebrauchten mathematischen Instrumente. Überall, wo Inhalte krummlinig begrenzter Ebenenstücke zu bestimmen sind (Indikatordiagramme, Grundstücke in der Katastervermessung usw.) werden sie verwendet [477]. Im letzteren Fall und überhaupt bei Ausmessung von Flächen in maßstäblicher Zeichnung, empfiehlt es sich, die Fahrarmlänge l so einzustellen, daß eine volle Umdrehung der Meßrolle einer dargestellten Größe mit einer runden Maßzahl entspricht. Auf den Fahrarmen der neueren Planimeter ist eine Skala von 30 bis 220 angebracht. Bei dem üblichen Meßrollenumfang von 60 mm entspricht bei Einstellung des Meßwerkes auf 200 eine Rollenumdrehung einer umfahrenen Fläche von 10000 mm². Bezeichnet man die Einstellung auf dem Fahrarm mit λ, so ist also z. B. nach IV, E (1)

$$F = 50 \lambda U \text{ mm}^2.$$

Soll nun z. B. eine Fläche auf einem Meßtischblatt (Maßstab 1:25000) ausgemessen werden, so ist das dem ausgemessenen in der Natur entsprechende Stück

$$F = 50 \frac{25000^2}{10^{12}} \lambda U \text{ km}^2 = 0,03125 \lambda U \text{ km}^2.$$

Praktisch wählt man als Fahrarmeinstellung hier z B. $\lambda = 160$, da so einer Rollenumdrehung 5 km² im Gelände entsprechen. Andere Beispiele findet man bei Cuny [67].

2. Momentenbestimmung mittels Umzeichnen

Weiter soll nun die Bestimmung mehrfacher Integrale

$$\int \int \varphi(x, y) \, dx \, dy$$

mittels Planimeter besprochen werden. Drei Wege kann man hierbei gehen:

a) Man zeichnet die Funktion $z = \varphi(x, y)$ für gleichabständige Werte von z auf, stellt also $z = \varphi(x, y)$ durch Höhenlinien dar, planimetriert die einzelnen Höhenlinien aus, zeichnet die Meßergebnisse als Funktion der Höhe auf und planimetriert die sich ergebende Kurve wieder. Überall, wo schon die Darstellung in Schichtlinien vorliegt, wird man diese Methode verwenden, z. B. bei der Orometrie.

b) Man geht von parallelen, senkrecht zur xy-Ebene gelegten, gleichabständigen Schnitten aus und verfährt im übrigen wie im Falle a).

c) Man zeichnet die Grenzkurve um und hat dann nur einmal zu planimetrieren. Hat man z. B. ein Integral der Form

$$\int_{x_1}^{x_2} \int_{y_u(x)}^{y_o(x)} y^n x^m \, dx \, dy = \frac{1}{(n+1)(m+1)} \oint y^{n+1} \, d(x^{m+1})$$

$$= \frac{1}{(n+1)(m+1)} \oint x^{m+1} \, d(y^{n+1}),$$

so zeichnet man die Grenzkurve in ein Funktionsnetz um, dessen x-Achse nach einer Skala x^{m+1}, dessen y-Achse nach einer Skala y^{n+1} geteilt ist, und planimetriert einfach die sich hier ergebende Kurve [284]. Solche Funktionspapiere kann man ein für allemal vorbereiten, wie das z. B. Ott für n bzw. $m = \frac{1}{2}$, 1, 2 und 3 getan hat. Angewendet wird die Methode vor allem zur Bestimmung von statischen Momenten und damit Schwerpunkten, Trägheits- und Deviationsmomenten usw. Für Ebenenstücke hat man da die Formeln

a) Statisches Moment:

$$M_x = \int \int y \, dx \, dy = \frac{1}{2} \oint x \, d(y^2) \quad (m = 0, \; n = 1)$$

$$M_y = \int \int x \, dx \, dy = \frac{1}{2} \oint y \, d(x^2) \quad (m = 1, \; n = 0)$$

und daraus, wenn die Fläche mit F bezeichnet wird, die Koordinaten des Schwerpunktes

$$x_s = M_y/F; \qquad y_s = M_x/F.$$

b) Axiales Trägheitsmoment:

$$J_x = \iint y^2 \, dx \, dy = \frac{1}{3} \oint x \, d(y^3) \qquad (m = 0, \; n = 2),$$

$$J_y = \iint x^2 \, dx \, dy = \frac{1}{3} \oint y \, d(x^3) \qquad (m = 2, \; n = 0).$$

c) Deviations- oder Zentrifugalmoment:

$$J_{xy} = \iint x \cdot y \, dx \, dy = \frac{1}{4} \oint y^2 \, d(x^2) \qquad (m = 1, \; n = 1).$$

d) Polare Trägheitsmomente:

$$J_p = \iint r^2 \cdot r \, dr \, d\varphi = \frac{1}{4} \oint r^4 \, d\varphi \qquad (m = 0, \; n = 3).$$

Weiter für Rotationskörper (Rotationsachse sei die x-Achse):

a) Volumen:

$$V = 2 \pi \iint y \, dx \, dy = \pi \oint y^2 \, dx \qquad (m = 0, \; n = 1)$$

b) Statisches Moment gegen eine Ebene senkrecht zur Rotationsachse, z. B. zur yz-Ebene:

$$M_{yz} = \iiint x \, dv = 2 \pi \iint x \cdot y \, dx \, dy = \frac{\pi}{2} \oint y^2 \, d(x^2) \quad (m = 1, \; n = 1).$$

c) Statisches Moment der Hälfte eines Umdrehungskörpers, die eine Ebene durch die Rotationsachse, z. B. die xz-Ebene abschneidet, gegen diese Schnittebene:

$$M_{xz} = 2 \int_{x_l}^{x_r} \int_0^y \sqrt{y^2 - \eta^2} \; \eta \, dx \, d\eta = \frac{2}{3} \oint y^3 \, dx \qquad (m = 0, \; n = 2).$$

d) Trägheitsmoment eines Umdrehungskörpers um die Rotationsachse:

$$J_p = \iiint y^2 \, dv = 2 \pi \iint y^2 \cdot y \, dy \, dx = \frac{\pi}{2} \oint y^4 \, dx \quad (m = 0, \; n = 3).$$

e) Trägheitsmoment eines Rotationskörpers um eine zur Umdrehungsachse senkrechte Achse, z. B. die z-Achse:

$$J_z = \int_{x_1}^{x_2} \int_0^y (x^2 + \eta^2) \, 4 \sqrt{y^2 - \eta^2} \, dx \, d\eta$$

$$= \frac{\pi}{3} \oint y^2 \, d(x^3) + \frac{\pi}{4} \oint y^4 \, dx \qquad (m = 2, \; n = 1$$
$$\text{bzw. } m = 0, \; n = 3).$$

Der Fall $m = 0$ und $n = 1$ kommt außerdem z. B. bei Bestimmung der effektiven Stromstärke und Spannung eines Wechselstromes, bei Berechnung der Streuung um einen Mittelwert usw. vor.

Eine andere Methode zur Momentenbestimmung benutzt einen Hilfsraster, der z. B. zur Bestimmung des Trägheitsmomentes um eine x-
Parallele Geraden parallel zu dieser im Abstand $h = \sqrt[3]{3\,J/b}$ hat und
y-Parallele im Abstande b. Der Raster wird auf die ursprüngliche Figur
gelegt und dann werden die die Figur bedeckenden Rechtecke ausge-
zählt [407].

3. Andere Anwendungen der Methode des Umzeichnens

Unter Benutzung von Sinuspapier kann man diese Methode auch
zur Bestimmung der Fourier-Koeffizienten mit dem Planimeter verwenden [55, 95, 327, 328]. Ein Verfahren, das es erlaubt, diese Koeffizienten mit dem Planimeter ohne Umzeichnen zu bestimmen, ist V, A 3
gegeben. Ferner wurde diese Methode zur Bestimmung der Treffwahrscheinlichkeit bestimmter Scheibenstücke angewendet [359, 458], zur
Bestimmung der sphärischen Lichtstärke von Lichtquellen [358], zur
Bestimmung der Selbstinduktivität eines geraden zylindrischen Leiters
beliebiger Querschnittsform und zur Integration partieller Differentialgleichungen wie der der Asymptotenlinien der Pseudosphäre und der der
Telegraphengleichung [458]. Auch sei hier noch auf die Arbeiten von
Groeneveld [117, 118, 119] verwiesen.

Eine Möglichkeit zur Umzeichnung unter Benutzung eines Schiebeblattes hat Gröttrup [120] angegeben. Hat man das Integral

$$\int_{x_1}^{x_2} \int_0^{y(x)} \varphi(x, y)\, dx\, dy$$

über das stark umrandete Flächenstück des Bildes 102 zu nehmen, so
bildet man zunächst

$$\int_0^y \varphi(x, y)\, dy = f(x, y) = u$$

und hat dann nur noch

$$\int_{x_1}^{x_2} f(x, y)\, dx = \int_{x_1}^{x_2} u \cdot dx$$

zu integrieren. Um $f(x, y)$ als Funktion von x darzustellen, zeichnet
man auf ein Schiebeblatt, das eine Schar von gleichabständigen x-Parallelen
trägt (Bild 102), Kurven $u = f(x, y_i)$ für feste äquidistante Werte von y
in ein Koordinatensystem ein, dessen u-Achse am rechten Rande liegt
und nach oben zeigt, dessen x-Achse nach links gerichtet ist. Dieses Blatt
wird so auf die gegebene Kurve gelegt, daß sich die x-Achsen decken,
aber entgegengesetzt gerichtet sind. An der rechten Kante des Schiebeblattes, d. h. bei einer willkürlich auswählbaren Abszisse x_i im unteren
Blatt, mißt man dann die Ordinate y_i ab, geht in dieser Höhe zur zugehörigen Kurve $f(x, y_i)$, verfolgt diese bis zu ihrem Schnitt mit der

9*

y-Achse, also bis zur Abszisse x_i des Schiebeblattes, und überträgt die so gefundene transformierte Ordinate $u_i = f(x_i, y_i)$ auf das ursprüngliche Blatt so, daß sie die Abszisse x_i hat (stark gestrichelter Linien-

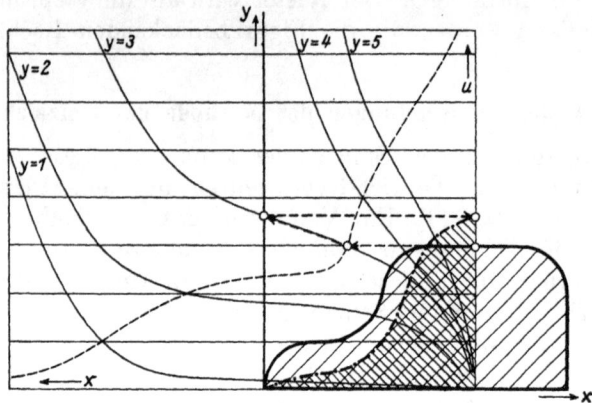

Bild 102. Schiebeblatt zur Umzeichnung von Kurven.

zug). Praktisch trägt man auf dem Schiebeblatt noch die Kurve $y = f(x, y)$ ein (gestrichelt), um die Auffindung der entsprechenden u-Kurve zu erleichten.

4. Inhaltsbestimmung gekrümmter Flächenstücke

Nyström [300] hat gezeigt, wie man mit einem gewöhnlichen Planimeter den Inhalt von Stücken beliebig gekrümmter Flächen bestimmen kann. Ein besonderes Planimeter, das dieses leistet, hat Myard konstruiert [278, 279]. Zur Bestimmung von Teilen einer Kugeloberfläche kann man ein gewöhnliches Polarplanimeter benutzen, bei dem durch Gelenke in Pol- und Fahrarm dafür gesorgt ist, daß man Polachse, Scharnier und Fahrstift senkrecht zur Kugelfläche stellen kann [15]. Schon Amsler hat ein Stereographometer konstruiert, das den Inhalt eines Stückes der Kugeloberfläche angibt, wenn man seine stereographische Projektion mit dem Fahrstift des Apparates umfährt [80]. Bei flächentreuen Abbildungen genügt natürlich die Umfahrung mit einem gewöhnlichen Planimeter. Eine Beschreibung dieser Apparate und weitere Literatur findet man im ATM-Blatt V 1132—1 und 2.

H. Linear-Potenzplanimeter

In dem vorhergehenden Abschnitt ist gezeigt worden, wie man durch Umzeichnen Flächenintegrale der Form

$$\int y^n dF = \frac{1}{n+1} \oint y^{n+1} dx; \qquad \int r^n dF = \frac{1}{n+2} \oint r^{n+2} d\varphi$$

mit einem gewöhnlichen Planimeter bestimmen kann. Dort ist auch angegeben, wo man auf derartige Integrale stößt. Man hat nun Apparate konstruiert, die bei Umfahrung der Randkurve des ursprünglichen Flächenstückes den Wert dieser Integrale anzeigen. Man bezeichnet sie als Potenz- oder Momentenplanimeter oder auch wohl als Integratoren. Die erste Gruppe dieser Apparate ist als Linearplanimeter gebaut. Sie soll in diesem Abschnitt behandelt werden. Diese Potenzplanimeter benutzen entweder das Prinzip der Winkelvervielfachung mittels Räder- oder mittels Schleifkurbeltrieb, oder sie verwenden Gleitkurven.

1. Prinzip der Winkelvervielfachung

Beim Quadratplanimeter z. B., das zur Bestimmung der statischen Momente dient, benutzt man die Beziehung (Bild 103):

$$M_x = \int y\, dF = \frac{1}{2} \oint y^2\, d x = \frac{1}{2}\, l^2 \oint \sin^2 \alpha\, d x$$

$$= \frac{1}{4}\, l^2 \left(\oint d x - \oint \cos 2\,\alpha\, d x \right).$$

Das erste Integral verschwindet bei Integration längs einer geschlossenen Kurve, und man erhält:

$$M_x = -\frac{1}{4}\, l^2 \oint \cos 2\,\alpha\, d x = -\frac{1}{4}\, l^2 \oint \sin (90^0 \pm 2\,\alpha)\, d x \quad . \quad (1)$$

Will man das Integral mit einem Planimeter auswerten, muß die Achse der Integrierrolle, deren Auflagepunkt sich ja in Richtung der x-Achse bewegt, mit dieser einen Winkel von $90^0 - 2\,\alpha$ oder $90^0 + 2\,\alpha$ bilden. Das wird, wie Bild 103 zeigt, mittels zweier Zahnräder R_1 und R_2 erreicht, deren Radien sich wie 2:1 verhalten. Das Minuszeichen vor dem Integral zeigt an, daß sich die Meßrolle in entgegengesetztem Sinne wie gewöhnlich dreht.

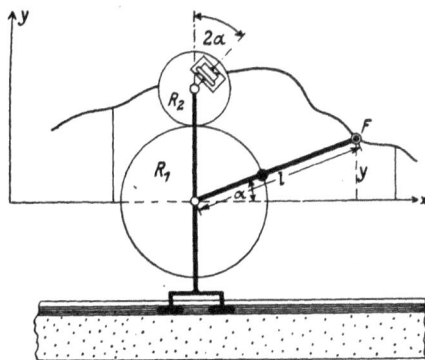

Bild 103. Schematische Darstellung eines Quadratplanimeters mit Winkelverdopplung durch Zahnradtrieb.

Hat man außer einem gewöhnlichen Planimeter auch ein solches Quadratplanimeter zur Verfügung, kann man sich, wie man sich leicht überlegen kann, einen Teil der in vorigem Abschnitt beschriebenen Umzeichnungen zur Auswertung der Integrale $\int x^n\, y^m\, d x\, d y$ ersparen.

Ähnlich erhält man beim Kubikplanimeter zur Bestimmung der Momente zweiter Ordnung

$$J_x = \int y^2 \, dF = \frac{1}{3} \oint y^3 \, dx = \frac{1}{3} l^3 \oint \sin^3 \alpha \, dx$$

$$= \frac{1}{4} l^3 \oint \sin \alpha \, dx - \frac{1}{12} l^3 \oint \sin 3 \alpha \, dx$$

und daraus bei voller Umfahrung

$$J_x = \frac{1}{4} l^2 F - \frac{1}{12} l^3 \oint \sin 3 \alpha \, dx, \quad \ldots \ldots \ldots \quad (2)$$

wo F den Flächeninhalt bezeichnet. Um das zweite Integral zu liefern, muß also die Meßrolle den Winkel 3α mit der x-Achse bilden. Der Nachteil dieser Momentenbestimmung ist, daß sich J_x als Differenz zweier Ablesungen ergibt, wodurch unter Umständen die relative Genauigkeit des so bestimmten Wertes von J_x wesentlich herabgesetzt wird. Dasselbe gilt auch, wenn das Planimeter noch eine weitere Meßrolle hat zur Bestimmung des Momentes dritter Ordnung. Dieses ergibt sich aus

$$P_x = \int y^3 \, dF = -\frac{1}{8} l^4 \oint \cos 2 \alpha \, dx + \frac{1}{32} l^4 \oint \cos 4 \alpha \, dx \cdot$$

$$= \frac{l^2}{2} M_x + \frac{1}{32} l^4 \oint \sin (90^0 \pm 4 \alpha) \, dx. \quad \ldots \ldots \ldots \quad (3)$$

In diesen Fällen muß man daher ganz besonders darauf achten, daß mit der kleinstmöglichen Fahrarmlänge gearbeitet wird, um einen möglichst großen Differenzbetrag zu erhalten.

Um das Deviationsmoment $\int y \, x \, dF = \frac{1}{2} \oint y^2 \, x \, dx$ oder das bei der Berechnung der Trägheitsmomente von Rotationskörpern um eine zur Achse senkrechte Gerade vorkommende Integral $\int x^2 \, y \, dF = \frac{1}{2} \oint x^2 \, y^2 \, dx$ auszurechnen, kann man entweder die IV, G 1 angegebene Umzeichnung benutzen [11, 12], oder man kann nach Ott [305] und Berger [28] mehrere Umfahrungen des Flächenstückes mit einem Potenzplanimeter vornehmen, bei denen zwei bzw. drei verschiedene Aufstellungen des Instrumentes benutzt werden. Diese sind so zu wählen, daß die neuen Bezugsachsen mit der ursprünglichen, der x-Achse, die Winkel $+\beta$ und $-\beta$ bilden. Sind u und v die Koordinaten für diese neuen Achsen, so bestehen die Gleichungen:

$$\left. \begin{aligned} \oint x \, y \, dF &= \frac{1}{2 \sin 2\beta} \left[\frac{1}{3} \underset{\text{Achse}: \, -\beta}{\oint v^3 \, du} - \frac{1}{3} \underset{\text{Achse}: \, +\beta}{\oint v^3 \, du} \right] \\ \oint x^2 \, y \, dF &= \frac{1}{6 \sin^2 \beta \cos \beta} \left[\frac{1}{4} \underset{\text{Achse}: \, -\beta}{\oint v^4 \, du} + \frac{1}{4} \underset{\text{Achse}: \, +\beta}{\oint v^4 \, du} \right] \\ &\qquad - \frac{\operatorname{ctg}^2 \beta}{12} \underset{\text{Achse}: \, x}{\oint y^4 \, dx} \end{aligned} \right\} \quad (4)$$

2. Potenzplanimeter mit Zahnradgetriebe

Als Beispiel eines solchen Potenzplanimeters zeigt Bild 104 den Integrator von Amsler mit 4 Meßrollen. Das Übersetzungsverhält-

Bild 104. Integrator von Amsler mit vier Meßrollen.

nis der Zahnradübertragungen ist 2:1, 3:1 und 4:1. Man kann also nach der Umfahrung an der am Fahrarm liegenden Integrierrolle $F = \oint y\,dx$ und an den anderen $M_x = \oint y^2\,dx$ und zu $\oint \sin 3\alpha\,dx$ und $\oint \sin(90^0 - 4\alpha)\,dx$ proportionale Größen ablesen.

Ähnliche Konstruktionen benutzt man bei Quadratwurzelplanimetern und bei semikubischen Planimetern, die für die Bestimmung der Geschwindigkeiten und damit der Durchflußmengen bei Düsen oder Staurohren bzw. zur Bestimmung der Geschwindigkeiten und Durchflußmengen bei Überfallwehren gebraucht werden. Hier verhalten sich die Radien wie 3:2:6. Aus dem Bilde 105 entnimmt man:

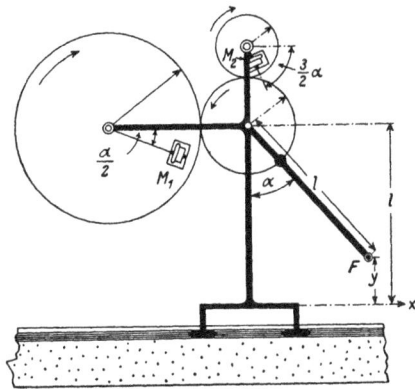

Bild 105. Schematische Darstellung des Drei-Zweitel-Planimeters von Amsler.

$$\oint y^{\frac{3}{2}}\,dx = l^{\frac{3}{2}} \oint (1 - \cos\alpha)^{\frac{3}{2}}\,dx = l^{\frac{3}{2}} 2^{\frac{3}{2}} \oint \sin^3 \frac{\alpha}{2}\,dx$$

$$= l^{\frac{3}{2}} \frac{1}{\sqrt{2}} \left(-\oint \sin 3\frac{\alpha}{2}\,dx + 3\oint \sin\frac{\alpha}{2}\,dx \right). \quad \cdot \cdot (5)$$

Die Werte der beiden Integrale liest man nach der Umfahrung an den beiden Meßrollen M_1 und M_2 ab [76].

Nach dem gleichen Prinzip arbeitet der Integrator von Hele-Shaw (Bild 106), nur ist hier die Meßrolle durch den in IV, D 7 beschriebenen Mechanismus ersetzt [154]. Auf einem Wagen, der sich auf zwei fest verbundenen Walzen W vom Radius R_1 in Richtung der x-Achse bewegt, be-finden sich in Rahmen drei mattgeschliffene Glaskugeln vom Radius ϱ_1, die durch drei auf der Achse des Wagens sitzende Zylinder vom Radius R_2, auf denen sie ruhen, um eine zur y-Achse parallele Achse gedreht werden. Bewegt sich der Wagen um dx weiter, drehen sich die Walzen und damit die Zylinder um den Winkel $d\psi = dx : R_1$, die Kugeln somit um

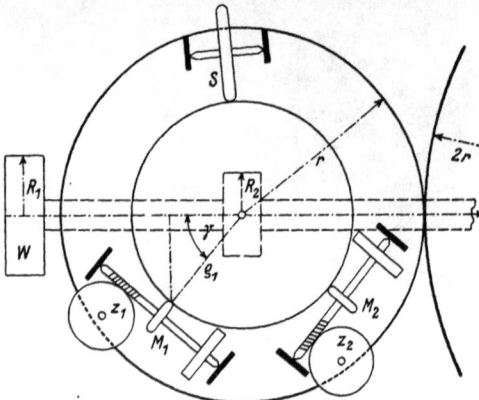

$$d\varphi = \frac{R_2}{\varrho_1}\, d\psi = \frac{R_2}{\varrho_1\, R_1}\, dx.$$

Bild 106. Schematische Darstellung des Integrier-mechanismus am Momentenplanimeter von Hele-Shaw.

Diese Drehung wird auf Meßrollen vom Radius ϱ übertragen, die in dem die Kugel haltenden Rahmen so liegen, daß ihre Achsen die Drehachse der Kugel schneiden und daß sie die Kugel in einem zur Zeichenebene parallelen größten Kreis berühren. Bildet ihre Ebene mit der y-Achse den Winkel γ, drehen sie sich also bei der Verschiebung um dx um

$$dU = \frac{1}{2\pi\varrho}\, \varrho_1 \sin\gamma \cdot \frac{R_2}{R_1\, \varrho_1}\, dx = \frac{1}{2\pi\varrho}\, \frac{R_2}{R_1} \sin\gamma\, dx. \quad \ldots \quad (6)$$

Eine Zahnradübertragung bewirkt nun, daß für die drei Kugeln $\gamma = \alpha$, $\gamma = 90^0 - 2\alpha$ bzw. $\gamma = 3\alpha$ ist. Der Vorteil dieses Instrumentes ist der, daß sich die Integrierrollen stets auf Flächen gleicher Rauhigkeit bewegen. Eine Fehlermöglichkeit liegt darin, daß die Drehachsen der Kugeln und Meßrollen windschief sein können. Die zweite Meßrolle M_2 ist hier ohne Bedeutung; sie hält zusammen mit M_1 und der Stützrolle S die Kugel im Rahmen; sie wird beim harmonischen Analysator von Henrici-Coradi benutzt, der die gleiche Integriervorrichtung hat (V, B 3).

3. Potenzplanimeter mit Schleifkurbeltrieb

Wie ein Schleifkurbeltrieb zur Winkelverdopplung anzuordnen wäre, zeigt Bild 107. Bild 108 zeigt ein nach diesem Prinzip gebautes kombi-niertes Linear- und Quadratplanimeter.

Aus diesem Planimeter wurde von Ott und Werkmeister ein Drei-rollen-Momentenplanimeter entwickelt. Bild 109 zeigt schematisch die

Anlage eines solchen Instrumentes. Man sieht daraus, daß die drei Rollenachsen mit der x-Achse Winkel der Größe α, $90^0 + 2\alpha$ und 3α bilden. Aus den Umfahrungsergebnissen werden nach den Formeln (1)

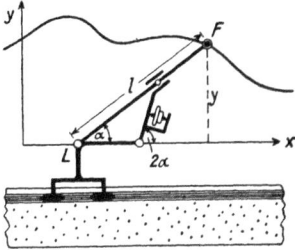

Bild 107. Schematische Darstellung eines Quadratplanimeters mit Schleifkurbeltrieb.

Bild 108. Kombiniertes Linear- und Quadratplanimeter Adler-Ott.

und (2) M_x und J_x berechnet. Das ausgeführte Instrument zeigt Bild 110 [466]. Besonders geschickt ist dabei die Anordnung der drei Rollen, die arbeiten können, ohne sich gegenseitig zu hemmen.

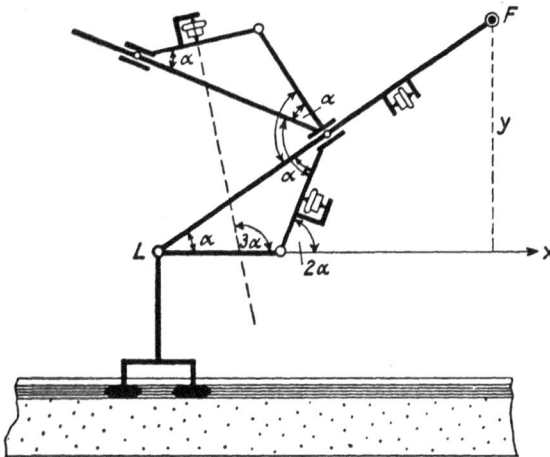

Bild 109. Schematische Darstellung eines Drei-Rollen-Planimeters mit Schleifkurbelbetrieb.

Während das hier abgebildete Instrument 4 feste Fahrstifte hat, haben neuere nur einen festen Fahrstift am Ende des Fahrarmes und einen auf dem mit durchlaufender Teilung versehenen Fahrarm verschiebbaren Fahrstift.

Nimmt man den Schleifkurbeltrieb des Bildes 107 in umgekehrter Anordnung wie in Bild 111, dient er zur Winkelhalbierung und kann

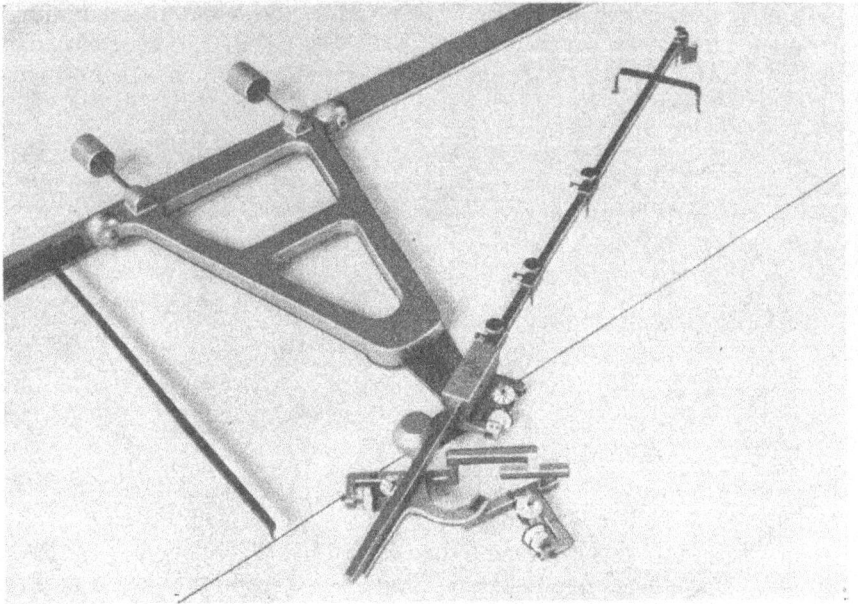

Bild 110. Drei-Rollen-Planimeter mit Schleifkurbeltrieb.

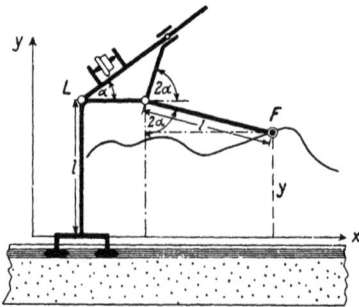

Bild 111. Schematische Darstellung eines Quadratwurzelplanimeters mit Schleifkurbeltrieb.

Bild 112. Kombiniertes Linear- und Quadratwurzel-planimeter Adler-Ott.

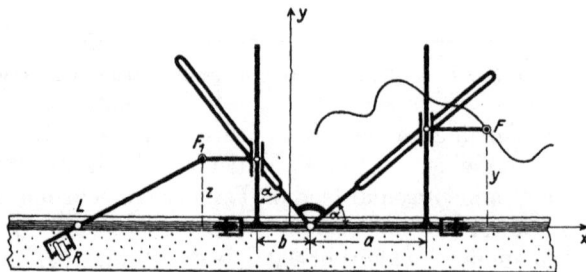

Bild 113. Schematische Darstellung des Kehrwertplanimeters von Ott.

damit für ein Wurzelplanimeter benutzt werden; denn aus

$$y = l - l \cos 2\alpha = 2\,l \sin^2 \alpha$$

folgt

$$\oint \sqrt{y}\,dx = \sqrt{2\,l} \oint \sin \alpha \, dx. \quad \ldots \ldots \ldots (7)$$

Bild 112 zeigt ein solches Planimeter kombiniert mit einem Linearplanimeter [3, 4].

Weiter wird nach diesem Prinzip ein Kehrwertplanimeter gebaut [306, 307]. Es benutzt, wie die schematische Darstellung in Bild 113 zeigt, die Beziehung $\operatorname{ctg}\alpha = 1 : \operatorname{tg}\alpha$; da nämlich $z = b\,\operatorname{ctg}\alpha = \dfrac{b}{\operatorname{tg}\alpha} = \dfrac{a \cdot b}{y}$ ist, mißt die Integrierrolle

$$\oint z\,dx = a \cdot b \oint \frac{1}{y}\,dx. \quad \ldots \ldots \ldots (8)$$

4. Potenzplanimeter mit Gleitkurventrieb

Eine dritte Möglichkeit zur Konstruktion von Potenzplanimetern ist die Verwendung von Gleitkurven oder von Nockensteuerung. Gleitkurven werden z. B. in den Momentenplanimetern von Lorenz benutzt [239]. Bei diesen dreht sich um einen auf der x-Achse verschiebbaren Zapfen L eine gekrümmte Schiene mit der Gleitkurve. Diese wird durch einen zweiten mit dem Fahrstift F verbundenen Zapfen gesteuert. F gleitet außerdem in einer Schiene parallel zur y-Achse. Die Gleichung der Gleitkurve ist

$$y = b \sqrt[n]{\cos \varphi},$$

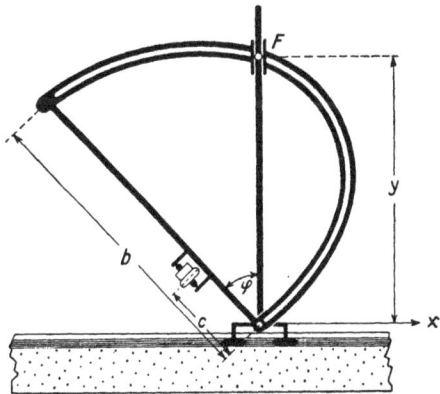

Bild 114. Schematische Darstellung des Momentenplanimeters von Lorenz.

wo φ der Winkel zwischen Meßrollenachse und y-Richtung ist. Das Differential der Rollenabwicklung wird bei einer Verschiebung des Fahrstiftes auf der gegebenen Kurve um dx und dy bestimmt durch:

$$2\,\pi\,\varrho \cdot dU = c \cdot d\varphi + \cos \varphi \cdot dx = c \cdot d\varphi + \left(\frac{y}{b}\right)^n \cdot dx.$$

Umfährt man ein Ebenenstück vollständig, fällt das Integral des ersten Summanden fort, und es bleibt:

$$\oint y^n\,dx = 2\,\pi\,\varrho\,b^n\,U. \quad \ldots \ldots \ldots (9)$$

Der Apparat wurde auch so gebaut, daß er nur eine Umzeichnung der Kurve ausführt, die dann mit einem gewöhnlichen Planimeter integriert wird [240, 241]. Im Prinzip kann natürlich an die Stelle von $\sqrt[n]{\cos \varphi}$ jede Funktion von φ treten, so daß man nach dem Gleitkurvenprinzip auch andere Funktionen von y als nur Potenzen integrieren kann.

5. Potenzplanimeter mit Nockensteuerung

In anderer Weise verwendet Ott die Gleitkurven in seinen Poten z - planimetern mit Nockensteuerung [308, 309]. Das Prinzip der Konstruktion zeigt Bild 115. Ein Fahrarm der Länge l trägt an einem

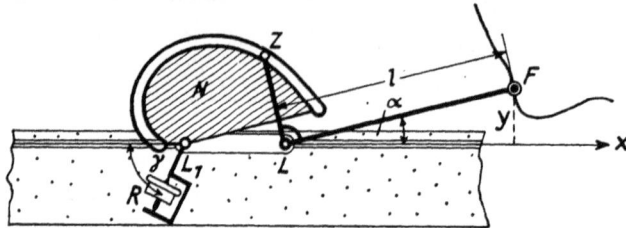

Bild 115. Schematische Darstellung eines Potenzplanimeters mit Nockensteuerung.

Seitenarm der Länge d einen Zapfen Z, der sich in der Gleitkurve einer Nokkenscheibe N bewegt. Mit dieser ist die Integrierrolle verbunden. Zur Berechnung von $\oint y^n \, dx$ wird die Gleitkurve so gewählt, daß die Achse der Meßrolle mit ihrer Verschiebungsrichtung einen Winkel γ bildet, der durch die Beziehung

$$\sin \gamma = \sin^n \alpha = \left(\frac{y}{l}\right)^n \quad \ldots \ldots \ldots \quad (10)$$

verbunden ist, so daß bei Umfahrung des Ebenenstückes

$$\oint y^n \, dx = 2 \varrho \pi l^n U \quad \ldots \ldots \ldots \quad (11)$$

wird.

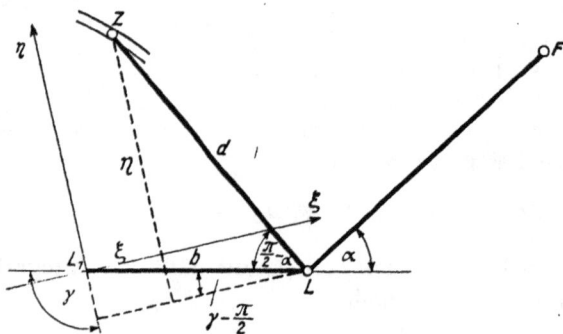

Bild 116. Zur Ableitung der Gleichung der Steuerkurven.

Wählt man ein mit der Nockenscheibe festverbundenes ξ, η-Koordinatensystem, dessen η-Achse (Bild 116) in der Richtung der Meßrollenachse liegt, während die ξ-Achse senkrecht dazu durch den Drehpunkt L_1 der Nockenscheibe geht, so liest man leicht aus diesem Bilde ab, daß

$$\left.\begin{aligned}\xi &= + b \sin \gamma - d \cos (\gamma - \alpha) = (b - d \sin \alpha) \sin \gamma - d \cos \alpha \cos \gamma\\ \eta &= + b \cos \gamma + d \sin (\gamma - \alpha) = (b - d \sin \alpha) \cos \gamma + d \cos \alpha \sin \gamma\end{aligned}\right\} (12)$$

ist, wo $LL_1 = b$ und $LZ = d$ gesetzt ist. Ist z. B. $n = 1$ also $\gamma = \alpha$, so wirkt das Planimeter als gewöhnliches Linearplanimeter, und es wird

$$\xi = b \sin \alpha - d; \quad \eta = b \cos \alpha.$$

Die Gleitkurve wird also ein Kreis

$$(\xi + d)^2 + \eta^2 = b^2.$$

In anderen Fällen ergeben sich algebraische Kurven ziemlich hoher Ordnung. Doch lassen sich diese Kurven immer punktweise aus den Gl. (12) berechnen, wenn man darin (10) einsetzt.

Bild 117 zeigt ein solches Vier-Rollen-Planimeter mit einstellbarer Fahrarmlänge. An der Rolle rechts liest man $\oint y\, dx$, an den Rollen links von oben nach unten $\oint y^2\, dx$, $\oint y^4\, dx$ und $\oint y^3\, dx$ ab. Bild 118

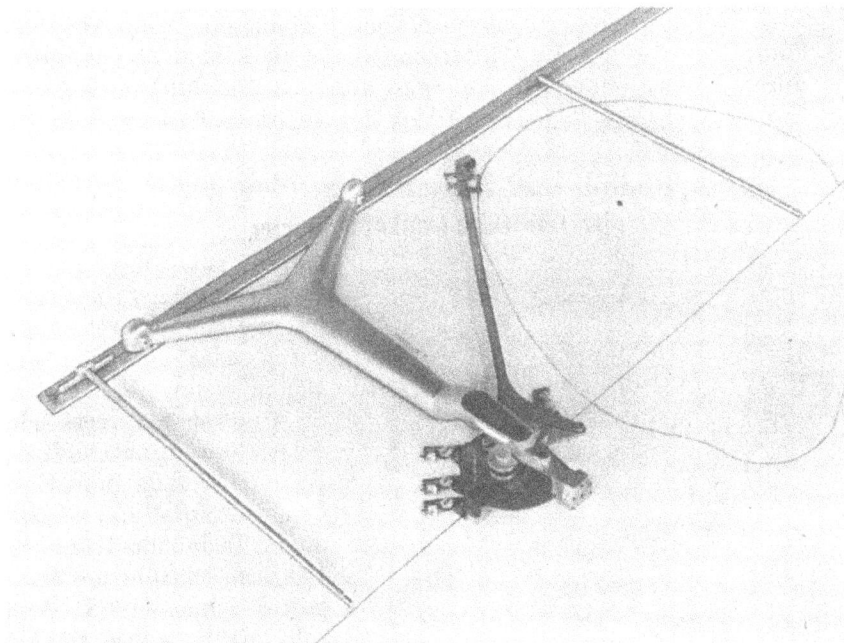

Bild 117. Vier-Rollen-Planimeter mit Nockensteuerung.

Bild 118. Nockenscheiben des Vier-Rollen-Planimeters.

zeigt den wichtigsten Teil eines solchen Planimeters nach Abnahme des Fahrarmes von unten. Man erkennt links die beiden Zapfen, gegen die durch Federn die einzelnen Segmente der Gleitkurven gedrückt werden. Das oberste Segment ist das der Gleitkurve für $\oint y^4\, dx$.

J. Radial- und Radial-Potenzplanimeter
1. Das Grundradialplanimeter

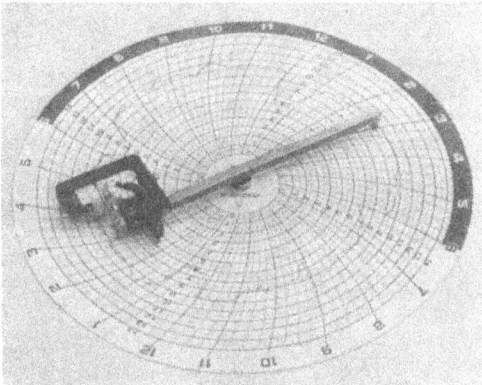

Bild 119. Radialplanimeter mit festem Pol.

besteht aus einem geraden Fahrarm, der sich um einen festen Punkt O drehen und durch oder über ihn hingleiten kann, je nachdem, ob der Apparat Ösen- oder Schlitzführung hat (Bild 119). Er trägt an dem einen Ende den Fahrstift und seitlich davon, so daß ihre Ebene den Fahrarm in Höhe des Fahrstiftes schneidet, die Meßrolle, deren Achse im einfachsten Falle dem Fahrarm parallel ist [9, 38, 39, 138, 308, 309, 368]. Jede Verschiebung des Fahrstiftes kann zerlegt werden in eine Bewegung dr in Richtung des Fahrstrahles, bei der sich die Meßrolle nicht dreht, und eine Schwenkung um $d\varphi$, bei der sich die Meßrolle um $r \cdot d\varphi$ abwickelt. Ihre Drehung dU bestimmt sich dabei aus

$$r \cdot d\varphi = 2\pi\varrho \cdot dU.$$

Beim Entlangfahren auf einer in Polarkoordinaten aufgetragenen Kurve $r = f(\varphi)$ ist also die Drehung

$$U = \frac{1}{2\pi\varrho} \int_{\varphi_1}^{\varphi_2} r \cdot d\varphi. \quad \ldots\ldots\ldots (1)$$

Dividiert man durch $\varphi_2 - \varphi_1$, erhält man den Mittelwert von r in diesem Winkelbereich.

Der Apparat ist also in dieser Form kein eigentliches Planimeter, da er keine Fläche mißt. Er ist ein Integrimeter (vgl. IV, L), das den Wert $\int f(\varphi) \cdot d\varphi$ in jedem Moment abzulesen erlaubt, falls $f(\varphi)$ in Polarkoordinaten aufgezeichnet ist, falls man also ein sog. Scheibendiagramm hat. Liegt ein Diagramm in kartesischen Koordinaten vor, kann man dieses mittels eines Apparates von Pers ohne Umzeichnen mit einem Radialplanimeter integrieren [329]. Bei geschlossenen Figuren, oder wenn die Ordinaten nicht vom Pol, sondern von einem Nullkreis aus abgetragen sind, muß man wie bei anderen Planimetern die ganze Figur umfahren. Die Radialplanimeter werden

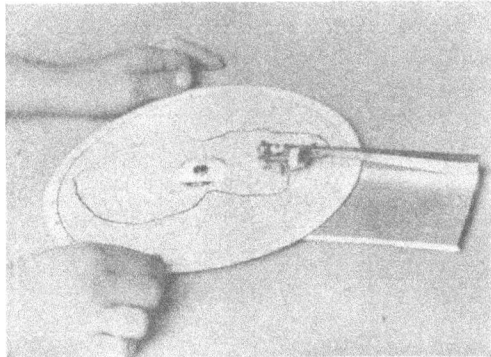

Bild 120. Radialplanimeter mit fester Integrierrolle.

auch so gebaut, daß die Integrierrolle festliegt und daß der Mittelpunkt des Diagrammes verschoben wird (Bild 120).

Eine Abänderung des Radialplanimeters, bei der mittels eines Pantographen die Meßrolle sich auf einer sich um ein Vielfaches von φ drehenden Scheibe bewegt, hat Lugeon konstruiert [248, 249, 250].

Das Radial-Planimeter kann zur Berechnung des Potentials mit Masse belegter Ebenenstücke benutzt werden; denn es ist

$$2\pi\varrho U = \oint r\, d\varphi = \iint \frac{1}{r} \cdot r\, dr \cdot d\varphi = \iint \frac{1}{r}\, dF.$$

U ist also proportional dem Wert des Newtonschen Potentiales des gleichmäßig mit Masse belegten, mit dem Fahrstift umrandeten Ebenenstückes im Pol.

2. Radial-Potenzplanimeter mit Nockensteuerung

Bei manchen Radial-Planimetern ist der Winkel zwischen Fahrarm und Meßrollenebene verstellbar [77, 308, 309]. Ist dieser Winkel γ, so befindet sich die Meßrollenebene im senkrechten Abstand $R = r \sin \gamma$ vom Pol. Die Meßrolle mißt also

$$\int R \, d\varphi = \int r \sin \gamma \, d\varphi. \quad \ldots \ldots \ldots \quad (2)$$

Läßt man nun den Winkel γ sich stetig verändern dadurch, daß man keinen geraden Fahrarm anwendet, sondern mit Fahrstift O und Integrierrolle eine Gleitkurve OPA (Bild 121) verbindet, die durch den festen Pol P gleitet, so kann man ein Radial-Potenzplanimeter bekommen. Bei Verschiebung des Fahrstiftes O längs einer Kurve sei die Richtungsänderung des Radius $OP = r$ gleich $d\varphi$. Es gilt dann die Gl. (2). Soll nun das Integral $\int r^n \, d\varphi$ berechnet werden, muß die Beziehung

$$r^{n-1} = \lambda \sin \gamma \quad \ldots \ldots \ldots \ldots \quad (3)$$

bestehen; wenn man die eingezeichneten kartesischen Koordinaten einführt, wird die Gleichung der Gleitkurve

$$x^2 + y^2 = \sqrt[n]{\lambda^2 \, x^2}. \quad \ldots \ldots \ldots \quad (4)$$

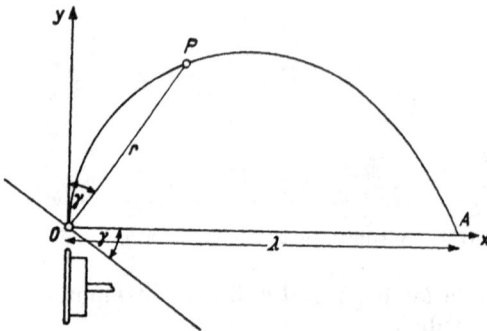

Bild 121. Zur Ableitung der Gleichung der Steuerkurven.

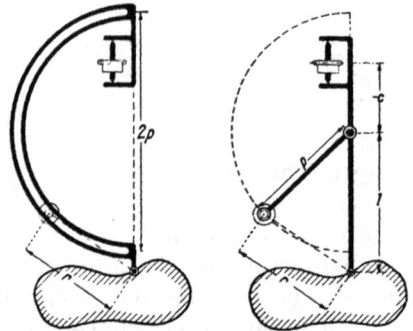

Bild 122. Gegenüberstellung des Quadrat-Radialplanimeters und des Polarplanimeters.

Daraus ergibt sich z. B. für $n = 2: x^2 + y^2 - \lambda x = 0$. Die Gleitkurve wird also ein Kreis durch O und P mit dem Radius $\lambda/2$. Bild 122 links zeigt ein solches Planimeter. Allerdings geht hier die Ebene der Integrierrolle nicht durch den Fahrstift wie in der schematischen Zeichnung Bild 121. Aber wie wir aus IV, D 1 b wissen, bedeutet diese Parallelverschiebung der Integrierrolle nur, daß in der Planimetergleichung noch einige Glieder hinzukommen, die aber bei voller Umfahrung wieder herausfallen. Durch Vergleich des linken Teiles von Bild 122 mit dem rechten Teil, erkennt man, daß die Polarplanimeter als Quadrat-Radialplanimeter angesehen werden können, worauf zuerst Ott hingewiesen hat [308, 309].

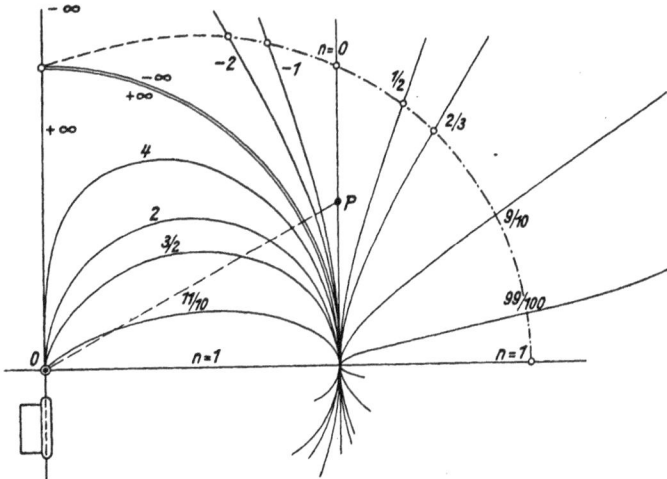

Bild 123. Steuerkurven.

Gleitkurven für verschiedene n sind in Bild 123 aufgezeichnet. Man erkennt dort für $n = 2$ den Halbkreis; die Kurven für die Werte von $n = +1$ bis $+\infty$ sind ganz im Endlichen verlaufende geschlossene Kurven, während die Kurven für die Werte von $n = -\infty$ bis $n = +1$ ins Unendliche verlaufen. Auf die Gerade $n = 0$ ist in IV, L 2 zurückzukommen. Die gestrichelte Kurve gibt den Ort der Wendepunkte dieser Kurven an, ihre Gleichung ist $r = \sqrt[\text{ctg}^2\gamma]{\dfrac{1}{\lambda \sin \gamma}}$.

Eine Reihe solcher Radial-Potenzplanimeter hat Ott gebaut, so z. B. ein Radial-Kubik-Planimeter [308, 309] (Bild 124), bei dem der Abstand der Meßrollenebene vom Pol proportional der dritten Potenz des Radius ist, das also das Integral

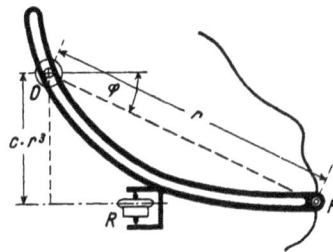

Bild 124. Schematische Darstellung des Radialkubikplanimeters mit Gleitkurve.

$$\frac{1}{3} \oint r^3 \, d\varphi = \iint r \, dF \quad \ldots \ldots \ldots \ldots \ldots \quad (5)$$

mißt, wo dF für das Flächenelement $r \, dr \, d\varphi$ gesetzt ist. Für dieses Integral, das für die Siedlungsplanung eine Rolle spielt, hat man den

Namen Vial eingeführt. Hat man nämlich ein Gelände mit gleichmäßiger Besiedlung, d. h. ist die Besiedlungsdichte proportional dF, so gibt das Integral (5) ein Maß für die Summe aller Wege, die sämtliche Bewohner bis zu dem Pol zurücklegen müssen. Für die Planung kann man nun den Punkt suchen, für den die Summe dieser Wege ein Minimum wird.

Weiter ist von Ott zur Bestimmung des polaren Trägheitsmomentes, das man nach IV, G 1 auch durch Umzeichnen und Planimetrieren mit dem gewöhnlichen Planimeter bestimmen kann, ein Biquadrat-Radialplanimeter konstruiert worden, wie es Bild 125 zeigt.

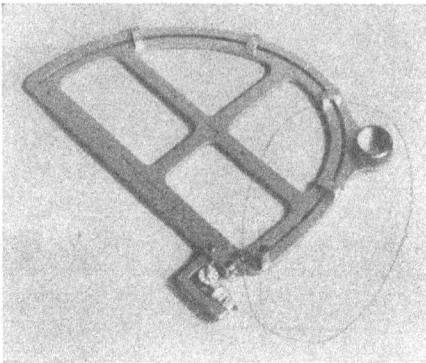

Bild 125. Biquadrat-Radialplanimeter von Ott.

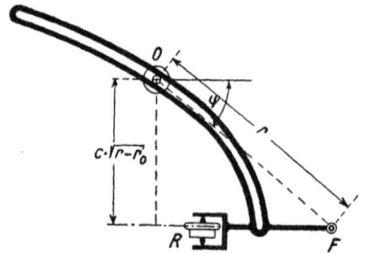

Bild 126. Schematische Darstellung des Radial-Quadratwurzelplanimeters mit Gleitkurve.

Ferner ist ein ebenfalls von Ott gebautes Radial-Wurzelplanimeter zu erwähnen, dessen schematische Darstellung Bild 126 gibt. Es mißt das Integral $\int_0^\varphi \sqrt{r - r_0}\, d\varphi$. Endlich wird ein Radial-Planimeter zur Auswertung des Integrales

$$\int_0^\varphi \sqrt{1 - r^2}^3\, d\varphi$$

gebaut. Dieses Integral spielt in der Astronomie bei der Bestimmung des Lichtverlustes bei der gegenseitigen Überdeckung von Sternen eine Rolle.

Die Gleitkurven lassen sich auch so gestalten, daß die Integralwerte für den Fall bestimmt werden, daß die Funktionswerte nicht auf den Radien, sondern auf Kreisbogen durch den Nullpunkt aufgetragen sind. Bild 127 zeigt zwei solche Radialplanimeter für die Potenzen mit den Exponenten 1 und 1/2.

Schließlich sei noch erwähnt, daß Radial-Potenzplanimeter gebaut werden, bei denen die Integrierrolle festliegt und der Pol, d. h. also der Mittelpunkt des Scheibendiagrammes, sich in einer entsprechend ge-

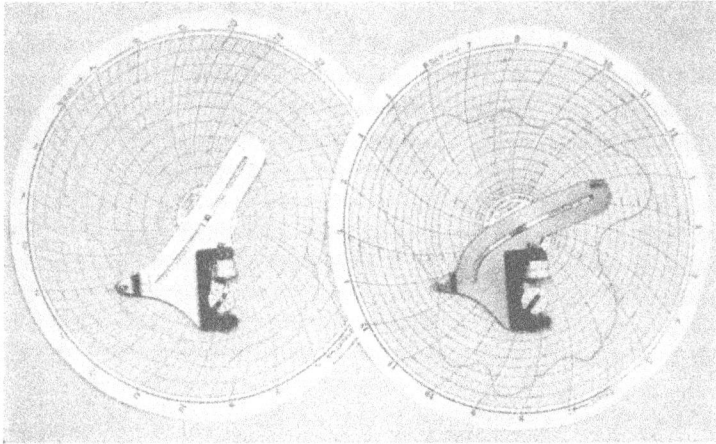

Bild 127. Zwei Radial-Potenzplanimeter von Ott für Integration von Diagrammen, bei denen
die Funktionswerte auf Kreisbogen durch den Pol abgetragen sind; links für den Exponenten 1,
rechts für den Exponenten 1/2.

formten Gleitkurve in der Bodenplatte verschiebt. So hat z. B. Amsler
ein derartiges Radial-Wurzelplanimeter konstruiert.

3. Radial-Potenzplanimeter mit Zahnradtrieb

Für Radial-Potenzplanimeter kann genau wie für die Linear-
Potenzplanimeter auch ein Zahnradtrieb verwendet werden. Als Beispiel für ein solches Instrument mit Zahnradtrieb sei das Radial-Wurzelplanimeter von Amsler zur Berechnung von $\int \sqrt{r_0 - r}\, d\varphi$ behandelt.
Die Konstruktionen sind etwas verschieden, je nachdem, ob die Ordinaten vom Grundkreis zum Zentrum hin oder vom Zentrum fort aufgetragen sind. Bild 128, ebenso
wie die schematische Darstellung
in Bild 129, bezieht sich auf den
ersten Fall [76]. Bei diesem Apparat
ist der Fahrarm OF durch den
Pol O verschiebbar, während sich
die beiden gleich langen Stäbe
$OM_0 = M_0F = r_0/2$ um O bzw. F
drehen können. OM_0 trägt an einem
Seitenarm die Achse M eines Zahnrades Z_1, dessen Radius viermal so
groß ist wie der eines in dieses eingreifenden anderen Zahnrades Z_2,

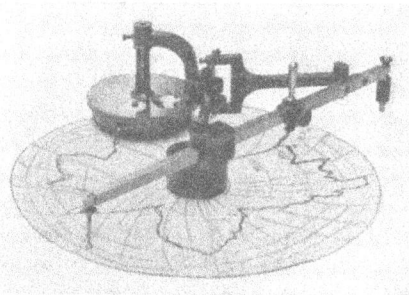

Bild 128. Radial-Wurzelplanimeter von Amsler:

das mit FM_0 fest verbunden ist. Mit dem Zahnrad Z_1 dreht sich die
Integrierrolle R, deren Achse zu der Verbindungslinie OM senkrecht ist,
wenn sich F auf dem Grundkreis mit dem Radius r_0 befindet. Dreht

10*

sich OM_0 gegen OF um den Winkel α, dreht sich das kleinere Zahnrad Z_2 gegen OM_0 um den Winkel 2α und daher das große Zahnrad Z_1 und damit die Integrierrolle um den Winkel $\alpha/2$ gegen OM.

Jede Bewegung des Fahrstiftes F kann man zerlegen in eine Verschiebung $r \cdot d\varphi$ senkrecht und eine dr in Richtung des Fahrarmes. Bei

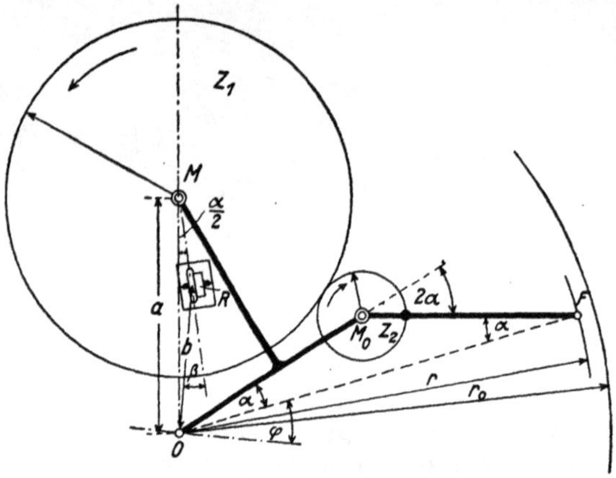

Bild 129. Schematische Darstellung des Radial-Wurzelplanimeters mit Zahnradtrieb.

der ersten Verschiebung, bei der α unverändert bleibt, verschiebt sich der Auflagepunkt der Meßrolle R um $b \cdot d\varphi$ ($b = OR$). Da die Richtung dieser Verschiebung mit der Meßrollenachse den Winkel β bildet, dreht sich diese um

$$dU_1 = \frac{b}{2\pi\varrho}\sin\beta \cdot d\varphi \quad \ldots \ldots \ldots (6)$$

(ϱ Radius der Meßrolle). Aus dem Dreieck ORM liest man ab, daß

$$b\sin\beta = a\sin\frac{\alpha}{2} \quad \ldots \ldots \ldots (7)$$

ist. Somit ist

$$dU_1 = \frac{a}{2\pi\varrho}\sin\frac{\alpha}{2}d\varphi. \quad \ldots \ldots \ldots (8)$$

Verschiebt man weiter F radial um dr, ändert sich α um $d\alpha$. Die Verschiebung des Auflagepunktes der Meßrolle setzt sich dabei aus zwei Komponenten zusammen. Erstens findet eine Drehung der Scheibe Z_1 um O um den Winkel $d\alpha$ statt; dabei verschiebt sich der Auflagepunkt der Meßrolle um $b \cdot d\alpha$, so daß sie sich um

$$dU_2 = \frac{b}{2\pi\varrho}\sin\beta\, d\alpha = \frac{a}{2\pi\varrho}\sin\frac{\alpha}{2}d\alpha \quad \ldots \ldots (9)$$

dreht (s. Gl. (7)). Ferner dreht sich das Zahnrad Z_1 um seinen Mittelpunkt um den Winkel $d\alpha/2$. Dabei bewegt sich der Auflagepunkt der Meßrolle senkrecht zu ihrer Ebene; eine Abwicklung findet also nicht statt. Die gesamte Rollendrehung wird somit

$$dU = \frac{a}{2\pi\varrho}\left(\sin\frac{\alpha}{2}\,d\varphi + \sin\frac{\alpha}{2}\,d\alpha\right). \quad\ldots\ldots\quad (10)$$

Man fährt nun mit dem Fahrstift vom Grundkreis ausgehend radial zum Kurvenanfangspunkt, dann auf der Kurve entlang und zum Schluß wieder radial zum Grundkreis. Wegen $\alpha = 0$ in der Anfangslage $\varphi = 0$ und in der Endlage $\varphi = \psi$, wird

$$\int_{\varphi=0}^{\varphi=\psi} \sin\frac{\alpha}{2}\,d\alpha = \left|-2\cos\frac{\alpha}{2}\right|_{\varphi=0}^{\varphi=\psi} = 0.$$

Es wird somit bei einer solchen Bewegung

$$U = \frac{a}{2\varrho\pi}\int_0^{\psi}\sin\frac{\alpha}{2}\,d\varphi. \quad\ldots\ldots\ldots\quad (11)$$

Nun ist $y = r_0 - r = r_0(1 - \cos\alpha) = 2r_0\sin^2\frac{\alpha}{2}$ oder

$$\sin\frac{\alpha}{2} = \sqrt{\frac{r_0 - r}{2r_0}}.$$

Setzt man das in (11) ein, erhält man

$$\int_0^{\psi}\sqrt{r_0 - r}\,d\varphi = \frac{2\pi\varrho\sqrt{2r_0}}{a}\,U. \quad\ldots\ldots\quad (12)$$

Man kann einen Fahrstift F' auch an jeder beliebigen Stelle der Verbindungslinie OF in festem Abstand von F anbringen. Bezeichnet man seinen Abstand von O in der äußersten Lage mit r_0, in einer beliebigen Lage mit r, so gelten die abgeleiteten Formeln unverändert.

Ganz ähnlich ist das Planimeter für $\int\sqrt{r - r_0}\,d\varphi$ gebaut, wo $r > r_0$ ist.

Radial-Potenzplanimeter mit Schleifkurbeltrieb sind zwar entwickelt, aber kaum gebaut worden, da ihr Preis im Vergleich mit den Planimetern mit Gleitkurve allzu hoch wird.

4. Das Planimeter von Myard

Im Abschnitt IV, J 2 wurde gezeigt, wie man durch Benutzung einer Gleitkurve ein Radial-Planimeter zu einem Instrument machen kann, das Flächen mißt. Das gleiche kann man noch auf anderem Wege erreichen, nämlich dadurch, daß man die Meßrolle auf eine bewegliche Unterlage setzt, deren Drehwinkel proportional $r\cdot\varphi$ ist. Diesen Weg gehen die Planimeter von Myard und Bencze-Wolf. Beim Planimeter von

Myard [280] trägt (Bild 130) der Fahrarm eine verschiebbare Rolle R_1 vom Radius ϱ_1, deren Abstand von 0 stets proportional dem Abstand des Fahrstiftes F von 0 ist. Ist der Proportionalitätsfaktor k_1, so dreht sich R_1 bei Schwenkung des Fahrarmes um den Winkel $d\varphi$ um $d\psi = \dfrac{k_1 r}{\varrho_1} \cdot d\varphi$, während sie sich bei einer Verschiebung dr des Fahrstiftes in Richtung

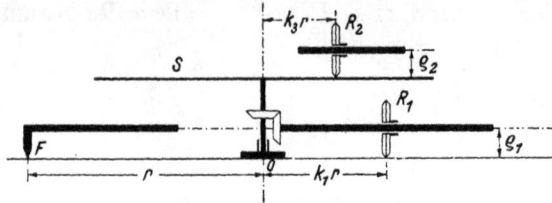

Bild 130. Planimeter von Myard (schematisch).

des Fahrarmes nicht dreht, sondern sich nur auf Fahrarm und Unterlage um $k_1 dr$ verschiebt. Diese Rolle erteilt der Scheibe S mittels zweier Kegelräder eine Drehung $d\chi = k_2 \cdot d\psi = \dfrac{k_1 \cdot k_2}{\varrho_1} r \cdot d\varphi$. Auf der Scheibe S rollt die Meßrolle R_2 mit dem Radius ϱ_2 ab, deren Achse stets die Drehachse der Scheibe schneidet und von ihr einen Abstand hat, der ebenfalls proportional r ist. Diese Meßrolle dreht sich bei Schwenkung des Fahrarmes um $d\varphi$ um

$$ dU = \frac{k_3 r}{2\pi \varrho_2} d\chi = \frac{k_1 \cdot k_2 \cdot k_3}{2\pi \varrho_2 \cdot \varrho_1} r^2 \, d\varphi; $$

somit wird beim Entlangfahren auf einer Kurve der von den Radien in φ_1 und φ_2 und von der gegebenen Kurve begrenzte Sektor F gemessen durch

$$ F = \frac{\pi \varrho_2 \cdot \varrho_1}{k_1 \cdot k_2 \cdot k_3} U. \qquad \dots \dots \dots (13) $$

Die Proportionalität der Abstände erreicht Myard entweder durch Nürnberger Scheren oder durch eingeschaltete Zahnräder und Zahnstangen. Im ersten Fall wählt er $k_1 = k_3$ und ersetzt die Scheibe S durch einen Kegel, dessen Achse so angebracht ist, daß die obere Mantellinie, auf der der Auflagepunkt von R_2 liegt, waagerecht ist.

5. Das Fadenplanimeter von Bencze-Wolf

weist einen ähnlichen Integriermechanismus auf [302]. Es dient zur Ledermessung. Hier ist der Fahrarm durch einen Faden ersetzt, und die Fahrarmlänge r wird durch ein Radgetriebe wesentlich auf $k_1 r$ verkleinert. Auf einer stets zum Fahrarm parallelen Schiene, die in einem Lager durch den Pol gleitet, sitzt unverschiebbar eine Rolle R_1, die stets den Abstand

$k_1 r$ vom Pol O hat. Ferner trägt diese Schiene im Abstand a von R_1 ein Lager für die Achse der Scheibe S, die auf R_1 ruht. Wird der Fahrarm um $d\varphi$ geschwenkt, wickelt sich R_1 um $k_1 r\, d\varphi$ ab, und die auf R_1 ruhende Scheibe S dreht sich um den Winkel $d\psi = \dfrac{k_1 \cdot r}{a}\, d\varphi$. Auf S befindet sich im Abstande a von der Hauptachse des Instrumentes, also im Abstande $k_1 r$ vom Scheibenmittelpunkt, die Meßrolle R_2 mit dem Radius ϱ. Ihre Achse wird durch eine Führung, wie sie in Bild 131 angedeutet ist, immer zum Fahrarm parallel gehalten. Ihre Ebene ist immer senkrecht zum Scheibenradius nach dem Auflagepunkt. Bei Verschwenkung des Fahrarmes um $d\varphi$ dreht sie sich also um

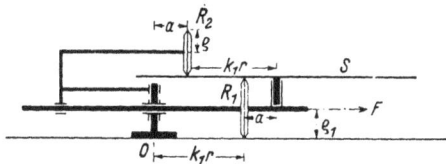

Bild 131. Fadenplanimeter von Bencze-Wolf (schematisch).

$$dU = \frac{1}{2\pi\varrho}\, k_1 r \cdot d\psi = \frac{k_1{}^2}{2\pi\varrho \cdot a}\, r^2\, d\varphi.$$

Somit ist beim Entlangfahren auf einer Kurve die Drehung der Meßrolle proportional der Fläche des vom Fahrarm überstrichenen Sektors. Bei voller Umfahrung wird

$$F = \frac{\pi\varrho \cdot a}{k_1{}^2} \cdot U. \quad\quad\quad\quad\quad (14)$$

K. Schneidenplanimeter

1. Konstruktion und Gebrauch

Das Schneidenplanimeter, auch als Beil- oder Hatchet-Planimeter bezeichnet, wurde 1886 von H. Prytz eingeführt [130, 167, 290, 395, 396—398] und wird auch heute noch, insbesondere von Vermessungsingenieuren, gern verwendet. Es besteht nur aus einem Fahrarm, der an dem einen Ende den Fahrstift, am anderen eine stark gekrümmte, scharfkantige Schneide oder Rolle trägt, deren Ebene, dem Fahrarm parallel, beim Gebrauch senkrecht zur Zeichenebene geführt wird. Die Entfernung vom Fahrstift F zum Auflagepunkt L der Schneide ist die Fahrarmlänge l. Da sich eine solche Schneide nur in der Richtung ihrer Ebene fortbewegen kann, ist in der Planimetergleichung IV, C (11) stets $dh = 0$. Wählt man die Anfangslage des Fahrstiftes als Anfangspunkt O des zur Ableitung dieser Gleichung benutzten Koordinatensystems, wird bei vollständiger Umfahrung $q_1 = q_2 = 0$, und man erhält aus IV, C (11)

$$F = \overline{S} + \frac{1}{2}\, l^2\, (\vartheta_2 - \vartheta_1) = \overline{S} + \frac{1}{2}\, l^2\, \vartheta, \quad\quad\quad (1)$$

wo ϑ der Winkel zwischen Anfangs- und Endlage des Fahrarmes ist. Darin ist F das auszuplanimetrierende Flächenstück und $\overline{S}$ die vom Leitstrahl OL überstrichene Fläche OL_1BAL_2O (Bild 132, Kurve I), also

$$\overline{S} = \frac{1}{2}\,l^2\,\vartheta - f' + f''. \quad\cdots\cdots\cdots\cdots \quad (2)$$

Das zu messende Flächenstück ist daher

$$F = l^2\,\vartheta - f' + f''. \quad\cdots\cdots\cdots\cdots \quad (3)$$

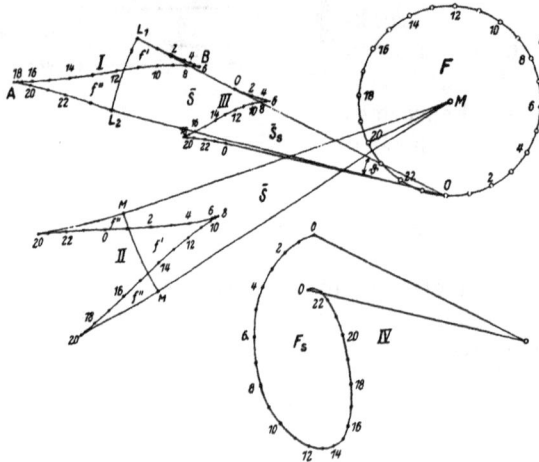

Bild 132. Schleppkurven eines Kreises.

Der Winkel ϑ läßt sich leicht messen, wenn man Anfangs- und Endlage der Schneide durch leichtes Eindrücken in das Papier vor und nach der Umfahrung markiert. Ist der größte Durchmesser des auszumessenden Flächenstückes klein gegen die Fahrarmlänge, kann man den Bogen L_1L_2 durch die Sehne $\overline{L_1L_2}$ ersetzen. Hat man außerdem den Anfangspunkt der Umfahrung möglichst so gewählt, daß $f' = f''$ wird, so hat man mit hinreichender Genauigkeit

$$F = l^2\,\vartheta = l \cdot \overline{L_1L_2}. \quad\cdots\cdots\cdots\cdots \quad (4)$$

Bei manchen Schneidenplanimetern kann die Fahrarmlänge eingestellt werden [32, 78, 343, 344]. Man wählt diese Länge dann am besten so, daß der Fahrarm etwa die fünffache Länge der größten Breite der zu messenden Figur hat.

2. Theorien

Theorien des Stangenplanimeters sind vielfach gegeben [110, 127, 180a, 337, 338, 362, 380, 389]. Runge z. B. leitet die Formel ab:

$$l^2 \, \vartheta = F + \frac{1}{4\,l^2} \int r^2 \, dF + \frac{1}{72\,l^4} \int r^4 \, dF + \dots$$

$$+ \frac{2}{3} \int \left[\left(\frac{r}{l} + \frac{r^3}{10\,l^3} + \dots \right) \cos \psi \right] dF, \quad \dots \quad (5)$$

in der r der Fahrstrahl vom Ausgangspunkt O der Umfahrung zum Fahrstift, dF das Flächenelement und ψ der Winkel zwischen Fahrstrahl und Fahrarmrichtung sind. Um das in der zweiten Reihe stehende Glied möglichst zu eliminieren, nimmt man eine zweite Umfahrung in entgegengesetztem Sinne vor, nachdem man das Papier um 180° gedreht hat. Im Mittel aus beiden Resultaten wird sich dieses Glied angenähert aufheben. Um beide Umfahrungen gleichzeitig machen zu können, hat Jordan [181] ein zweiarmiges Schneidenplanimeter bauen lassen, dessen beide Arme im Fahrstift gelenkig verbunden sind. Das zweite Glied der ersten Reihe, das polare Trägheitsmoment des Flächenstückes, wird am kleinsten, wenn man die Umfahrung von dem möglichst gut geschätzten Schwerpunkt M des Ebenenstückes aus beginnt, von dort zunächst auf einer Geraden M-20 zum Rande und nach der Umfahrung auf der gleichen Geraden wieder zum Schwerpunkt zurückfährt (Bild 132, Kurve II). Die Vernachlässigung dieses Gliedes bedeutet einen positiven, systematischen Fehler; deshalb wird in der Annahme, daß die weiteren Glieder vernachlässigbar klein sind, empfohlen, an $l^2 \vartheta$ eine negative Korrektur $k \left(\dfrac{F}{100} \right)^2$ oder eine solche von ähnlicher Form [290] anzubringen, wo k je nach der Form des Flächenstückes (mehr oder weniger lang gestreckt) und nach der Fahrarmlänge verschiedene Werte hat, die in meist empirisch gewonnenen Zahlentafeln gegeben werden [390].

3. Ergänzungen

Mannigfache Ergänzungen sind an dem Planimeter angebracht worden. So hat Mafiotti in Verlängerung des Fahrarmes eine federnde Stütze angebracht. Pregél [339] hat statt der Schneide zwei scharfkantige Rollen nebeneinander an den Seiten des Fahrarmes angeordnet und dazwischen eine durch den Fahrarm gehende Nadel, die zum Markieren der Anfangs- und Endlage in das Papier gedrückt wird [136, 339]. Oft hat man auch zwei Ausleger angebracht, um ein Kippen des Instrumentes zu verhindern. Um den Winkel ϑ bequem ablesen zu können, hat v. Sanden statt der Schneide zwei einander gegenüberstehende Schneidenräder im Abstand $\pm c$ vom Fahrarm angebracht. Ändert sich die Fahrarmrichtung um $d\vartheta$, ist die Abwicklung dieser beiden Rollen nach Bild 133

$$d\sigma'' = (r + c)\, d\vartheta \quad \text{bzw.} \quad d\sigma' = (r - c)\, d\vartheta,$$

d. h. die gegenseitige Verdrehung beträgt

$$d\sigma'' - d\sigma' = 2\,c \cdot d\vartheta,$$

also wird für eine Umfahrung

$$\int (d\sigma'' - d\sigma') = 2c(\vartheta_2 - \vartheta_1) = 2c\vartheta. \quad \ldots \ldots \quad (6)$$

Den Winkel ϑ liest man an einem mit der einen Rolle festverbundenen Teilkreis ab, gegen den sich ein mit der anderen verbundener Nonius dreht [370]. Scott hat neben dem Auflagepunkt der Schneide eine Meßrolle mit zum Fahrarm senkrechter Ebene angebracht. Führt man unter Festhalten des Fahrstiftes die Schneide aus der End- in die Anfangslage zurück, wobei man sie etwas anhebt, mißt die Rolle den Bogen $l\vartheta$ [395].

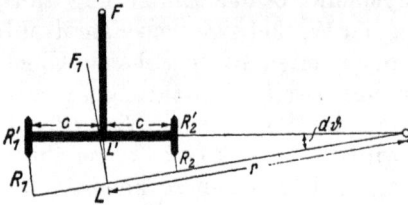

Bild 133. Schematische Darstellung des Schneidenplanimeters von v. Sanden.

4. Genauigkeitsuntersuchungen

Zahlreiche Genauigkeitsuntersuchungen über Messungen mit dem Schneidenplanimeter finden sich in der Literatur [127, 247, 274a]; im allgemeinen ergibt sich, daß man z. B. bei einer Fahrarmlänge von 20 cm bei Flächenstücken von 10 bis 100 cm² Größe ohne das obenerwähnte Korrektionsglied etwa eine Genauigkeit von 0,5 bis 1% erreichen kann. Bei Umfahrung kleinerer Flächenstücke werden die Resultate erheblich ungenauer wegen der Ungenauigkeit der Abstandsmessung der Schneidenlagen, denn bei dieser Fahrarmlänge entspricht einer Fläche von 1 cm² nur ein Schneidenabstand von 0,5 mm.

5. Die Schleppe

Um die Schleppkurve aufzuzeichnen, ließ Hamann die scharfkantige Rolle, die die Schneide ersetzte, an einem Farbkissen vorbeilaufen, Prytz [344] legte Kohlepapier unter die Schneide, und Menzin [260] brachte an seinem »Tractigraphen« zwischen den beiden Rollen einen Bleistift an. Durch die Aufzeichnung der Schleppkurve kann man kontrollieren, inwieweit sich die in der Formel auftretenden Größen f' und f'' unterscheiden. Systematisch benutzt das Viëtoris [446] bei der Schleppe. Diese besteht nach Bild 134 aus einem Rahmen, in dem ein Rad R, ein Zeichenstift L, eine Stütze S und statt des Fahrstiftes ein Ablesekreuz F eingebaut sind. Die Rollenebene, die senkrecht zur Zeichenebene steht, ist zu FL parallel. Der Apparat ruht auf R, L und S, wobei S in einer Vertiefung des Gleitbrettes G steht, das zur Führung des Apparates dient. Zur Aufzeichnung der Leitkurve geht man von einem

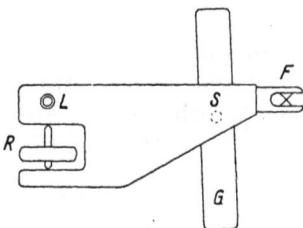

Bild 134. Schematische Darstellung der Schleppe nach Viëtoris.

passend gelegenen Randpunkt aus, der etwa so liegt wie in Bild 132 der Punkt O, und macht etwas mehr als eine volle Umfahrung. Dann nimmt man die Fahrarmlänge (hier etwa $13\frac{1}{3}$ cm) in den Zirkel und sucht durch Probieren den Umfangspunkt, um den der Kreis mit l die Schleppkurve so teilt, daß möglichst genau $f'' = f'$ ist. Bei kleineren Flächen kann man so die Genauigkeit eines Polarplanimeters erreichen, da wegen der kleineren Fahrarmlänge die Ablesegenauigkeit für den Schneidenabstand größer ist (etwa $0{,}75$ mm für 1 cm^2)[1]).

6. Der Kompensationsplanimeterstab von Schnöckel

Der Kompensationsplanimeterstab von Schnöckel [386a] ist mit dem optischen Planimeter von Schnöckel [386] eins der wenigen Planimeter

---

[1]) Die Schleppe wurde eigentlich zur Lösung von Differentialgleichungen erster Ordnung durch Iteration konstruiert. Hat man eine erste Näherung einer Integralkurve einer solchen Gleichung durch einen gegebenen Punkt $P_0(x_0, y_0)$ gefunden, so erhält man unter sehr allgemeinen Voraussetzungen [444] eine bessere Annäherung mittels der Schleppe. Die erste Näherung kann man z. B. unter Benutzung von Isoklinen finden, d. h. von Kurven, die Punkte gleicher durch y' bestimmter Richtung miteinander verbinden [474]. Man führt durch den gegebenen Punkt P_0 in der zugeordneten Richtung ein Geradenstück bis etwa zur Mitte zwischen diesem und der nächsten gezeichneten Isokline, setzt daran ein Geradenstück,

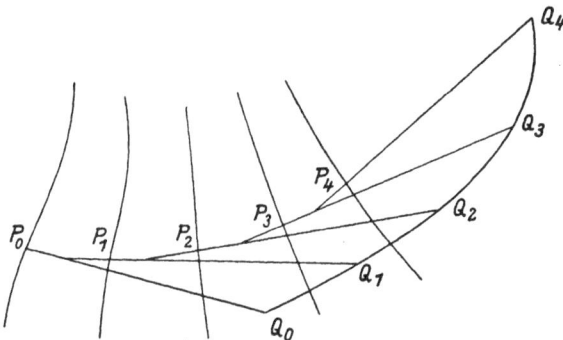

Bild 135. Benutzung der Schleppe zur Integration von Differentialgleichungen durch Iteration.

das die dieser nächsten Isokline zugeordnete Richtung hat, führt dieses bis zur Mitte zwischen dieser und der übernächsten Isokline usw. Dieser Geradenzug bestimmt eine erste Näherung $y_1(x)$, die man durch Einzeichnen einer Kurve erhält, die den Geradenzug in den Schnittpunkten mit den Isoklinen in $P_0, P_1, \ldots, P_n$ berührt. Die Kurve braucht aber nicht gezeichnet zu werden. Von diesen Punkten $P_0, P_1, \ldots, P_n$ aus trägt man in der zugeordneten Richtung die Schlepplänge l ab und verbindet die sich so ergebenden Punkte Q_i durch eine glatte Kurve. Nun setzt man die Schleppe so auf, daß der Stift L in P_0, der Schnittpunkt F des Fadenkreuzes in Q_0 sich befindet, und befährt mit F die Kurve der Q. L beschreibt dann eine bessere Näherungskurve $y_2(x)$. Weicht diese stark von $y_1(x)$ ab, zeichnet man dazu eine neue Q-Kurve und wiederholt das Verfahren. Diese Iteration führt man so oft aus, bis innerhalb der Zeichengenauigkeit keine Abweichungen mehr auftreten. Das Verfahren bezeichnet Viëtoris als Schleppeniteration.

mit von der Lage abhängiger Fahrarmlänge. Der Apparat besteht aus einem Fahrarm, der an einem Ende den Fahrstift trägt und der unten eine Rille hat, die auf einer Kugel oder auf dem scharfen Rande eines auf der Zeichenebene abrollenden Zylinders ruht. Legt man O wieder in den Ausgangspunkt der Umfahrung, so wird bei voller Umfahrung $q_1 = q_2 = 0$, ferner ist stets $dh = 0$, so daß man aus der Planimetergleichung IV, C (10) erhält:

$$F = \overline{S}_s + \frac{1}{2} \int_1^2 l^2 \, d\vartheta = \overline{S}_s + F_s \quad \ldots \ldots \ldots \quad (7)$$

(Bild 132, Kurve III und IV). Dieser Wert wird genähert durch eine Größe gemessen, die der Verschiebung des nicht den Fahrstift tragenden Endes des Fahrarmes proportional ist. An diesen Wert werden noch eine Reihe von empirisch gewonnenen Korrektionen angebracht, die von der Form der zu messenden Fläche, von ihrer Größe und davon abhängen, wie weit sich nach der Umfahrung die Rolle von ihrer Ausgangslage entfernt hat. Genauigkeitsuntersuchungen für dieses Instrument hat u. a. Lüdemann angestellt [246].

L. Integrimeter

1. Linearintegrimeter

Integrimeter, früher meist als Koordinatenplanimeter bezeichnet, sind Planimeter der Art, daß man beim Befahren der Kurve den Wert des Integrales $\int_{x_0}^{x} y \, dx$ bzw. $\int_{\varphi_0}^{\varphi} r \, d\varphi$ von Punkt zu Punkt ablesen kann. Sie nehmen somit eine Zwischenstellung zwischen Planimetern und Integraphen ein. Die in der ersten Hälfte des vorigen Jahrhunderts konstruierten Planimeter mit parallel der y-Achse verschiebbarem Fahrstift, wie das von Hermann, Gonella, Wetli-Hansen, waren Linearintegrimeter; s. a. [128]. Wie Nyström [294] gezeigt hat, kann man auch ein gewöhnliches Planimeter als Integrimeter benutzen, und von Semendyaer [402] sind diese Überlegungen auf Potenzplanimeter übertragen worden. Doch ist dieses Verfahren ziemlich umständlich. Neuerdings wurden nun unter Benutzung des gleichen einfachen Konstruktionsprinzips Integrimeter von Johnstone [179], dessen Instrument auch das Integral $\int_{x_0}^{x} y^2 \, dx$ mißt, ferner von Townend [436] und in besonders einfacher Form von Ott [306, 307, 264] gebaut. Ott hatte zuerst 1930 einen Lenkerwagen mit Kulisse konstruiert, der bei Ankoppelung an irgendein Linearplanimeter mit Spurwagenlenker dieses zum Integrimeter macht.

Das jetzige Ottsche Integrimeter besitzt als Integriervorrichtung eine Meßrolle. Wesentlich für ein solches Linearintegrimeter mit Meßrolle ist, daß sich diese weder bei Bewegung des Fahrstiftes längs der x-Achse, noch bei Bewegung in Richtung der y-Achse dreht. Das ist z. B. bei dem von Ott 1935 herausgebrachten Apparat in der folgenden höchst einfachen Weise erreicht (Bild 136). Das Instrument besteht aus zwei Stäben AF und BC, die in der Mitte des Stabes AF, der die Länge $2 \cdot BC = 2\,a$ hat, gelenkig miteinander verbunden sind. A und B werden mittels Zapfen oder mittels Führungsrollen in einer Nut auf der x-Achse geführt. Der Stab BC trägt die Meßrolle, deren Achse parallel zu BC ist und deren Ebene BC in B schneidet. Bewegt sich der Fahrstift F in Richtung der y-Achse, so bewegt sich der Auflagepunkt der Meßrolle

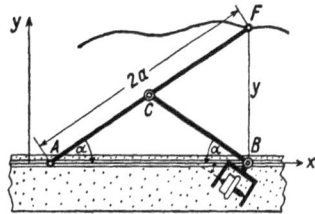
Bild 136. Schematische Darstellung eines Linear-Integrimeters.

auf einem Kreisbogen mit B als Mittelpunkt senkrecht zu ihrer Ebene, so daß die Rolle keine Drehung ausführt. Bewegt sich der Fahrstift in der Höhe y um dx in x-Richtung, so wickelt sich die Meßrolle um (s. Bild 136)

$$2\,\pi\,\varrho\,dU = \sin\alpha\,dx = \frac{y}{2\,a}\cdot dx$$

ab. Es wird also beim Entlangfahren auf der Kurve

$$\int_{x_0}^{x} y\,dx = 4\,\pi\,a\,\varrho\,(U_x - U_0). \quad\ldots\ldots\ldots (1)$$

Stand die Meßrolle beim Beginn der Bewegung auf Null, war also $U_0 = 0$, liest man in jedem Moment der Bewegung eine Größe ab, die proportional dem gesuchten Integral ist. Bild 137 zeigt ein solches Linearintegrimeter. Genauigkeitsuntersuchungen von Werkmeister [470] haben ergeben, daß die Genauigkeit dieses Instrumentes für alle praktischen Zwecke ausreicht.

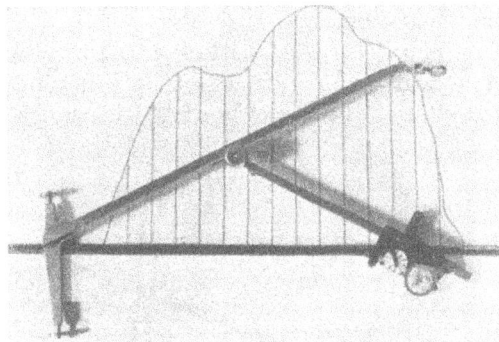
Bild 137. Integrimeter von Ott.

2. Potenz-Linearintegrimeter

Durch Verbindung dieses Mechanismus mit einem Schleifkurbeltrieb, entsprechend dem bei den Potenzplanimetern verwendeten, erhält man das Quadrat- und das Wurzelintegrimeter. Die Grundform der

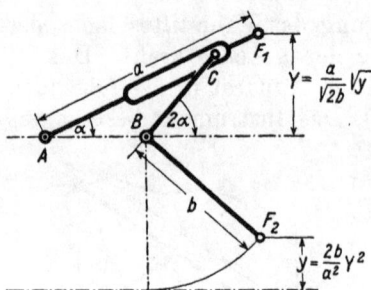

Bild 138. Schematische Darstellung eines Quadrier- bzw. Radiziermechanismus.

Quadrier- bzw. Radiziereinrichtung zeigt Bild 138, aus dem man die eingetragenen Beziehungen zwischen y und Y leicht ableitet. Eine schematische Darstellung solcher Quadrat- und Wurzelintegrimeter hat Ott [306, 307] gegeben. Weiter ist von Ott ein Kehrwertintegrimeter gebaut worden, das für die Inversion den gleichen Mechanismus benutzt wie das oben beschriebene Inversionsplanimeter, in dem aber das Linearplanimeter durch ein Integrimeter ersetzt ist, wie man links auf Bild 139 erkennt. Dieser Apparat wird unter anderem bei der Reichsbahn zur Bestimmung der Fahrzeiten aus dem Geschwindigkeitsdiagramm benutzt.

Neuerdings hat Ott Kehrwertintegrimeter unter Benutzung der in Bild 123 gegebenen Kurven

$$r^{n-1} = \lambda \sin \gamma$$

als Gleitkurven gebaut. Läßt man Fahrstift F und Gleitpunkt B (Bild 140) des Integrimeters mit den Punkten P und O des Bildes 123 zusammenfallen, nimmt O als

Bild 139. Inversionsintegrimeter.

Drehpunkt für die Gleitkurve und die fest mit ihr verbundene Integrierrolle, während der an der Stelle P liegende Fahrstift in der Kurve gleitet, so fällt die Strecke OP in die y-Richtung, und der Winkel γ zwischen Achse der Meßrolle und Fortschreitungsrichtung (Bild 121) ist mit y durch die Gleichung $y^{n-1} = \lambda \sin \gamma$ verbunden. Nimmt man z. B. als Gleitkurve die Gerade $n = 0$ des Bildes 123, so wird $\sin \gamma = \dfrac{1}{y}$. Die Meßrolle mißt also $\int \dfrac{dx}{y}$. Die Bilder 140 und 140a zeigen ein solches Kehrwertintegrimeter. Un-

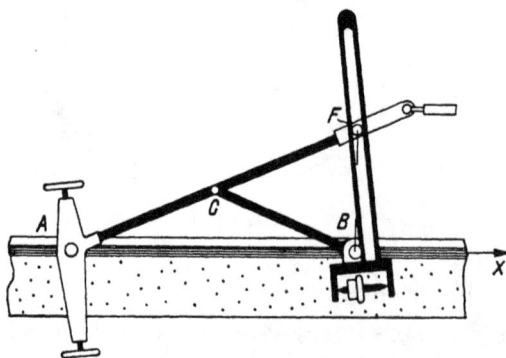

Bild 140. Schematische Darstellung des Kehrwertintegrimeters.

ter Benutzung anderer Kurven des Bildes 123 könnte man entsprechende Potenzintegrimeter herstellen. Um z. B. ein Integrimeter für $\int \dfrac{dx}{\sqrt{y}}$ zu erhalten, müßte man die Kurve $n = \dfrac{1}{2}$ als Gleitkurve wählen.

Bild 140a. Kehrwertintegrimeter von Ott.

3. Das Potenzintegrimeter von Kulka

Eine andere Form des Potenzintegrimeters hat Kulka [139, 215] angegeben. Er benutzt, wie die schematische Zeichnung Bild 141 zeigt, einen Gonellaschen Integriermechanismus, dessen Scheibe S durch das

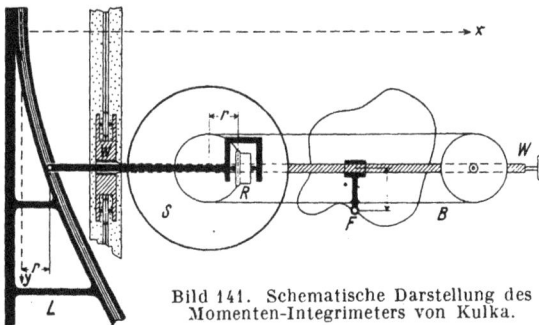

Bild 141. Schematische Darstellung des Momenten-Integrimeters von Kulka.

über zwei Rollen laufende Stahlband B eine Drehung erteilt wird, die der Verschiebung des mit dem Stahlband verbundenen Fahrstiftes F in Richtung der x-Achse proportional ist, während bei Verschiebung des den Integriermechanismus tragenden Wagens W in Richtung der y-

Achse die Meßrolle R durch die Lehre L in Richtung der x-Achse so verschoben wird, daß ihr Abstand r vom Drehpunkt der Scheibe S der entsprechenden Potenz von y proportional ist. Ist $r = 0$, wenn sich der Fahrstift auf der x-Achse befindet, in bezug auf die das n-te Moment bestimmt werden soll, so liest man in jeder Lage eine Größe proportional dem gesuchten Integral $\int y^n \, dx$ ab.

4. Radialintegrimeter

Der Bau von Radialintegrimetern läßt sich mit ähnlichen Konstruktionsmitteln durchführen, wie der von Linearintegrimetern [306, 307]. Bild 142 zeigt die einfachste Form eines solchen Integrimeters zur Berechnung von $\int_{r_0}^{\varphi} (r - r_0) \, d\varphi$. Der um den Pol O drehbare Arm OA trägt ein Gleitlager G für den senkrecht zu OA verschiebbaren Fahrarm LF_1,

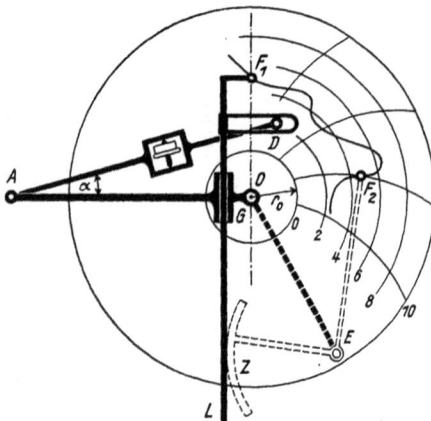

Bild 142. Schematische Darstellung eines einfachen Radial-Integrimeters.

der auf dem zu diesem Arm parallelen Radius durch O den Fahrstift F_1 trägt. Ferner befindet sich auf diesem Arm der Drehpunkt A eines Schwenkarmes AD, dessen anderes Ende D mit einem Zapfen in einer mit dem Fahrarm verbundenen Kulisse senkrecht zum Fahrarm im Abstande r_0 von F_1 gleitet und dessen Länge gleich $m \cdot OA$ ist. Dieser Arm trägt die Meßrolle, deren Ebene durch AD geht.

Verschiebt man den Fahrstift um dr in Richtung des Radius, bleibt OA in Ruhe. Der Auflagepunkt der Meßrolle dreht sich auf einem Kreise um A senkrecht zu ihrer Ebene. Bei Verschiebung des Fahrstiftes senkrecht zum Radius um $r \cdot d\varphi$ rollt die Meßrolle um

$$2 \pi \varrho \, dU = OA \cdot \sin \alpha \, d\varphi = \frac{1}{m}(r - r_0) \, d\varphi \quad \ldots \ldots \quad (2)$$

ab.

Hat man ein Scheibendiagramm, in dem die Funktionswerte nicht längs des Radius, sondern längs eines Kreisbogens durch O aufgezeichnet sind, so muß man in einem mit dem Arm OA in starrer Verbindung stehenden Drehpunkt E einen Winkelhebel mit dem Fahrstift F_2 anbringen, dessen einer Arm EF_2 die Länge des Radius der Ordinatenkreise haben muß. Sein Ausschlag wird mittels des Zahnradsegmentes Z auf

den Fahrarm LF_1 übertragen. Durch Einschalten eines Schleifkurbel-
triebes der in Bild 138 angegebenen Art zur Verdoppelung bzw. Halbie-
rung des Winkels, kann man diesen Apparat zum Quadrat- bzw. Wurzelintegrimeter ausgestalten.

M. Fehlerursachen bei Messungen mit Integrierrolle

Fehler, die bei Messungen mit Meßrolle auftreten, können die
mannigfachsten Gründe haben. Die wichtigsten Ursachen dieser
Fehler, die man wohl als Gerätefehler bezeichnet, sind die folgenden.

1. Die Achsenschiefe

Ist die Projektion der Achse der Integrierrolle auf die Zeichenebene
nicht parallel zu der des Fahrarmes, wie es die Theorie voraussetzt, so
zeigt die Integrierrolle nicht die vom Fahrstift umrandete Fläche an,
sondern jene Fläche, die ein auf einer Parallelen zur Rollenachse durch
den Leitpunkt neben dem Fahrstift liegender Punkt umfährt. Unter Verwendung der Bezeichnungen des Bildes 72 erhält man, wenn man an-
nimmt, daß der Winkel zwischen Achsen- und Fahrarmrichtung δ ist,
als Summe der drei Bewegungskomponenten, nämlich der Verschiebung
des Fahrarmes in seiner Richtung, Verschiebung senkrecht dazu und
Schwenkung um den Winkel $d\vartheta$, an Stelle der Gl. IV, D 1 b (4) die
folgende

$$2\pi\varrho \cdot U' = \sin\delta \int dv_2 + \cos\delta \int dh + \frac{c}{\cos\alpha}(\vartheta_2 - \vartheta_1)\sin(90^0 + \alpha + \delta).$$

Bei den Kompensationsplanimetern, die heute in Deutschland allein
noch gebaut werden, kann man den Fahrarm für eine zweite Umfahrung
in eine neue Lage bringen, in der δ negativ ist, wenn es in der ersten
Lage positiv war (Bild 80). Bei Umfahrung in dieser zweiten Lage wird
also

$$2\pi\varrho U'' = -\sin\delta \int dv_2 + \cos\delta \int dh + \frac{c}{\cos\alpha}(\vartheta_2 - \vartheta_1)\sin(90^0 + \alpha - \delta).$$

Für die halbe Summe der beiden Umfahrungen erhält man nach einer
einfachen Umformung

$$2\pi\varrho U = 2\pi\varrho \frac{U' + U''}{2} \approx \left\{\int dh + c(\vartheta_2 - \vartheta_1)\left(1 - \frac{\delta^2}{2}\right)\right\}. \quad . \quad . \quad (1)$$

Die Gleichung (1) stimmt mit der Gl. IV. D 1 b (4) überein bis auf den sich
aus der Entwicklung von $\cos\delta$ ergebenden Faktor $\left(1 - \frac{\delta^2}{2}\right)$, der sich
wegen der Kleinheit von δ nur um eine vernachlässigbar kleine Größe von
1 unterscheidet. Durch eine Kompensationsmessung, d. h. eine Doppel-
umfahrung der Figur in zwei zueinander symmetrischen Instrumentauf-

stellungen, erhält man also in der Tat auch bei vorhandener Achsenschiefe ein als fehlerfrei anzusehendes Meßergebnis.

.2. Die Riffelschiefe

Während früher gelegentlich die Ansicht vertreten wurde, daß die Riffelung des Rollenrandes keinen Einfluß auf das Arbeiten der Rolle haben könne [105], haben neuere Untersuchungen ergeben, daß die Riffelschiefe wesentlich zur Streuung der Meßergebnisse beitragen kann [20]. Ist die Riffelung gleichmäßig schief zur Rollenachse, wie in Bild 143

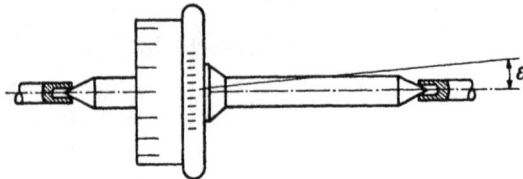

Bild 143. Meßrolle mit Körnerstiften.

angedeutet, so wirkt sich das genau so aus wie eine Achsenschiefe von gleicher Größe. Es ist allgemein nicht möglich, beim normalen Gebrauch des Planimeters zwischen Achsenschiefe und Riffelschiefe zu unterscheiden. Um die Wirkung der Riffelschiefe für sich allein festzustellen hat L. Ott[1]) eine sehr große Zahl von Rollen in einem Abschieberahmen untersucht, der sowohl durchgeschlagen als auch umgelegt werden konnte, so daß sich beim Abfahren gerader Strecken von links nach rechts vier verschiedene Abwicklungsarten der Rolle ergaben. Die Rollenachse war dabei einheitlich um rd. 0,7° gegen die Bewegungsrichtung geneigt, damit die Abwicklung beim Durchfahren einer gleichbleibenden Strecke von 500 mm rund ein Zehntel des Rollenumfanges, also 100 N.E., ausmachte. Es wurden für jede Rolle 10 Versuche (40 Abschiebungen) mit verschiedenen Anfangsablesungen gemacht und außerdem wurden die zu den einzelnen Abschiebungen gehörenden Teile des Rollenumfanges mikroskopisch untersucht. Die Ergebnisse dieser Versuchsreihen sind die folgenden:

Die Gleichmäßigkeit der Abwicklung wird nicht so sehr von der ohne besondere Hilfsmittel sichtbaren mittleren Zone der Riffelung bedingt, als vielmehr von ihren beiderseitigen Rändern, also von der Ausbildung der beiden Enden der Riffelstriche. Wenn durch den mechanischen Herstellungsvorgang die beiden Randzonen der Riffelung nicht vollkommen gleichförmig ausgefallen sind, dann wird die Rolle an der gleichen Stelle des Umfangs je nach der Bewegungsrichtung von links

---

[1]) Die Abschnitte IV, M 2 und 3 nach brieflichen Mitteilungen des Herrn Dr. L. Ott, Kempten.

nach rechts oder rechts nach links verschiedene Werte ε_1 und ε_2 der Riffelschiefe haben. Das ist dann die Ursache für die schon vielfach beobachtete Verschiedenheit der Ergebnisse, die man bei Vorwärts- und Rückwärtsfahrt erhalten kann.

Wenn außerdem die beiden Randzonen nicht gleich scharf in die Unterlage eingreifen, dann ist es ein Unterschied, ob man mit einer Hin- und Rückfahrt rechts oder links beginnt. Fährt man nämlich zuerst mit der schärfer eingreifenden Kante (Riffelschiefe ε_1) voraus, dann kommt bei der Rückfahrt die Riffelschiefe ε_2 nur schwach oder gar nicht mehr zur Wirkung. Man erhält als Schlußablesung der Befahrung Null, ohne daß $\varepsilon_1 = \varepsilon_2$ wäre. Fährt man aber zunächst mit der schwächer greifenden Kante voraus und mit der schärferen zurück, so werden alle weiteren Befahrungen das Resultat der zweiten geben, während die erste nicht reproduzierbar ist. Man kann also nur dann den Schluß $\varepsilon_1 = \varepsilon_2$ ziehen, wenn jede Fahrt für sich auf frischem Papier vorgenommen, bei allen Fahrten das gleiche Ergebnis liefert.

Drittens hat sich gezeigt, daß die Riffelungseigenschaften der Rolle längs des Umfanges erheblich wechseln können. Bei einer und derselben Fahrtrichtung ergibt sich dann ein mehr oder weniger sinusartiger Verlauf des Riffelungseinflusses, dessen Amplitude bei einigen Versuchen bis zu 10 N.E., also bis zu 10% des Messungsergebnisses, betrug. Da eine Noniuseinheit einer am Rollenumfang gemessenen Strecke von 0,06 mm entspricht, sind also Änderungen der Riffelschiefe bis zu

$$\pm 10 \cdot \frac{0,06}{500} = \pm 0,0012, \text{ d. i. bis zu } \pm 0,07^0, \text{ beobachtet worden.}$$

Bei den vier möglichen Bewegungslagen einer Rolle wird man im allgemeinen vier verschiedene Riffelschiefen ε_1, ε_2, ε_3, ε_4 haben, die außerdem von Stelle zu Stelle des Rollenumfanges wechseln können. Es ergeben sich dadurch bei Rollen mit nicht einwandfreier Riffelung so viel Kombinationen von Fehlermöglichkeiten, daß das Verhalten der Rolle scheinbar ganz launenhaft wird. Das ist aber durchaus nicht der Fall. Im Gegenteil haben die Versuche ergeben, daß die Arbeitsweise der Rolle außerordentlich konstant ist. Unter gleichen Umständen, also bei gleicher Bewegungsrichtung und bei gleichem Auflagepunkt auf dem Papier wiederholt sie ihr erfreuliches oder unerfreuliches Verhalten immer in gleicher Weise. Man muß nur davon absehen, aus Untersuchungen, bei welchen große Teile des Rollenumfanges ins Spiel kommen, ein abschließendes Urteil über die Güte einer Meßrolle gewinnen zu wollen.

Die Herstellung von Rollen mit $\varepsilon_1 = \varepsilon_2 = \varepsilon_3 = \varepsilon_4$ ohne irgendeine Periode ist mit neuzeitlichen Hilfsmitteln und Methoden durchaus möglich. Ob dabei alle ε gleich Null sind, ist praktisch ohne Bedeutung, da man eine konstante nicht zu große Riffelschiefe immer durch eine entsprechende Achsenschiefe kompensieren kann.

3. Die Lagerreibung

Jede Planimeterrolle hat eine gewisse Lagerreibung, so klein sie auch sein mag, die ganz überwiegend von der Größe der Bohrung in den Körnerstiften abhängt. Ihr Einfluß ist von Ott wie folgt gedeutet und durch Versuche überprüft worden: η bezeichne den Reibungswinkel, das ist der Winkel zwischen Rollenachse und Bewegungsrichtung, bei der wegen der Achsenreibung gerade noch keine Drehung der Rolle erfolgt. Wenn der Fahrstab unter einem Winkel γ gegen seine Richtung um eine Strecke ds verschoben wird, dann ist in die Formel für die Rollenabwicklung nicht der Winkel γ, sondern $\gamma - \eta$ einzusetzen, falls $\gamma > \eta$ ist. Man erhält

$$2 \pi \varrho \cdot dU = ds \sin(\gamma - \eta) \approx ds (\sin \gamma - \eta \cos \gamma). \ \ . \ . \ . \ . \ (2)$$

Bei $\gamma < -\eta$ ist entsprechend $\gamma + \eta$ zu setzen. Für $|\gamma| \leq |\eta|$ ist $dU = 0$. Beim Linearplanimeter, wo $ds = dx$ ist, kann man, da γ meistens kleiner als $30°$ ist, mit ausreichender Genauigkeit $\cos \gamma = 1$ setzen, so daß

$$2 \pi \varrho \, l \int dU = l \int \sin \gamma \cdot dx - l \int H(\gamma) \, dx,$$

also

$$F = 2 \pi \varrho \cdot l \cdot U + l \int H(\gamma) \, dx \ . \ . \ . \ . \ . \ . \ . \ . \ (3)$$

wird, wo

$$H(\gamma) = \begin{cases} \eta & \text{für } \gamma > \eta, \\ \gamma & \text{für } |\gamma| < \eta, \\ -\eta & \text{für } \gamma < -\eta \end{cases}$$

ist. Das verbleibende Integral wird somit Null, falls die Begrenzungskurve den sog. toten Streifen um die Nullinie, der nach jeder Seite hin die Breite $l \cdot \eta$ hat, nicht schneidet, es wird $l \cdot \eta \cdot (x_2 - x_1)$, falls die Nullinie von x_1 bis x_2 gleichzeitig untere Begrenzung ist, und es wird $2 l \cdot \eta \cdot (x_2 - x_1)$, falls die Begrenzung an den Stellen x_1 und x_2 die Nullinie schneidet. Ähnlich liegen die Verhältnisse beim Polarplanimeter, wo an Stelle der Nullinie der Grundkreis tritt. Diese Verhältnisse wollen insbesondere bei Bestimmung der Planimeterkonstanten mit dem Kontrollineal beachtet werden. Man wird bei den Umfahrungen zu ein wenig verschiedenen Ergebnissen kommen, je nach dem Stück des toten Streifens, das der Kontrollkreis enthält. Der Reibungswinkel η, der natürlich von den Besonderheiten der Lagerung abhängt, kann für jedes Planimeter bestimmt werden, so daß es möglich ist, die Achsenreibung im Messungsergebnis zu berücksichtigen. Ott hat das an einem normalen Linearplanimeter von $l = 25$ cm Fahrarmlänge, bei dem durch eine Voruntersuchung $\varepsilon_1 = \varepsilon_2 = \varepsilon_3 = \varepsilon_4$ festgelegt worden war, in der Weise gemacht, daß er je 14 Parallele zur Nullinie oberhalb und unterhalb derselben, die eine Länge von $a = 500$ mm hatten (mit Endmaß zwischen Anschlägen festgestellt) je viermal befahren hat. Die bei den einzelnen Fahrten ermittelten Ablesungen N wurden als Funktion des Abstandes

$|h|$ des Fahrstiftes von der Nullinie aufgetragen. Die ausgleichende Gerade hatte die Gleichung

$$N = 6{,}257 \, |h| \cdot a - 0{,}120 \, a \quad \text{(N.E.)}$$

Die Rechtecksfläche $F = |h| \cdot a$ zwischen der Geraden und der Grundlinie ist mithin

$$F = 0{,}1598 \cdot N + 0{,}0192 \, a \quad \text{cm}^2. \quad \ldots \ldots \text{(4)}$$

Das von N unabhängige Glied stellt den toten Streifen mit der Breite $l \cdot \eta$ zu einer Seite der Nullinie dar. Wegen $l = 25$ cm ergibt sich $\eta = 0{,}000768 = \text{arc } 2{,}6'$.

Die Rollenlagerung des Planimeters war die übliche ohne besondere Auswahl. Bei allersorgfältigster Lagerung läßt sich der Reibungswinkel herunterdrücken bis etwa $\eta \doteq 0{,}00015 = \text{arc } 0{,}5'$.

Beim Momentenplanimeter mit Kurvensteuerung besteht die Beziehung (IV, H 5)

$$\sin \beta = k \cdot \sin^n \gamma,$$

wo γ der Fahrarmausschlag, β der Winkel der Momentenrolle für den Exponenten n gegen die Gerade, für die das Moment zu bilden ist, und k ein passend zu bestimmender Proportionalitätsfaktor ist. Aus dieser Gleichung ergibt sich unter Berücksichtigung der als sehr klein anzunehmenden Lagerreibung ähnlich wie oben falls $\eta \leqq \beta$:

$$
\begin{aligned}
2 \pi \varrho \cdot dU &= ds \cdot \sin (\beta - \eta) \\
&= ds \cdot \sin \{ \text{arc } \sin (k \cdot \sin^n \gamma) - \eta \} \\
&= ds \cdot |k \cdot \sin^n \gamma - \eta \cdot \sqrt{1 - k^2 \sin^{2n} \gamma} \, |.
\end{aligned}
$$

Der Faktor von η ist immer kleiner als eins und kann auch hier wie oben mit ausreichender Genauigkeit gleich eins gesetzt werden, und zwar für größere Werte von n auch für Winkel, die größer als 30^0 sind, wie man aus der untenstehenden kleinen Zahltafel erkennt, die den Wert dieses Faktors unter Berücksichtigung des Umstandes gibt, daß bei einem Fahrarmausschlag von 60^0 alle vier Rollen unter dem gleichen Winkel stehen, wie das bei dem ausgeführten Apparat der Fall ist.

n	1	2	3	4
10^0	1,0	1,0	1,0	1,0
20^0	0,99	1,0	1,0	1,0
30^0	0,87	0,99	1,0	1,0
40^0	0,77	0,86	0,94	0,99
50^0	0,64	0,73	0,80	0,84
60^0	0,50	0,50	0,50	0.50

Man kann also hier setzen

$$M_n = 2\pi\varrho \cdot lU_n + l\int H(\beta)\,dx$$

und die oben angestellten Überlegungen übertragen. Bei den Potenz-planimetern mit Gleitkurvensteuerung. kann man diesen Fehler bei den Rollen für M, J und P durch eine entsprechende Form der Gleitkurve vollständig kompensieren. Man gibt den Rollen einfach eine Voreilung um den Winkel $H(\beta)$ gegenüber dem richtigen Wert.

Beim Integrimeter Ott, bei dem unter allen Umständen die Grund-linie der Figur mit der Nullinie zusammenfällt, läßt sich der Einfluß der Achsenreibung ebenfalls durch besondere Justierung des Instrumentes kompensieren. Berücksichtigt man die Achsenschiefe δ, die Riffelschiefe ε und den Reibungswinkel η, so lautet die Gleichung

$$2\pi\varrho\,lU = l\int \sin(\gamma + \delta + \varepsilon - \eta)\,dx.$$

Stellt man also die Achsenschiefe so ein, daß

$$\delta = \eta - \varepsilon$$

ist, wird die Abwicklung, wie es sein soll,

$$2\pi\varrho\,l\,U = l\int \sin\gamma\,dx = F_{x_1}^{x_2} \quad \dots \dots \quad (5)$$

Die Justierung kann durch das Abschieben verschiedener Parallelen zur Nullinie geprüft werden. Die richtige Einstellung ist erreicht, wenn die die Messung ausgleichende Gerade durch den Nullpunkt geht.

4. Die Fahrstifthöhe

Die Theorie enthält keine Aussagen darüber, daß die Rollenebene genau senkrecht zur Arbeitsfläche stehen muß, und es sind erfahrungs-gemäß geringe Änderungen der Fahrstifthöhe, also geringe Abweichungen von der Parallelität der Rollenachse zur Arbeitsfläche, ohne Wirkung auf die Rollenabwicklung. Aber es besteht insbesondere für solche Plani-meter, deren Fahrstift durch irgendwelche Mechanismen mechanisch geführt werden soll, wobei meistens auf die Höhenlage der Fahrstiftspitze wenig geachtet wird, die Forderung, daß durch Änderung der Fahrstift-höhe nicht eine Verschwenkung der Rollenachse hervorgerufen werden darf. Das ist nur der Fall, wenn die Verbindungslinie der Auflagepunkte von Integrier- und Stützrolle (Bild 70) senkrecht zur Fahrarmrichtung steht, wie das bei neueren Planimetern der Fall ist [20, 468].

5. Sonstige Fehlerursachen

Im älteren Schrifttum, z. B. bei Bauernfeind [25], werden noch fol-gende Fehler behandelt: Ungleichmäßigkeit der Rollenteilung, nicht passender Nonius, Exzentrizität der Rolle, Exzentrizität von Rollenrand und Teilung gegeneinander. Derartige grobe Fehler sollten eigentlich bei guten Planimetern kaum noch vorkommen. Spätere Untersuchungen von Lorber [233, 234], Idler [174], Montigel [274] und anderen, und besonders gründliche von Baer [20], behandeln sowohl Gerätefehler als auch Umfahrungsfehler und Einflüsse der Unterlage. Die naheliegende Vermutung, daß die Größe der Rollenabwicklung stark von der mehr oder weniger großen Rauhigkeit der Unterlage abhängt, sind durch die Untersuchungen von Baer nicht bestätigt worden. Über den Einfluß der Scharnierschiefe wurde IV, E 1 gesprochen.

V. Harmonische Analysatoren und Stieltjes-Planimeter

A. Bestimmung der Fourier-Koeffizienten mit dem Planimeter

1. Fouriersche Reihen

In diesem Kapitel soll die instrumentelle Bestimmung von Produkt-integralen, d. h. Integralen der Form

$$\int g\,(x) \cdot h\,(x)\, d\,x$$

bzw. von Stieljes-Integralen

$$\int g\,(x)\, d\,H\,(x)$$

behandelt werden. Derartige Integrale treten unter anderem bei der Darstellung beliebiger Funktionen durch Reihen vorgeschriebener, ein vollständiges Orthogonalsystem bildender Funktionen auf. Die Koeffizienten der Entwicklung sind dann proportional einem Integral aus dem Produkt der zu entwickelnden Funktion und einer der Orthogonalfunktionen. Apparate, die auf mechanischem Wege derartige, beliebige Produktintegrale auszuwerten gestatten, sollen im letzten Paragraphen dieses Kapitels behandelt werden. In den drei ersten handelt es sich um den am häufigsten vorkommenden Fall, daß das System der Orthogonalfunktionen aus den Sinus und Kosinus der ganzen Vielfachen des Argumentes besteht. Man erhält dann die zur Darstellung periodischer Funktionen bekannter Periodenlänge benutzte Fourierentwicklung. Hat die »Grundperiode« die Länge d, so ist unter sehr allgemeinen Bedingungen die Reihe

$$f\,(x) = \frac{a_0}{2} + \sum_{n=1}^{\infty} a_n \cos\left(n \cdot \frac{2\,\pi}{d}\,x\right) + \sum_{n=1}^{\infty} b_n \sin\left(n \cdot \frac{2\,\pi}{d}\,x\right), \quad \ldots \text{(1)}$$

deren Koeffizienten sich aus

$$a_n = \frac{2}{d} \int_0^d f\,(x) \cos\left(n \cdot \frac{2\,\pi}{d}\,x\right) d\,x; \quad b_n = \frac{2}{d} \int_0^d f\,(x) \sin\left(n \cdot \frac{2\,\pi}{d}\,x\right) d\,x \quad \text{(2)}$$

bestimmen, im Mittel konvergent und stellt die Funktion $f\,(x)$ dar. Konvergenz ist z. B. dann vorhanden, wenn sich der abgeschlossene Bereich $0 \leq x \leq d$ in eine endliche Anzahl von Teilbereichen so zerlegen läßt, daß sich in jedem Teilbereich $f(x)$ einsinnig ändert und stetig ist (Dirichletsche Bedingungen); an den Unstetigkeitsstellen nimmt dann die Reihe den Mittelwert

$$\frac{1}{2} \left(f(x-0) + f(x+0) \right)$$

an (Bild 144). Setzt man $a_n = c_n \cdot \sin \beta_n$, $b_n = c_n \cdot \cos \beta_n$, so kann man die Reihe auch in der Form

$$f(x) = \frac{a_0}{2} + \sum_{n=1}^{\infty} c_n \sin \left(n \cdot \frac{2\pi}{d} x + \beta_n \right) \quad \ldots \ldots (3)$$

schreiben, wo c_n die Amplitude, β_n die Phase der $(n-1)$-ten Oberschwingung ist. Die Aufsuchung der Koeffizienten a_n und b_n bzw. die Bestimmung der Amplituden und Phasen der einzelnen Schwingungen bezeichnet man als harmonische Analyse oder Fourier-Analyse; Apparate, die zu ihrer Bestimmung dienen, als harmonische Analysatoren. Die Integration ist immer über ein Intervall von der Länge der Grundperiode zu erstrecken. Handelt es sich um periodische Funktionen, ist es natürlich gleichgültig, mit welchem Punkt man beginnt; z. B. werden häufig die Werte $-\frac{d}{2}$ und $+\frac{d}{2}$ als Grenzen der Integrale (2) genommen. Aus dieser Darstellung erkennt man, daß die Kosinusglieder Null werden, wenn $f(x)$ eine ungerade Funktion ist, daß dagegen die Sinusglieder für gerade Funktionen $f(x)$ verschwinden.

Man kann die Fourier-Reihen auch zur Darstellung eines Abschnittes der Länge d einer nicht periodischen Funktion verwenden. Doch darf man dann die Reihe nicht zur Extrapolation, d. h. zur Berechnung von Funktionswerten benutzen, die außerhalb dieses Intervalles liegen. Will man eine geschlossene Kurve (Hystereseschleife, Tragflügelprofil usw.) durch eine Fourier-Reihe darstellen, so kann man $x = a \cos t$ setzen, falls die Kurve zwischen $x = +a$ und $x = -a$ verläuft, und kann dann y in eine nach den Kosinus und Sinus der Vielfachen der Hilfsvariablen t fortschreitende Reihe entwickeln [114, 115].

2. Das Sprungstellenverfahren

Treten in der zu analysierenden Funktion an den Stellen ξ_m Unstetigkeiten auf und bezeichnet man wie in Bild 144 die rechten und linken Grenzwerte der Funktion mit $f(\xi_m + 0)$ und $f(\xi_m - 0)$, so ergibt sich aus (2) durch Teilintegration

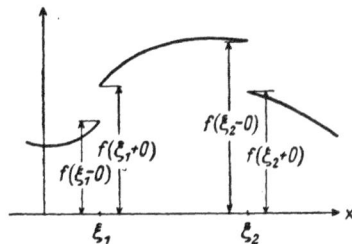

Bild 144. Kurve mit Unstetigkeitsstellen.

$$a_n = \frac{1}{n\,\pi} \sum_m \{f(\xi_m - 0) - f(\xi_m + 0)\} \sin\left(n \cdot \frac{2\pi}{d}\,\xi_m\right)$$

$$- \frac{1}{n\,\pi} \int_0^d f'(x) \sin\left(n \cdot \frac{2\pi}{d}\,x\right) dx,$$

$$b_n = -\frac{1}{n\,\pi} \sum_m \{f(\xi_m - 0) - f(\xi_m + 0)\} \cos\left(n \cdot \frac{2\pi}{d}\,\xi_m\right)$$

$$+ \frac{1}{n\,\pi} \int_0^d f'(x) \cos\left(n\,\frac{2\pi}{d}\,x\right) dx$$

(4)

da ja $f(\xi_m - 0)$ im m-ten Abschnitt Ordinate an der oberen, $f(\xi_m + 0)$ im $(m + 1)$-ten Abschnitt Ordinate an der unteren Grenze ist. Durch Wiederholung derartiger Teilintegrationen kann man die Koeffizienten aus Summen aufbauen [481], ein Verfahren, das neuerdings vielfach angewendet wird. Dabei ergibt sich, daß die Koeffizienten etwa proportional $1/n^{k+2}$ werden, falls alle Ableitungen bis einschließlich zur k-ten

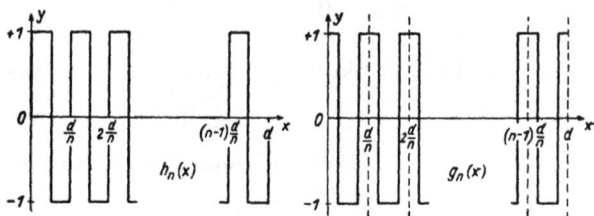

Bild 145. Bild einer geraden Funktion $g_n(x)$ und einer ungeraden $h_n(x)$ mit $2n$ gleichabständigen Sprungstellen der Sprunggröße $+2$ und -2 in einer Periode.

stetig sind [22, 29, 69, 345, 346]. Für die beiden in Bild 145 dargestellten Funktionen sind die Integrale in (4) bereits Null. Für die ungerade Funktion $h_n(x)$ findet man

$$m \cdot \pi\, b_m = 2\left(\cos 0 - \cos m\,\frac{\pi}{n} + \cos 2\,m\,\frac{\pi}{n} - + \cdots\right.$$

$$\left. + (-1)^{2n-1} \cos m\,(2n-1)\,\frac{\pi}{n}\right).$$

Nun ist $\cos m\,\dfrac{\pi}{n}$ gleich dem Realteil von $e^{\frac{im\pi}{n}} = q$. Führen wir q ein, so schreibt sich

$$m \cdot \pi\, b_m = \text{Realteil von } 2\,(1 - q + q^2 - \cdots + (-1)^{2n-1}\,q^{2n-1})$$

$$= \text{Realteil von } 2 \cdot \frac{1 - q^{2n}}{1 + q} = \text{Realteil von } 2 \cdot \frac{1 - e^{2im\pi}}{1 + e^{\frac{im\pi}{n}}},$$

und das ist, 0 falls $m \neq n$, $3n$, $5n$, $\ldots$, und $2 \cdot 2n$, falls $m = n$, $3n$, $5n\ldots$ ist. Also für $m = n$, $3n$, $5n, \ldots$ wird $m \cdot \pi \cdot b_m = 4 \cdot n$ oder

$$b_n = \frac{4}{\pi}; \qquad b_{3n} = \frac{1}{3} \cdot \frac{4}{\pi}; \qquad b_{5n} = \frac{1}{5} \cdot \frac{4}{\pi}; \quad \dots$$

Somit wird

$$h_n(x) = \frac{4}{\pi} \left[\sin n \cdot \frac{2\pi}{d} x + \frac{1}{3} \sin 3n \cdot \frac{2\pi}{d} x + \frac{1}{5} \sin 5n \cdot \frac{2\pi}{d} x + \dots \right]. \quad (5)$$

Verschiebt man die Kurve um $-\dfrac{d}{4n}$, erhält man

$$g_n(x) = \frac{4}{\pi} \left[\sin\left(n \cdot \frac{2\pi}{d} x + \frac{\pi}{2}\right) + \frac{1}{3} \sin\left(3n \cdot \frac{2\pi}{d} x + \frac{3\pi}{2}\right) \right.$$
$$\left. + \frac{1}{5} \sin\left(5n \cdot \frac{2\pi}{d} x + \frac{5\pi}{2}\right) + \dots \right]$$
$$= \frac{4}{\pi} \left[\cos n \cdot \frac{2\pi}{d} x - \frac{1}{3} \cos 3n \cdot \frac{2\pi}{d} x + \frac{1}{5} \cos 5n \cdot \frac{2\pi}{d} x - \dots \right]. \quad (6)$$

Das Sprungstellenverfahren läßt sich ohne weiteres auf die Entwicklung nach Funktionen irgendwelcher Orthogonalsysteme, z. B. auf die Entwicklung nach Kugelfunktionen übertragen [454].

3. Bestimmung der Fourier-Koeffizienten mit dem Planimeter oder Integrimeter

Multipliziert man [379, 426] die zu analysierende Funktion $f(x)$ mit $\dfrac{\pi}{2d} g_n(x)$ bzw. mit $\dfrac{\pi}{2d} h_n(x)$ und integriert über die Grundperiode, so erhält man

$$\left.\begin{array}{l} C_n = \dfrac{\pi}{2d} \displaystyle\int_0^d f(x) \cdot g_n(x)\, dx = a_n - \dfrac{1}{3} a_{3n} + \dfrac{1}{5} a_{5n} - \dots \\[3mm] S_n = \dfrac{\pi}{2d} \displaystyle\int_0^d f(x) \cdot h_n(x)\, dx = b_n + \dfrac{1}{3} b_{3n} + \dfrac{1}{5} b_{5n} + \dots \end{array}\right\} \quad (7)$$

Vernachlässigt man C_n und S_n etwa von $n = 13$ ab, so berechnen sich aus (7) die Fourier-Koeffizienten zu

$$\left.\begin{array}{l} a_1 = C_1 + \dfrac{1}{3} C_3 - \dfrac{1}{5} C_5 + \dfrac{1}{7} C_7 + \dfrac{1}{11} C_{11} - \dfrac{1}{13} C_{13}; \\[3mm] a_2 = C_2 + \dfrac{1}{3} C_6 - \dfrac{1}{5} C_{10}; \\[3mm] a_3 = C_3 + \dfrac{1}{3} C_9; \qquad\qquad a_4 = C_4 + \dfrac{1}{3} C_{12}; \\[3mm] a_5 = C_5; \qquad\quad a_6 = C_6; \qquad\quad \text{usw.} \end{array}\right\} \quad \dots \ (8)$$

$$b_1 = S_1 - \frac{1}{3} S_3 - \frac{1}{5} S_5 - \frac{1}{7} S_7 - \frac{1}{11} S_{11} - \frac{1}{13} S_{13};$$

$$b_2 = S_2 - \frac{1}{3} S_6 - \frac{1}{5} S_{10};$$

$$\left.\begin{array}{l} \\ \\ \\ \end{array}\right\} \quad \ldots \ (9)$$

$$b_3 = S_3 - \frac{1}{3} S_9; \qquad b_4 = S_4 - \frac{1}{3} S_{12};$$

$$b_5 = S_5; \qquad b_6 = S_6; \qquad \text{usw.}$$

Die Integrale für C_n und S_n kann man so erhalten, daß man, wie in Bild 146 angedeutet, auf die Kurve eine Schablone, die $2\,n$ y-Parallele im gleichen Abstand $\dfrac{d}{2\,n}$ hat, zunächst so legt, wie es das Bild 146 zeigt, daß also die erste Parallele mit der y-Achse zusammenfällt. Man umfährt in der im Bilde angegebenen Pfeilrichtung vom Nullpunkte beginnend mit dem

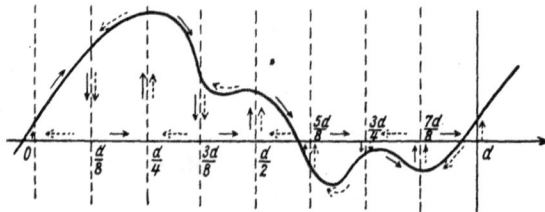

Bild 146. Mit dem Planimetrierfahrstift zu befahrender Kurvenzug bei Bestimmung des Fourier-koeffizienten a_4. Die Planimeterablesung gibt C_4.

Fahrstift eines Planimeters. Die ausgezogenen Pfeile zeigen den Um-fahrungsweg von links nach rechts, die punktierten den daran anschlie-ßenden Weg von rechts nach links an. In der gezeichneten Lage der Scha-blone erhält man C_n (im Bilde C_4). Dann wird für die Bestimmung von S_n die Schablone um $\dfrac{d}{4\,n}$ nach links verschoben und die Umfahrung in der gleichen Weise vorgenommen. Hat man eine größere Zahl von Kurven der gleichen Grundperiode d, kann man sich diese Schablonen auf Pauspapier ein für allemal herstellen. a_0 ergibt sich immer durch Aus-planimetrieren der von der Kurve und der x-Achse umschlossenen Fläche. Benutzt man für diese Bestimmung statt des Planimeters ein Integri-meter und liest man bei Beginn der Befahrung der Kurve x_0, bei Über-fahrung der ersten, zweiten, ... y-Parallelen $x_1, x_2, \ldots$ ab, so ist die Fläche im ersten Streifen $x_1 - x_0$, im zweiten $x_2 - x_1$, im dritten $x_3 - x_2$ usw. Bei Zusammensetzung dieser Ablesung entsprechend den Vorzeichen erhält man $C_n = -x_0 + 2(x_1 + x_3 + x_5 + \ldots + x_{2n-1}) - 2(x_2 + x_4 + x_6 + \ldots + x_{2n-2}) - x_{2n}$. Man stellt sich leicht ein Rechenschema für die praktische Ausführung dieser Rechnung her.

Das gleiche Prinzip wendet das Verfahren von Fischer-Hinnen an, nur daß hier statt des Inhaltes der einzelnen Flächenstücke das Produkt aus Ordinate in der Streifenmitte mal Streifenbreite genommen wird. Man pflegt dieses Verfahren zur Bestimmung der Amplituden einzelner höherer Oberschwingungen zu benutzen [97].

4. Der harmonische Analysator von Martens

Die eben beschriebene Methode, übertragen auf Polarkoordinaten benutzt der Analysator von Martens [17, 254, 263], der im wesentlichen aus einem Radialplanimeter besteht, das einen kleinen Hebel hat, um die Integrierrolle festzuhalten, wenn das Planimeter angehoben wird. Dem Apparat ist ein Zentrierring beigegeben, der auf der Zeichenfläche mit Reißnägeln befestigt wird und durch dessen Mitte die Planimeterstange gleitet. Um ihn ist eine Schiene schwenkbar, die Millimetereinteilung trägt und zum Auftragen der Funktion in Polarkoordinaten benutzt wird (in Bild 147

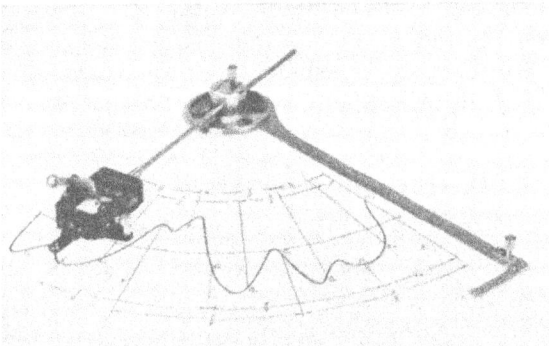

Bild 147. Analysator von Martens.

rechts)[1]). Die Funktionswerte werden dabei von einem beliebigen, passend gewählten Nullkreis aus aufgetragen. Die größte Ordinatendifferenz kann bei diesem Apparat 17 cm betragen.

Zur Bestimmung von C_m wird der der Periodenlänge entsprechende Sektor in $2\,m$ gleiche Teilsektoren geteilt, und mit dem Fahrstift werden zunächst die Kurvenstücke in den Sektoren 1, 3, 5, ..., $(2\,m - 1)$ in positivem, dann die in den Sektoren $2\,m$, $(2\,m - 2)$, ..., 2 in negativem Sinne befahren. Ein Befahren des Nullkreises bzw. ein Umfahren der einzelnen Sektorenstücke in positivem oder negativem Sinne, wie das bei kartesischen Koordinaten nötig war, erübrigt sich, da die Hälfte der Sektoren vom Pol bis zum Nullkreis in positivem, die andere in negativem Sinne

---

[1]) Ein Verfahren zur Übertragung von in kartesischen Koordinaten dargestellten Kurven in Polarkoordinaten durch Spiegelung ohne Umzeichnung gibt Pers an [329].

überstrichen wird. Es ist gleichgültig, ob der Fahrstift in Höhe der Integrierrolle liegt, oder wie hier, in anderem Abstand vom Pol. Der konstante Faktor, mit dem man die Ablesung zu multiplizieren hat, wird durch Umfahren des Bildes eines in das Polarkoordinatensystem übertragenen Rechteckes bekannten Inhaltes bestimmt. Auch für die Bestimmung von a_0 ist das ohne Bedeutung. a_0 wird durch Befahren der Kurve und Rückfahren auf dem Nullkreis gemessen.

Zur Bestimmung von S_m teilt man zunächst einen Sektor ab, der gleich dem $4\,m$-ten Teil der Periodenlänge ist, und trägt anschließend Sektoren der oben benutzten Breite ab. Dann befährt man die Kurvenstücke aller Sektoren abwechselnd in positivem und negativem Sinne, positiv mit dem ersten kleinen Sektor beginnend, und zwar macht man am besten wieder zunächst alle positiven, dann alle negativen Befahrungen. Die Berechnung der Fourier-Koeffizienten erfolgt nach den Gl. (8) und (9). Beginnt man die Einteilung von einem beliebigen anderen Punkte, so daß sie nicht mit der ersten zusammenfällt und gibt $C_m{}^2 + S_m{}^2$ in beiden Fällen den gleichen Wert, kann man annehmen, daß zur Gewinnung von a_m und b_m an C_m und S_m der höheren Komponenten wegen keine Korrekturen angebracht werden müssen, sondern daß $c_m = \sqrt{C_m{}^2 + S_m{}^2}$ die Amplitude der $(m-1)$-ten Oberschwingung ist.

B. Harmonische Analysatoren

Von harmonischen Analysatoren sollen hier nur die mechanisch arbeitenden Instrumente behandelt werden. Es soll also abgesehen werden von den zahlreichen Verfahren zur Wechselstromanalyse, dem Resonanzverfahren, den optischen und elektro-optischen Methoden usw. Je nach der Form, in der die Integrale in den Fourier-Koeffizienten zur Auswertung benutzt werden, unterscheidet man drei Arten von Analysatoren.

1. Analysatoren erster Art

Bei den Analysatoren erster Art wird zunächst das Produkt $f(x)\cdot\sin\left(n\cdot\dfrac{2\pi}{d}x\right)$ bzw. $f(x)\cos\left(n\cdot\dfrac{2\pi}{d}x\right)$ gebildet und dann integriert. Der bekannteste Analysator dieser Art ist das Präzizionsinstrument von Sommerfeld und Wiechert. Die zu analysierende Kurve wird hier auf den Mantel eines Zylinders Z, dessen Umfang gleich der Länge d der Grundperiode ist, gespannt (Bild 148). Unmittelbar über der höchsten Mantellinie des Zylinders befindet sich ein Faden FF. Dicht darüber liegt in einer Gabel, deren anderes Ende die Integrierrolle eines Gonellaschen Integriermechanismus trägt, ein zweiter Faden GG. Der Drehwinkel der Scheibe S des Mechanismus ist proportional x. Der Zylinder dreht sich um eine vertikale Achse A und um seine eigene Achse. Der Drehwinkel um erstere ist gleich nx bzw. $nx - \pi/2$, um letztere gleich x. Der Schnittpunkt der beiden Fäden wird so geführt, daß er sich immer auf der Kurve $f(x)$ bewegt. Der Normalabstand des Fadens GG von der Drehachse A des Zylinders und damit der Abstand der Meßrolle R vom Drehpunkt

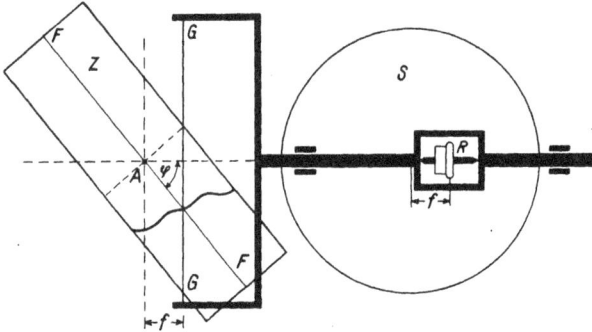

Bild 148. Schematische Darstellung des Analysators Sommerfeld-Wiechert.

der Scheibe S ist dann $f = f(x) \cos\left(n \cdot \dfrac{2\pi}{d} x\right)$ bzw. $\bar{f} = f(x) \sin\left(n \cdot \dfrac{2\pi}{d} x\right)$, so daß also bei voller Umfahrung die Meßrolle bis auf einen konstanten Faktor die Fourierkoeffizienten a_n bzw. b_n mißt. Konstruktive Einzelheiten findet man z. B. bei Dyck [80].

Auch ein von Amsler vorgeschlagener Apparat arbeitet ähnlich [10]. Dort wird $f(x) = r \sin \alpha$ gesetzt, so daß sich z. B.

$$a_n = \frac{2}{d} \int_0^d f(x) \cos\left(n \cdot \frac{2\pi}{d} x\right) dx$$

$$= \frac{r}{d} \int_0^d \sin\left(n \cdot \frac{2\pi}{d} x + \alpha\right) dx - \frac{r}{d} \int_0^d \sin\left(n \cdot \frac{2\pi}{d} x - \alpha\right) dx$$

ergibt. Diese Integrale werden dann instrumentell ausgewertet. Ähnlich wird b_n umgeformt. Der Apparat ist wohl kaum gebaut worden.

2. Analysatoren zweiter Art

Die größte Zahl der Analysatoren sind solche, bei denen die Koeffizienten in der Form

$$a_n = \frac{1}{n\pi} \int_0^d f(x) \, d\left(\sin\left(n \cdot \frac{2\pi}{d} x\right)\right); \quad b_n = -\frac{1}{n\pi} \int_0^d f(x) \, d\left(\cos\left(n \cdot \frac{2\pi}{d} x\right)\right)$$

$$\cdots (1)$$

benutzt werden. Hier wird also $f(x)$ zur Abszisse $\sin\left(n \cdot \dfrac{2\pi}{d} x\right)$ bzw. $\cos\left(n \cdot \dfrac{2\pi}{d} x\right)$ aufgetragen und dann diese Kurve planimetriert. Schon

Clifford hat eine derartige Umzeichnung der Kurve und die Bestimmung der Fläche der umgezeichneten Kurve mit dem Planimeter vorgeschlagen [55, 95, 327, 328]. Auch der wohl älteste wirklich ausgeführte Analysator, nämlich der von Thomson [431], gehört hierher. Dieser benutzt den Thomsonschen Integriermechanismus [428], bei dem dem Berührungspunkt zwischen Scheibe und Kugel der Abstand $f(x)$ vom Scheibendrehpunkt gegeben wird, während der Drehwinkel der Scheibe proportional $\sin\left(n \cdot \dfrac{2\pi}{d}\, x\right)$ bzw. $\cos\left(n \cdot \dfrac{2\pi}{d}\, x\right)$ gemacht wird. Hierher gehören auch die Analysatoren von Amsler-Harvey und der heute wohl am meisten gebrauchte von Mader-Ott.

a) Der Analysator von Amsler-Harvey

Dieser Analysator verwendet ein Konstruktionsprinzip [14, 150, 150 a], das schon in dem Apparat von Yule benutzt wurde [479]. Er besteht zunächst aus einem Wagen W_1 (Bild 149), der durch in der Nut einer Schiene

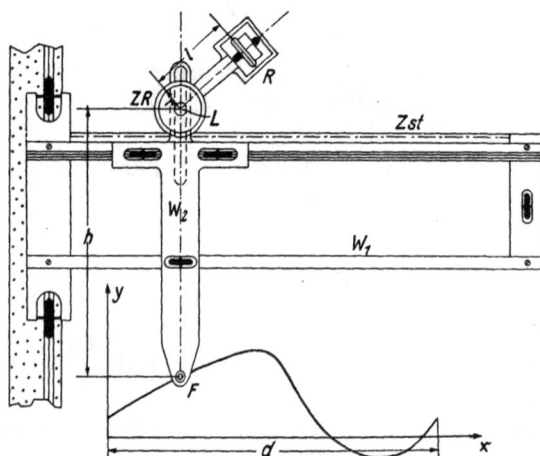

Bild 149. Schematische Darstellung des Analysators Amsler-Harvey.

laufende Räder in der y-Richtung verschiebbar ist. Auf ihm läuft in x-Richtung ein zweiter Wagen W_2, der ein Zahnrad ZR vom Radius $r = \dfrac{d}{2\pi n}$ trägt. In Bild 150 rechts sieht man die Räder für die verschiedenen Werte von n. Dieses Zahnrad rollt auf einer x-parallelen Zahnstange Zst des Wagens W_1 ab. Seine Achse L ist so einstellbar, daß für alle Räder der Eingriff in die Zahnstange erfolgt. Mit Zst ist ein Arm festverbunden, der im Abstand l vom Drehpunkt L eine Meßrolle R trägt, so daß die Verlängerung der Rollenachse durch L geht. War für $x = 0$ die Verbindungsgerade LR der y- bzw. $-x$-Richtung parallel, bildet LR mit der

y-Achse den Winkel $n \cdot \dfrac{2\pi}{d}\, x$ bzw. $n \cdot \dfrac{2\pi}{d}\, x + \dfrac{\pi}{2}$, wenn sich der Fahr-stift F des Wagens W_2, der auf der zu analysierenden Kurve entlangge-führt wird, in einem Punkt mit der Abszisse x befindet. Die Koordinaten

Bild 150. Analysator Amsler-Harvey mit Ergänzungsapparaten.

des Auflagepunktes von R sind im ersten Fall, wenn die Anfangslage von LR der y-Achse parallel war,

$$\xi = x + l \sin\left(n \cdot \frac{2\pi}{d}\, x\right); \qquad \eta = y + h + l \cos\left(n \cdot \frac{2\pi}{d}\, x\right). \qquad (2)$$

Führt man den Fahrstift von $x = 0$ bis $x = d$ auf der Kurve und von $x = d$ bis $x = 0$ auf der x-Achse zurück, wird der Inhalt der von dem Auflagepunkt von R beschriebenen Kurve

$$S_1 = \int\limits_0^d \eta\, d\xi + \int\limits_d^0 \eta\, d\xi = \int\limits_0^d y\, dx + l \int\limits_0^d y\, d\left(\sin\left(n \cdot \frac{2\pi}{d}\, x\right)\right). \qquad (3)$$
$$\quad\; \text{Kurve} \quad\;\; x\text{-Achse}$$

Im zweiten Fall, wenn die Anfangslage von LR der negativen x-Achse parallel war, wird er entsprechend

$$S_2 = \int\limits_0^d y\, dx - l \int\limits_0^d y\, d\left(\cos\left(n \cdot \frac{2\pi}{d}\, x\right)\right). \quad \ldots \ldots \quad (4)$$

Betrachtet man nun den Arm LR als Fahrarm eines Planimeters, L als Leitpunkt, den Auflagepunkt der Meßrolle R als Fahrstiftspitze, so kann man die Planimetergleichung IV, D 1 b (5) mit $c = l$ anwenden. S bzw. $\overline{S}$ werden gleich dem Inhalt des von R bzw. L umfahrenen Flächenstückes, also ist $S = S_1$ bzw. S_2 und $\overline{S} = \int\limits_0^d y\, dx$. Weiter wird $\vartheta_1 = \vartheta_2$, da sich das Zahnrad ZR beim Zurückfahren auf der x-Achse um den gleichen Winkel zurückdreht, um den es sich beim Hinführen auf der Kurve gedreht hat, und $q_1 = q_2$, weil der Arm LR in seine Anfangslage zurückkehrt. Im ersten Fall wird also

$$S = S_1 = \int_0^d y\, dx + l \int_0^d y\, d\left(\sin\left(n \cdot \frac{2\pi}{d}\, x\right)\right) = \overline{S} + 2\pi l \varrho\, U_1. \qquad (5)$$

Daraus folgt

$$a_n = 2\varrho\, U_1/n. \ldots \ldots \ldots \ldots (6)$$

Genau so findet man bei Ausgang von der zweiten Anfangslage

$$b_n = 2\varrho\, U_2/n. \ldots \ldots \ldots \ldots (7)$$

Der Apparat kann auch nach Ausschalten des Eingriffes zwischen Zahnrad und Zahnstange und nach Einbau eines kleinen Hilfsapparates als Planimeter oder auch als Linear-Potenzplanimeter benutzt werden.

Eine ähnliche Konstruktion hatte schon 1931 Terebesi angegeben, die den Vorteil hatte, für verschiedene Periodenlängen brauchbar zu sein, während bei der Amslerschen Konstruktion die Kurve stets auf die Periodenlänge von $d = 30$ cm umgezeichnet werden muß. Außerdem kam Terebesi mit einer geringeren Anzahl von Zahnrädern aus. Doch ist der Apparat nicht fabrikmäßig hergestellt.

Ähnlich wie der Apparat von Harvey arbeitet der von Boucherot [40]. Auch Le Conte hat von dem Apparat von Yule ausgehend einen Analysator entwickelt [221].

b) Der Analysator Mader-Ott

α) Wirkungsweise. Dieser von Mader angegebene von Ott verbesserte Analysator vermeidet das Umzeichnen der Kurve auf eine bestimmte Periodenlänge; er ist für Kurven von 2,5 bis 36 cm Periodenlänge brauchbar [252, 304, 391]. Neuere Apparate können mit einem zusätzlichen längeren, durch ein Gelenkparallelogramm angelenkten Fahrarm versehen werden, so daß Kurven mit einer Periodenlänge bis zu 72 cm analysiert werden können.

Der Analysator besteht aus einem Lenker, der im wesentlichen die Ordinaten y auf die Abszissen $\sin\left(n \cdot \frac{2\pi}{d}\, x\right)$ bzw. $\cos\left(n \cdot \frac{2\pi}{d}\, x\right)$ überträgt, und aus einem Planimeter. In Bild 151 ist der Lenker dieses Analysators schematisch dargestellt. Auf einem Wagen W, der mittels in einer Nut laufender Rollen in der y-Richtung verschiebbar ist, befinden sich drei bewegliche Teile, ein Winkelhebel WH, eine Zahnstange Zst und ein Zahnrad ZR. Der Winkelhebel WH dient zur Reduktion der Periodenlänge auf die Normallänge. Sein Scheitel D wird mittels eines Einstellwinkels, mit dem man zugleich die Periodenlänge mißt, so eingestellt, daß er sich in der Mitte der Periode in der y-Richtung bewegt. Am längeren Arm trägt er eine Skala, auf der der Fahrstift auf die gemessene Periodenlänge eingestellt wird. Am anderen Arm befindet sich ein Zapfen Z, der in einer in x-Richtung liegenden Führungsnut der in y-Richtung verschiebbaren Zahnstange Zst gleitet. Bei Verschiebung des Fahrstiftes F in y-Richtung bleiben Winkelhebel und Zahnstange relativ zum Wagen W in Ruhe. Dagegen verschiebt sich der Wagen als Ganzes in y-Richtung. Führt man aber mit dem Fahrarm eine Schwen-

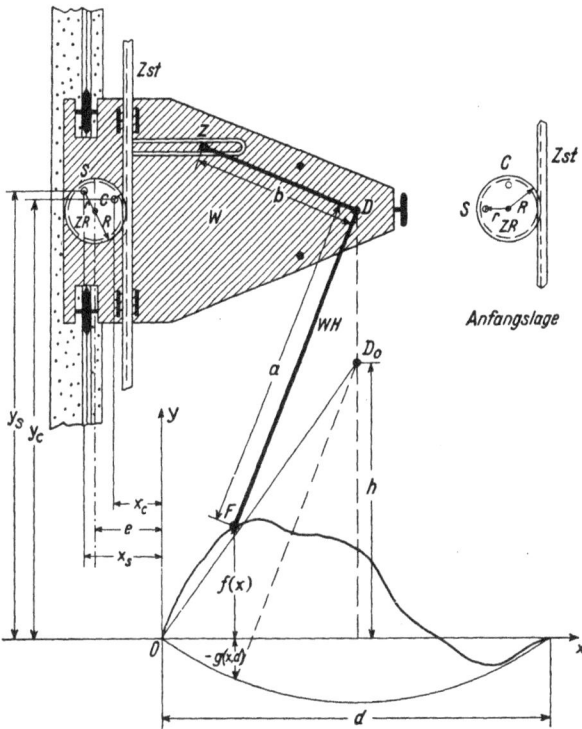

Bild 151. Schematische Darstellung des Analysatorlenkers Mader-Ott.

kung aus, so daß die Abszisse des Fahrstiftes sich um x ändert, so bewegt sich die Zahnstange relativ zum Wagen W um die Strecke $\dfrac{b}{a} x$ nach unten, wenn a und b die Schenkellängen des Winkelhebels sind. Durch die Bewegung der Zahnstange wird nun das in sie eingreifende Zahnrad ZR vom Radius R um einen Winkel $\beta = \dfrac{1}{R} \cdot \dfrac{b}{a} \cdot x$ gedreht. Dieses Zahnrad dient der Übertragung der Ordinaten y auf die Abszissen $\sin\left(n \cdot \dfrac{2\pi}{d} x\right)$ bzw. $\cos\left(n \cdot \dfrac{2\pi}{d} x\right)$. Für jedes Koeffizientenpaar ist ein Zahnrad ZR vorhanden, auf dem sich im Abstande r vom Drehpunkt zwei Bohrungen S und C zum Einsetzen des Fahrstiftes des Planimeters befinden, das auf einem kleinen Holzpodium neben dem Lenker aufge-

12*

stellt ist. Ihre Verbindungslinien mit dem Drehpunkt stehen senkrecht aufeinander. Für das Einsetzen dieser Räder und des bei den Rädern für $n > 6$ zwischen Rad und Zahnstange zwischengeschalteten Rades hat der Wagen W eine entsprechende Zahl von Bohrungen.

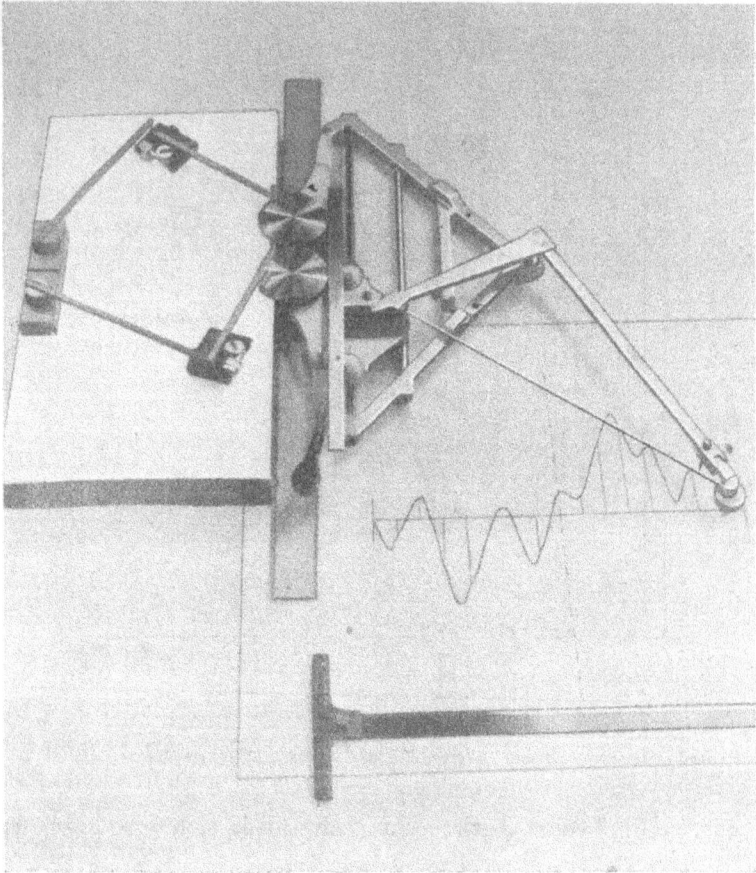

Bild 152. Harmonischer Analysator Mader-Ott.

Schlägt man aus der Ausgangslage unter Festhalten des Wagens W den Winkelhebel WH von der äußersten linken zur äußersten rechten Lage durch, so beschreibt der Fahrstift einen Kreisbogen mit der Ordinate $-g\,(x, d)$. Die Abmessungen der Zahnräder sind nun so gewählt, daß dabei das Zahnrad für a_n und b_n sich n-mal herumdreht, d. h. es muß

$$\beta = \frac{1}{R} \cdot \frac{b}{a} \cdot x = n \cdot \frac{2\pi}{d} \cdot x \text{ sein. Als Radius dieses Zahnrades ist also}$$

$$R = \frac{d}{2} \cdot \frac{b}{a} \cdot \frac{1}{n\pi} \text{ zu wählen. Ist der größte Ausschlagwinkel des großen}$$

Armes des Winkelhebels α, ist also $\dfrac{d}{2\,a} = \sin\alpha$, so wird $R = \dfrac{b\cdot\sin\alpha}{n\cdot\pi}$.
Ist insbesondere, wie das bei den meisten Apparaten der Fall ist, $a = d$,
also $\alpha = 30^0$, wird $R = \dfrac{b}{2\,n\,\pi}$.

Führt man nun F auf der Kurve entlang, kommt zu der durch die Drehung des Zahnrades bedingten Verlagerung der Punkte C und S noch eine Verschiebung $f(x) + g(x, d)$ in y-Richtung hinzu. Als Koordinaten der Punkte C und S liest man damit aus Bild 151 ab:

$$\left.\begin{array}{ll} x_c = -\,e + r\sin\beta; & y_c = f(x) + g(x, d) + h + r\cos\beta \\ x_s = -\,e - r\cos\beta; & y_s = f(x) + g(x, d) + h + r\sin\beta \end{array}\right\} \quad (8)$$

Beim Zurückführen auf der x-Achse wird in diesen Gleichungen $f(x) = 0$. Umfährt man nun mit dem Fahrstift das ganze von Kurve, x-Achse und Endordinaten umschlossene Flächenstück, wird der Inhalt der von den Punkten C bzw. S beschriebenen Kurven, der ja von dem Planimeter bei Einsatz des Fahrstiftes in C bzw. S gemessen wird,

$$J_c = \int\limits_{0\atop\text{Kurve}}^{d} y_c\,d\,x_c + \int\limits_{d\atop x\text{-Achse}}^{0} y_c\,d\,x_c = r\int\limits_{0}^{d} f(x)\,d\left(\sin\left(n\cdot\frac{2\,\pi}{d}\,x\right)\right), \quad \cdot \quad \cdot \quad (9)$$

$$J_s = -\,r\int\limits_{0}^{d} f(x)\,d\left(\cos\left(n\cdot\frac{2\,\pi}{d}\,x\right)\right). \quad \cdot \quad \cdot \quad \cdot \quad \cdot \quad \cdot \quad \cdot \quad \cdot \quad \cdot \quad \cdot \quad (10)$$

Setzt man noch zur Abkürzung $k = r\,n\,\pi$, also bei $\alpha = 30^0$ $k = \dfrac{r}{R}\cdot\dfrac{b}{2}$, so wird

$$J_c = k\cdot a_n; \qquad J_s = k\cdot b_n. \quad \cdot \quad \cdot \quad \cdot \quad \cdot \quad \cdot \quad \cdot \quad (11)$$

Bei den ausgeführten Apparaten ist $k = 100$ mm gewählt, so daß einer mit dem Planimeter umfahrenen Fläche von 10 mm², das ist bei der üblichen Einstellung eine Noniuseinheit, eine Koeffizientengröße von 0,01 cm entspricht.

Der Apparat wird zur Bestimmung von bis zu 33 Koeffizientenpaaren gebaut. Wegen der Veränderlichkeit der Basislänge kann man mit einem solchen Radsatz alle Koeffizienten bis $n = 66$ bzw. 99 bzw. 132 usw. bestimmen. Dabei werden einfache Zahnräder bis $n = 6$ benutzt. Die ersten Räder müssen so eingesetzt werden, daß in der Ausgangslage S links, C über dem Drehpunkt des Zahnrades liegt (Bild 151 oben rechts). Von $n = 7$ ab wird zwischen Zahnrad ZR und Zahnstange Zst ein Zwischenrad eingeschaltet. Dann muß in der Ausgangsstellung S links und C unten stehen. Die vom Planimeter angezeigten Werte sind in diesem Fall durch 2 zu dividieren. Der beschriebene Analysator hat den Nachteil, daß man bei jeder Befahrung nur einen Koeffizienten bekommt. Um dem abzuhelfen, wurde der Analysatorlenker zunächst so gebaut, daß von der Zahnstange Zst gleichzeitig zwei Zahnräder ZR bewegt werden, so daß zwei Planimeter arbeiten können. In Bild 152 ist ein solcher Analysator wiedergegeben. Die beiden im Bild eingesetzten Scheiben dienen der gleichzeitigen Bestimmung des Sinus- und Kosinusgliedes der Grundschwingung. Dann gab Ott dem Gerät eine solche Form,

Bild 153. Analysator Mader-Ott mit Zusatzwagen.

daß mehrere Geräte zu einem Analysatorzug zusammengekoppelt werden können. Bild 153 zeigt einen solchen Zug, bei dem gleichzeitig acht Planimeter arbeiten. Die drei rückwärtigen Geräte werden neuerdings zu einem Zusatzwagen zusammengefaßt. Zwei solche Wagen können an den Analysatorlenker angehängt werden, so daß man bei einer Umfahrung 14 Koeffizienten erhält (2 durch den Analysatorlenker und je 6 durch jeden Zusatzwagen).

β) Genauigkeitsuntersuchungen am Analysator von Mader bzw. von Mader-Ott sind von Ackerl [2] und Baer [21] gemacht worden.

Der erste stellt fest, daß die Meßresultate vom Umfahrungssinn abhängen, daß aber das Mittel aus einer Umfahrung im Zeigersinn und einer im Gegenzeigersinn Werte ergibt, die bis auf praktisch belanglose Differenzen genau sind. Baer untersucht drei Einstellfehler: Verschiebung der Kurve in x-Richtung, aus der beträchtliche Fehler erwachsen können, Drehung von Kurve und Analysatorachse gegeneinander und ungenaues Einstellen der Periodenlänge. Ferner untersucht er den Analysator mit dem Kontrollineal. Dabei findet er, daß der Gerätefehler im allgemeinen kleiner als 0,1 mm ist. Er ist von der persönlichen Gleichung und von der Umfahrungsgeschwindigkeit abhängig. Einen wesentlichen Beitrag zu dem Fehler liefern Ungenauigkeiten bei der Zurückführung des Fahrstiftes auf der x-Achse. Diese kann man vermeiden, wenn man den Fahrstift auf einem Kreisbogen um D zurückführt. Man geht dazu so vor, daß man den großen Arm des Winkelhebels bis zu dem Anschlag nach links bringt und den Wagen nach oben ebenfalls bis zu einem Anschlag verschiebt. In dieser Ausgangslage setzt man die Räder ein, führt den Fahrstift herunter zum Anfangspunkt der Kurve, befährt diese bis zum Anschlag rechts und führt den Wagen wieder bis zu dem Anschlag nach oben. In dieser Lage schlägt man dann den Winkelhebel ganz nach links durch. Zu den Koeffizienten der Kurve kommen dann die des Kreisbogens additiv hinzu. Da dieser, wenn man den Nullpunkt am linken Ende der Periode hat, wie in Bild 151 angenommen wurde, eine gerade Funktion darstellt, verursacht das keine Änderung der Koeffizienten b_n, dagegen tritt zu den Kosinuskoeffizienten ein Glied, das der Periodenlänge d proportional ist, hinzu. Bezeichnet man mit a_n' die Planimeterablesung, so wird

$$a_n = a_n' + d \cdot \alpha_n.$$

Die α_n sind von Ott experimentell ermittelt. Die Korrektion ist direkt an der Planimeterablesung anzubringen, auch für $n \geq 7$. Mißt man d in cm, wird

n	α_n	n	α_n
1	6,57 NE/cm	6	0,18 NE/cm
2	1,76 NE/cm	7	0,23 NE/cm
3	0,81 NE/cm	8	0,16 NE/cm
4	0,48 NE/cm	9	0,11 NE/cm
5	0,29 NE/cm	10	0,08 NE/cm

γ) Größe der Ordinaten. Die größte und die kleinste Ordinate der zu analysierenden Kurve dürfen sich nicht um mehr als 32 cm unterscheiden. Will man diesen Bereich voll ausnutzen, muß die Einstellmarke am kleinen Schenkel des Einstellwinkels auf den Punkt d der auf der Laufschiene angebrachten Teilung eingestellt werden, der der

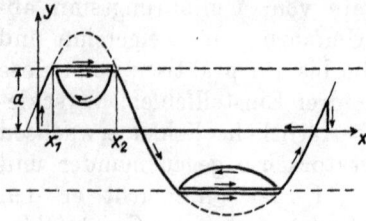

Bild 154. Analyse von Kurven mit zu
großen Ordinaten.

Periodenlänge entspricht. Die Kurve wird dann so aufgespannt, daß die x-parallele Mittellinie des Bereiches durch diesen Punkt geht. Sind die Kurvenordinaten größer, nimmt man eine Spiegelung der überstehenden Stücke an den Geraden $y = \pm a$ vor und umfährt entsprechend den in Bild 154 angegebenen Pfeilen. Daß man so die richtigen Koeffizienten bekommt, folgt aus der für die Umfahrung zwischen x_1 und x_2 geltenden Gleichung

$$a \int_{x_1}^{x_2} \cos\left(n \cdot \frac{2\pi}{d} x\right) dx + \int_{x_2}^{x_1} (2a - f(x)) \cos\left(n \cdot \frac{2\pi}{d} x\right) dx$$

$$+ a \int_{x_1}^{x_2} \cos\left(n \cdot \frac{2\pi}{d} x\right) dx = \int_{x_1}^{x_2} f(x) \cos\left(n \cdot \frac{2\pi}{d} x\right) dx$$

und einer ähnlichen für den Sinuskoeffizienten [298].

δ) **Bestimmung der Fourier-Koeffizienten** a_n **und** b_n **mit dem für die** m**-ten Koeffizienten bestimmten Zahnrad, falls** $m < n \leq 2m$ **ist** [298]. Dazu werden beide Periodenhälften von 0 bis $d/2$ und von $d/2$ bis d für sich analysiert. Man spannt zunächst die erste, später die zweite Hälfte symmetrisch zu der durch den Drehpunkt des Winkelhebels gehenden y-Parallelen auf und muß nun den Fahrstift auf dem Winkelhebel so einstellen, daß das Rad auf der Strecke $d/2$ gerade $n/2$ Umdrehungen macht. Auf der ganzen Länge z, die der Einstellung des Fahrstiftes entspricht, macht das Rad m Umdrehungen; also folgt aus

$$z : m = d/2 : n/2$$

die Fahrstifteinstellung $z = \dfrac{m}{n} d$.

Zwischen linkem Anschlag und Anfangspunkt der Umfahrung liegt in x-Richtung die Strecke $\frac{1}{2}\left(z - \frac{d}{2}\right)$. Ihr entsprechen $\frac{1}{2}\left(z - \frac{d}{2}\right) \cdot \dfrac{n}{d}$ $= \dfrac{2m - n}{4}$ Umdrehungen des Zahnrades. Da der Zähler eine ganze Zahl ist, liegen die Radien nach den Bohrungen bei Beginn der Kurvenbefahrung immer in x- oder y-Richtung. Beim Einsetzen des Fahrstiftes in die in x-Richtung liegende Bohrung erhält man einen Beitrag b_n' für die erste Periodenhälfte, b_n'' für die zweite zum Sinuskoeffizienten, beim Einsetzen in die in der y-Richtung liegende Bohrung einen Beitrag a'_n bzw. a_n'' zu dem Kosinuskoeffizienten. Liegt bei der ersten Hälfte die

Bohrung der Normallage entgegengesetzt, ist dieser Beitrag $b_n{}'$ bzw. $a_n{}'$ negativ zu nehmen, sonst positiv. Bei der Befahrung der zweiten Periodenhälfte achtet man auf die Stellung der Bohrung am rechten Kurvenende: Bei Normallage der Bohrung ist wiederum der Beitrag positiv, sonst negativ zu nehmen. Beachtet man das, wird:

Rest der Teilung von $2\,m - n$ durch 4	a_n	b_n
0	$\dfrac{m}{n}\,(a_n{}' + a_n{}'')$	$\dfrac{m}{n}\,(b_n{}' + b_n{}'')$
1	$\dfrac{m}{n}\,(a_n{}' - a_n{}'')$	$\dfrac{m}{n}\,(- b_n{}' + b_n{}'')$
2	$\dfrac{m}{n}\,(- a_n{}' - a_n{}'')$	$\dfrac{m}{n}\,(- b_n{}' - b_n{}'')$
3	$\dfrac{m}{n}\,(- a_n{}' + a_n{}'')$	$\dfrac{m}{n}\,(+ b_n{}' - b_n{}'')$

Der Faktor m/n erklärt sich daraus, daß die Fourier-Koeffizienten a_n und b_n den Faktor $\dfrac{1}{n\,\pi}$ haben, während der Radius des m-ten Zahnrades so gewählt ist, daß der betreffende Koeffizient den Faktor $\dfrac{1}{m\,\pi}$ hat. Um den richtigen Wert zu bekommen, muß man mit m/n multiplizieren.

ε) **Andere Anwendungen des Analysators.** Über die eigentliche Fourier-Analyse hinaus, s. z. B. [37], kann man, wie Laurila gezeigt hat, den Apparat zur genäherten Berechnung von Fourier-Integralen verwenden [27, 220]. Weiter kann man ihn wegen der beliebig einstellbaren Periodenlänge bei der Aufsuchung versteckter Perioden benutzen. Näherungswerte für diese kann man durch Aufstellung eines Periodogrammes gewinnen. Zur Herstellung eines solchen analysiert man das vorliegende Kurvenstück mit einer Reihe von Versuchsperioden und trägt $\sqrt{a_n{}^2 + b_n{}^2}$ als Funktion der zugehörigen Periodenlänge auf. Das so entstehende Periodogramm hat in der Umgebung der wirklich auftretenden Perioden Maxima, während seine Ordinaten sich sonst nur wenig von Null unterscheiden [425].

3. Analysatoren dritter Art

Formt man die Formeln V, A 1 (2) für die Fourier-Koeffizienten durch Teilintegration um, erhält man

$$a_n = -\frac{1}{n\,\pi} \int \sin\left(n \cdot \frac{2\,\pi}{d}\, x\right) dy; \quad b_n = \frac{1}{n\,\pi} \int \cos\left(n \cdot \frac{2\,\pi}{d}\, x\right) dy, \quad (12)$$

falls die zu analysierende Kurve keine Unstetigkeiten aufweist oder falls man diese dadurch überbrückt, daß man an einer solchen Stelle den

Fahrstift von einem Kurvenstück zum anderen auf einer y-Parallelen führt, was auch am Intervallende zu geschehen hat, wenn die Ordinaten dort nicht gleich sind. Die Form (12) liegt der Bestimmung der Fourier-Koeffizienten durch den Analysator von Henrici-Coradi zugrunde. Dieser hat den Nachteil, daß die zu analysierenden Kurven auf die gleiche Periodenlänge (meist 40 cm) umgezeichnet werden müssen, hat aber den Vorteil, daß bei einer Umfahrung der zu analysierenden Kurve, ähnlich wie bei dem Analysator Mader-Ott mit Zusatzwagen, je nach der Anzahl der vorhandenen Integriermechanismen gleich drei bzw. fünf Koeffizienten a_n und ebenso viele b_n bestimmt werden. Man kann mit diesen Apparaten die ersten 50 Harmonischen berechnen. Es sind sogar Apparate zur Bestimmung der ersten 150 Harmonischen gebaut worden.

Der Analysator besteht aus einem in der y-Richtung verschiebbaren Wagen, der die Integriergeräte trägt, wie sie nach der Idee von M. Küntzel von Coradi [156, 157, 262, 271] konstruiert sind und wie sie in IV, H 2 beschrieben und in Bild 106 schematisch dargestellt sind. Hier werden jetzt beide Integrierrollen gebraucht; die eine liefert a_n, die andere b_n. Zur Ausführung der Analyse wird die Führungsmarke, ein kleiner in Glas geritzter Kreis (Bild 155), auf der Kurve entlanggeführt. Die Verschie-

Bild 155. Analysator Henrici-Coradi.

bung in Richtung der y-Achse erfolgt durch Bewegung des auf drei Rollen ruhenden Wagens, die in x-Richtung dadurch, daß ein die Führungsmarke tragender Schlitten durch Drehen an den links und rechts herausragenden Enden einer Leitspindel verschoben wird. Die Drehung dieser Spindel bewirkt bei den älteren Apparaten mittels eines über Scheiben gespannten Drahtes, bei den neueren durch ein dreistufiges Vorgelege und Wechselräder die Drehung des Rahmens, der die beiden

Meßrollen trägt, so daß diese mit der x-Richtung stets Winkel

$$\gamma_1 = n \cdot \frac{2\pi}{d} x \quad \text{bzw.} \quad \gamma_2 = n \cdot \frac{2\pi}{d} x + \frac{\pi}{2}$$

bilden. Die mattgeschliffenen Glaskugeln der Integriervorrichtung ruhen auf zylindrischen Verstärkungen der Wagenachse, die sich mit den den Wagen tragenden Rädern drehen. Verschiebt man den Wagen um dy in y-Richtung, drehen sich die Kugeln um eine Parallele zur x-Achse um einen Winkel, der proportional dy ist. Die erste Meßrolle wird sich also um

$$k \cdot dy \cdot \sin\left(n \cdot \frac{2\pi}{d} x\right), \quad \text{die zweite um} \quad k \cdot dy \cdot \cos\left(n \cdot \frac{2\pi}{d} x\right)$$

drehen. Ist man vom Anfang bis zum Ende auf der Kurve entlanggefahren, zeigt somit die erste Meßrolle $U_1 = -\frac{kn}{2\varrho} \cdot a_n$, die zweite $U_2 = \frac{kn}{2\varrho} b_n$ an, wenn man den Meßrollenradius mit ϱ bezeichnet.

Zuerst werden so die ersten drei bzw. fünf Koeffizientenpaare bestimmt. Dann werden die Wechselräder nach einem bestimmten Plan ausgetauscht, der dafür sorgt, daß möglichst wenig Wechsel erfolgen. In der Hauptsache sucht man den Analysator durch Umstellen des Vorgeleges für die Bestimmung der weiteren Koeffizienten herzurichten.

Die Fehlermöglichkeiten dieses Apparates sind mehrfach untersucht [194]. Schon Henrici [62, 156, 157] zeigt, wie man bestimmte Fehler vermeiden kann.

Nach einem ähnlichen Prinzip arbeitet der Analysator von Sharp [404], an dem man sofort Amplitude und Phase der einzelnen Schwingungen ablesen kann.

C. Harmonische Analyse mittels gleichabständiger Ordinaten

1. Trigonometrische Interpolation

a) Die Formeln

Während die in den beiden vorhergehenden Paragraphen behandelten Apparate und Methoden den ganzen Kurvenverlauf $f(x)$ einer Periodenlänge der Bestimmung der Fourier-Koeffizienten zugrunde legen, benutzen andere Methoden und Analysatoren nur einzelne, im allgemeinen äquidistante Funktionswerte.

Es müssen dabei aber auf jede Periode einer zu bestimmenden Oberschwingung mindestens zwei Ordinaten kommen, da sonst, wie man das an Bild 156 erkennt, nicht vorhandene Perioden vorgetäuscht werden können [412, 427]. Hier ist die ausgezogene Kurve die wirklich vorhandene Schwingung, während durch die durch Nullkreise markierten Einzelmessungen die gestrichelt dargestellte Schwingung vorgetäuscht wird.

Zur Berechnung von Näherungswerten $\overline{a_m}$ und $\overline{b_m}$ für die Fourier-Koeffizienten a_m, b_m aus einzelnen Ordinaten kann man entweder wie

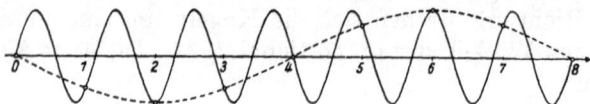

Bild 156. Vorgetäuschte Periode.

Hermann [160, 230] so vorgehen, daß man die in den Koeffizienten auftretenden Integrale durch Summen ersetzt. So wird z. B., wenn $2n$ Ordinaten auf die Grundperiode kommen,

$$\left. \begin{aligned} \bar{a}_m &= \frac{1}{n} \sum_{r=0}^{2n-1} f(x_r) \cos\left(m \cdot \frac{2\pi}{d} \cdot x_r\right) \quad (m = 0, 1, 2, \ldots, n), \\ \bar{b}_m &= \frac{1}{n} \sum_{r=0}^{2n-1} f(x_r) \sin\left(m \cdot \frac{2\pi}{d} \cdot x_r\right) \quad (m = 1, 2, 3, \ldots, n-1), \end{aligned} \right\} \quad (1)$$

wo $x_r = r \cdot \dfrac{d}{2n}$ ist. Die Ausdrücke, die man so erhält, nähern die gegebenen Funktionswerte nur an. Man kann aber auch durch die Endpunkte der $2n$ Ordinaten $y_0, y_1, \ldots, y_{2n-1}$ eine Kurve $T_n(x)$ legen, die man in Form einer Summe von trigonometrischen Funktionen darstellt, wie das Runge gemacht hat [363—366]. Durch eine solche trigonometrische Interpolation findet man die gleichen Formeln (1) bis auf $\bar{a}_n$, das halb so groß wird. Doch sieht man das meist als unwesentlich an, da die letzten Koeffizienten doch so ungenau sind, daß sie kaum verwendet werden können [272] (s. dazu V, C 1 b).

b) Die Streifenmethode

Hat man eine vollautomatische Rechenmaschine zur Verfügung, kann man obige Summen nach der sog. Streifenmethode berechnen. Dazu fertigt man sich für ein bestimmtes n, z. B. $2n = 24$, ein für allemal eine Tafel an, in der man die Werte von $\cos\left(m \cdot \dfrac{2\pi}{d} \cdot x_r\right)$ bzw. $\sin\left(m \cdot \dfrac{2\pi}{d} \cdot x_r\right)$ in der ersten Reihe für $m = 1$, in der zweiten für $m = 2$ usw. aufzeichnet und an deren Kopf man den entsprechenden Koeffizienten setzt. Der Anfang einer solchen Tafel würde also etwa für $2n = 24$ folgendermaßen aussehen:

a_1	1	0,96593	0,86603	0,70711	0,50000	0,25882	0 ...
a_2	1	0,86603	0,50000	0	—0,50000	—0,86603	—1 ...
a_3	1	0,70711	0	—0,70711	—1	—0,70711	0 ...
a_4	1	0,50000	—0,50000	—1	—0,50000	0,50000	1 ...
a_5	1	0,25882	—0,86603	—0,70711	0,50000	0,96593	0 ...
a_6	1	0	—1	0	1	0	—1 ...

und eine entsprechende Tafel für die b_m. Dann schreibt man die Werte von y_0 bis y_{23} in gleichem Abstand auf einen Streifen, den man zunächst unmittelbar über die mit a_1 bezeichnete Reihe legt, so daß immer y_r über $\cos\left(\dfrac{2\pi}{d} \cdot x_r\right)$ steht. Nun stellt man der Reihe nach die Werte y_r und $\cos\left(\dfrac{2\pi}{d} \cdot x_r\right)$ als Faktoren in die Maschine ein, beginnend mit $r = 0$, prüft im Kontrollwerk die Einstellung und multipliziert. Dabei stellt man das Hauptzählwerk je nach dem Vorzeichen des Produktes auf Addition oder Subtraktion. Die Maschine nimmt so die Summation vor, und man erhält schließlich im Resultatwerk bzw. im Speicherwerk $\displaystyle\sum_{r=0}^{2n-1} f(x_r) \cos\left(\dfrac{2\pi}{d} x_r\right)$. Division durch $2n$ ergibt a_1. Nun wird der Streifen um eine Zeile nach unten verschoben, daß er unmittelbar über der a_2-Reihe liegt, und genau so verfahren usw. Ohne jede Zwischennotierung erhält man so die Fourier-Koeffizienten. Wird die Summe negativ, bildet man das Komplement oder, wenn die Maschine ein Komplementwerk hat, liest man in diesem den absoluten Betrag der Summe ab [26, 228]. Löscht man das Umdrehungszählwerk nicht, steht dort jedesmal am Ende der 24 Multiplikationen derselbe Betrag Σy_r oder Null, wenn man mit den Winkelfunktionen multipliziert hat. Damit hat man eine gewisse Kontrolle für die Richtigkeit der Einstellung der zweiten Faktoren.

c) Rechenblätter

In den Summen (1) treten, insbesondere wenn n durch 4 teilbar ist, die gleichen Werte der Winkelfunktionen wiederholt auf, so daß man meistens vor der Multiplikation mit dem Kosinus oder Sinus zunächst additiv oder subtraktiv verschiedene Funktionswerte zusammenfaßt. Für die rein schematische Zusammenfassung und Multiplikation mit den entsprechenden trigonometrischen Funktionswerten hat man Rechenblätter und Schablonen hergestellt. Einige der bekannteren sind die von Bourier [41] für 12 Ordinaten, von Lohmann [230] für 20, von Runge-Emde [367], Zipperer [483], Terebesi [423, 424] für 24, von Grammel-Biezeno, Technische Dynamik, Berlin 1939, für 12 und für 36, von Martens [253] und Runge [363] für 36 und von Hußmann [171] für 24, 36 und 72 Ordinaten. Tafeln für diese Berechnungen in etwas anderer Form gibt Stumpff [414]. Zech [480] hat gezeigt, wie man die Summen (1) nach dem Lochkartenverfahren ausrechnen kann.

d) Genauigkeit der trigonometrischen Interpolation

Von den so berechneten Summen $T_n(x)$ weiß man nur, daß sie in den Endpunkten der benutzten Ordinaten mit der gegebenen Funktion $f(x)$ übereinstimmen. Die Größe der Abweichungen zwischen beiden Kurven in den Zwischenräumen kann man abschätzen, um so genauer, je mehr Voraussetzungen man über die darzustellende Kurve macht.

Zum Beispiel gibt Quade [345] die folgende Abschätzung: Besitzt die Funktion $f(x)$ mit der Periode 2π eine integrierbare r-te Ableitung, deren absoluter Betrag $|f^{(r)}(x)|$ im ganzen Gebiet kleiner als M_r ist, und hat das Interpolationspolynom $T_n(x)$ in den gleichabständigen Punkten $x_r = r \cdot \dfrac{\pi}{n}$ die gleichen Ordinaten wie $f(x)$, so gilt für den Ordinatenunterschied zwischen beiden Kurven

$$|f(x) - T_n(x)| < \sqrt{\frac{2}{r}} \left(\frac{\pi}{2}\right)^r \frac{M_r}{n^r} \left(3 + \frac{2}{\pi} \ln n\right).$$

Man kann versuchen, zwischen den gegebenen Funktionswerten durch Parabeln k-ter Ordnung zu interpolieren, die so aneinanderstoßen, daß die Ableitungen bis zur $(k-1)$-ten stetig sind. In diesem Fall spricht man von einer Interpolation k-ter Ordnung. Die Koeffizienten a_n^k und b_n^k dieser Interpolation kann man z. B. nach Einzeichnen der Kurven mit einem Analysator bestimmen. Quade und Collatz haben gezeigt, daß die durch trigonometrische Interpolation gefundenen Koeffizienten $\bar{a}_m$ und $\bar{b}_m$ die Grenzwerte dieser Koeffizienten für $k \to \infty$ sind. Falls nur Einzelwerte gegeben sind, ist im allgemeinen die trigonometrische Interpolation die beste Methode, denn erstens gibt sie als einzige einen endlichen Ausdruck, zweitens werden durch sie die gegebenen Werte genau wiedergegeben, während die Reihen nur gegen diese Werte konvergieren, und drittens liefert sie wegen des Fehlens der höheren Harmonischen die glatteste Kurve. Die Interpolation k-ter Ordnung ist nur dann günstiger, wenn die $k-1$ ersten Ableitungen der gegebenen Funktion stetig sind und die k-te Ableitung bekannte Unstetigkeiten für die gleichen Abszissen hat, für die die Funktionswerte bekannt sind. Die Versuche, eine bessere Annäherung etwa durch Einzeichnen einer Stufenkurve oder durch Verbindung der Endpunkte der Ordinaten durch einen Geradenzug und instrumentelle Analyse dieser Kurven zu erhalten, gehen also fehl. Man kann aus den durch instrumentelle Analyse einer Stufenkurve, — zu deren Ausführung man einen kleinen Hilfsapparat von Bartels benutzen kann, der aus nebeneinander liegenden Holzbrettchen der Breite d/n besteht, die in einem Rahmen verschiebbar sind [22], — oder eines Geradenzuges sich ergebenden Koeffizienten a_m^* und b_m^* bzw. a_m^{**} und b_m^{**} die $\bar{a}_m$ und $\bar{b}_m$ durch die Gleichungen berechnen:

$$a_m^* = \bar{a}_m \cdot p_m; \qquad b_m^* = \bar{b}_m \cdot p_m \quad \ldots \ldots (3)$$

bzw.

$$a_m^{**} = \bar{a}_m \cdot p_m{}^2; \qquad b_m^{**} = \bar{b}_m \cdot p_m{}^2, \quad \ldots \ldots (4)$$

wo

$$p_m = \sin \frac{m\pi}{2n} : \frac{m\pi}{2n}.$$

Die Größen p_m bzw. $p_m{}^2$ bezeichnet man als Abminderungsfaktoren. Allgemein hat Berger [29] diese Faktoren angegeben.

e) Zeichnerische Bestimmung der Fourier-Koeffizienten

Zur graphischen Bestimmung der Fourier-Koeffizienten faßt man die beiden Summen (1) zusammen zu

$$\bar{a}_m + i\,\bar{b}_m = \frac{1}{n} \sum_{r=0}^{2n-1} f(x_r)\, e^{im\frac{2\pi}{d}\cdot x_r} . \quad \ldots \ldots (5)$$

Hier kann man zunächst die Ordinaten $f(x_r)$ und $f(x_{r+n})$ additiv und subtraktiv zusammenfassen und die Summen für gerade, die Differenzen für ungerade m benutzen. Um die durch (5) vorgeschriebene Vektoraddition bequem ausführen zu können, hat v. Sanden ein Richtungslineal konstruiert, das die bei 16 und bei 32 Ordinaten gebrauchten Richtungen gibt [371]. Man kann dazu auch Spezialpapiere mit entsprechend gerichteten Geradenscharen verwenden und dann die Festlegung des Streckenzuges mit einem Streifen Pauspapier ausführen, auf dem längs der Geraden die $f(x_r)$ unter Berücksichtigung des Vorzeichens aneinander angetragen sind. Dieser Streifen wird vom Nullpunkt beginnend nacheinander unter Festhaltung des Anfangspunktes des $f(x_r)$, bis zu dem man gerade gekommen ist, in die betreffende Richtung gedreht. So erhält man ohne Zeichnung die Endpunkte der Streckenzüge (5) [116]. Auf Gleichung (5) für $n \to \infty$ beruht der Analysator von Grützmacher [488, 489].

f) Der Analysator von Lübcke

Der Analysator von Lübcke führt die Multiplikation von $f(x_r)$ mit $\cos m \cdot \frac{2\pi}{d} \cdot x_r$ bzw. $\sin m \cdot \frac{2\pi}{d} \cdot x_r$ dadurch aus, daß die Ordinate $f(x_r)$ mit einer Integrierrolle befahren wird, deren Ebene mit der Richtung dieser Ordinate den Winkel $m \cdot \frac{2\pi}{d} \cdot x_r$ bzw. $\frac{\pi}{2} - m \cdot \frac{2\pi}{d} \cdot x_r$ bildet. Die Addition erfolgt dadurch, daß die Ordinaten nacheinander mit jedesmal entsprechender Einstellung der Integrierrolle befahren werden [243].

g) Der Analysator von Michelson-Stratton

Der Analysator von Michelson-Stratton [269, 364], der für $2n = 80$ gebaut ist, benutzt zur Addition der einzelnen Summanden die elastischen Eigenschaften von Federn. Eine Bewegung, die proportional der Größe des einzelnen Summanden ist, wird durch eine Schubstange auf das eine Ende einer Feder übertragen, deren anderes an dem Umfang eines Zylinders angreift. An der einen Seite des Zylinders greifen die den 80 Summanden entsprechenden Federn an und suchen den Zylinder um seine Achse zu drehen, an der anderen greift eine starke Feder an, die ihn in seiner Lage zu halten sucht. Die Dehnung dieser letzten Feder ist dann proportional der gesuchten Summe. Die Resultate, die dieser Apparat liefert, können durch elastische Nachwirkungen ungenau werden. Außerdem treten Ungenauigkeiten durch die endliche Länge der Schubstangen auf. Diese Ungenauigkeiten werden bei neueren Apparaten dadurch vermieden, daß die Schubstangen durch Kurbelschleifen ersetzt werden [47, 270].

h) Synthese

Sowohl die Rechenblätter wie die hier erwähnten Analysatoren können nicht nur zur Analyse, d. h. zur Bestimmung der Fourier-Koeffizienten, sondern auch zur Synthese, also zur Berechnung der Ordinaten der durch die trigonometrische Summe dargestellten Funktion bzw. zur Zeichnung der entsprechenden Kurve verwendet werden. Diese Synthese ist die sicherste Kontrolle der Richtigkeit der Analyse. Eine Reihe von Apparaten sind in der Hauptsache für die Synthese gebaut [210, 270, 357]. Hierzu gehören u. a. auch die Gezeitenmaschinen [349], die zur Bestimmung der Ebbe und Flut in irgendeinem Hafen dienen. Auch mit den in V, B 2b beschriebenen Analysatoren können Synthesen ausgeführt werden [29]. Einen kleinen, für Unterrichtszwecke geeigneten Apparat zur Vorführung einer solchen Synthese hat Walther konstruiert [455].

2. Methode von Vercelli

Prinzip der Methode [441, 443]. Um eine beliebige aus periodischen Komponenten zusammengesetzte Funktion in ihre Komponenten zu zerlegen, auch wenn deren Frequenzen nicht Vielfache der Grundfrequenz sind, wie das bei der Fourier-Analyse der Fall ist, wendet Vercelli das folgende Verfahren an. Hat man eine Funktion

$$y = A_0 + \sum_{i=1}^{r} A_i \sin \frac{2\pi}{T_i}(t + x_i), \quad \ldots \ldots \quad (6)$$

so bildet man unter Benutzung der $2n + 1$ Ordinaten y_{-n}, y_{-n+1}, $\ldots$, y_0, $\ldots$, y_{+n}, die voneinander den gleichen Abstand Δt haben, und unter

Benutzung zunächst unbestimmter $a_0, a_1, ..., a_n$ zu jedem y den reduzierten Wert

$$\eta_0 = 2\, a_0\, y_0 + a_1\, (y_{+1} + y_{-1}) + \ldots + a_n\, (y_{+n} + y_{-n})$$

$$= A_0 M_0 + \sum_{i=1}^{r} A_i M_i \sin \frac{2\,\pi}{T_i}\, (t + \alpha_i), \ldots \ldots \ldots (7)$$

wo

$$M_0 = 2\, (a_0 + a_1 + \ldots + a_n),$$

$$M_i = 2 \left[a_0 + a_1 \cos \left(\frac{2\,\pi}{T_i} \cdot \varDelta t \right) + \ldots + a_n \cos \left(\frac{2\,\pi}{T_i} \cdot n \cdot \varDelta t \right) \right]$$

ist. Bei dieser Reduktion bleiben also die einzelnen Perioden und Phasen erhalten, nur werden das konstante Glied und die Amplituden·mit Faktoren multipliziert. Man setzt nun $a_0 = 1$ und bestimmt aus einem System von n Gleichungen $M_i = 0$ die a_1 bis a_n; dann fallen in der reduzierten Kurve die Komponenten der entsprechenden Perioden heraus, z. B. kommen in der Kombination

$$\eta_0 = \frac{1}{6}\, y_0 + \frac{1}{6}\, (y_{+1} + y_{-1}) + \frac{1}{8}\, (y_{+2} + y_{-2})$$

$$+ \frac{1}{12}\, (y_{+3} + y_{-3}) + \frac{1}{24}\, (y_{+4} + y_{-4})$$

die Komponenten mit der Periodenlänge $2\, \varDelta t$, $3\, \varDelta t$, $4\, \varDelta t$ und $6\, \varDelta t$ nicht mehr vor. Durch Aufteilung in einzelne Abschnitte und Addition der Ordinaten dieser Abschnitte hat übrigens schon Wedmore [457] einzelne Komponenten ausgeschaltet.

Vercelli hat vier Gruppen von Formeln aufgestellt. Die erste dient zum Glätten der Kurve, die zweite zur Entfernung des nicht periodischen Teiles, die dritte zur Abtrennung der kurzen, die vierte zur Abtrennung der langen Wellen. In Zahlentafeln gibt er für jede Gruppe in Prozenten die Amplituden der einzelnen in der reduzierten Kurve noch auftretenden Wellen an.

Analysator von Vercelli. Um die Multiplikation von y_m mit a_m bequem ausführen zu können, hat Vercelli éinen Analysator gebaut [442]. Dieser besteht aus einem Rahmen (Bild 157), der in x-Richtung verschiebbar ist und mittels Klemmschrauben festgestellt werden kann. In ihn können Schraubenspindeln verschiedener Ganghöhe $1:m$ parallel den Ordinaten so eingelegt werden, daß sie voneinander den Abstand von 1 cm haben. Es werden nun zunächst in den entsprechenden Abständen von der zu reduzierenden Ordinate in den Rahmen Spindeln mit Ganghöhen eingesetzt, die dem Wert des betreffenden a_m in der anzuwendenden Formel entsprechen, mit Rechts- oder Linkswindung je nach dem· Vorzeichen von a_m. Dem Apparat sind eine ausreichende Zahl solcher Spindeln beigegeben, z. B. wird die mit $D\,8$ bzw. $S\,8$ bezeichnete rechts- bzw. linksgewundene Spindel benutzt, wenn $a_m = \dfrac{1}{8}$ bzw. $a_m = -\dfrac{1}{8}$ ist. Durch Kegelradtrieb können die Spindeln einzeln mit einer quer vorher liegenden Hauptspindel der Ganghöhe 1 verbunden werden, die durch die Kurbel rechts unten gedreht wird. Alle Ordinatenspindeln tragen

Bild 157. Analysator von Vercelli.

Läufer, die zunächst einmal in Nullstellung sein mögen. Durch Druck auf eine der bezifferten Tasten wird die bis dahin vorhandene Sperrung der Kurbel aufgehoben und die Verbindung zwischen der Hauptspindel und der entsprechenden Ordinatenspindel hergestellt. Man dreht nun so lange, bis sich der Zeiger des Läufers von der Nullinie bis zur Kurve verschoben hat. Dazu sind $m \cdot y_r$ Drehungen der Kurbel und der Hauptspindel nötig. So werden nacheinander alle Läufer aus der Nullstellung auf die Kurve gekurbelt. Sämtliche Umdrehungen der Ordinatenspindeln werden dabei auf die Hauptspindel übertragen und addiert. Die reduzierte Ordinate kann man dann auf der unten liegenden Skala ablesen. Diese Reduktion führt man der Reihe nach für sämtliche Ordinaten aus, wobei man nicht jedesmal auf die Nullstellung zurückzugehen braucht. Die Länge der Spindeln beträgt 12 cm, ihr Abstand 1 cm. Die zu analysierende Kurve muß auf diese Maße umgezeichnet werden.

Über andere Methoden, Kurven der Form (6) zu analysieren, und über Apparate, die der Aufsuchung versteckter Perioden dienen, berichtet unter anderen Stumpff [412—415].

D. Stieltjes-Planimeter

1. Stieltjes-Integrale

Hat man von einer irgendwie verteilten Massenbelegung einer Geraden das statische Moment oder das Trägheitsmoment, bezogen auf den Nullpunkt, zu bilden, so kommt man zu Integralen der Form $\int x \cdot d\,m(x)$ bzw. $\int x^2 \cdot d\,m(x)$. Allgemein bezeichnet man Integrale der Form $\int g(x) \cdot d\,H(x)$, von der die erwähnten spezielle Fälle sind, als Stieltjes-Integrale. Sie kommen unter anderem in der Potentialtheorie vielfach vor. Dabei braucht die Belegungsfunktion $H(x)$ durchaus nicht in allen Punkten differenzierbar zu sein. Hat man z. B. außer einer kontinuierlichen Massenbelegung $m(x)$ noch in den Punkten x_1, x_2, ... Einzelmassen m_1, m_2, ..., so hat $H(x)$ an den betreffenden Stellen Unstetigkeiten. Es ist für $0 \leq x < x_1 : H(x) = m(x)$, für $x_1 \leq x < x_2 : H(x) = m_1 + m(x)$, für $x_2 \leq x < x_3 : H(x) = m_1 + m_2 + m(x)$ usw. Derartige Integrale kommen in vielen Gebieten der Physik vor. Ferner treten bei physikalischen, z. B. photometrischen Problemen Integrale der Form $\int F(y(x))\,dx$ auf, wo $F(y)$ und $y(x)$ experimentell festgelegte Funktionen sind. Sieht man hier x als Funktion von y an, so haben auch diese Integrale die Form von Stieltjes-Integralen $\int F(y) \cdot d\,x(y)$. Die zur direkten Auswertung von Integralen dieser Form gebauten Planimeter bezeichnet man als Stieltjes-Planimeter oder, da man, wenn die Belegungsfunktion $H(x)$ überall eine stetige Ableitung $h(x)$ hat, solche Integrale auch in die Form $\int g(x) \cdot h(x)\,dx$ bringen kann, als Produktplanimeter. Sie sind entweder so gebaut, daß die Funktionen $g(x)$ und $h(x)$ zunächst kinematisch miteinander multipliziert werden, wie das z. B. bei dem Integrator von van den Akker der Fall ist (V, D 3), oder sie arbeiten, wie die meisten dieser Instrumente, direkt als Stieltjes-Planimeter. Falls man mit einem solchen ein Produkt integrieren soll, hat man zunächst das Integral des einen Faktors zu bilden $\int h(x) \cdot dx = H(x)$. Apparate dieser zweiten Form haben den Vorteil, daß sie auch in solchen Fällen anwendbar sind, in denen die Belegungsfunktionen $H(x)$ Unstetigkeitsstellen hat.

2. Anwendungsmöglichkeiten

Der Anwendungsbereich dieser Planimeter ist außerordentlich groß. Sie können sämtliche bisher behandelten Spezialplanimeter ersetzen, z. B. die Momentenplanimeter (IV, H). Schreibt man das Moment in der Form

$$M_n = \oint g(x) \cdot x^n\,dx = \frac{1}{n+1}\,\oint g(x)\,d\,(x^{n+1}),$$

13*

wo n eine beliebige ganze oder gebrochene Zahl sein kann (außer $n = -1$), so läßt sich dieses Integral, wenn $g(x)$ und x^n bzw. x^{n+1} als Kurven vorliegen, mit einem Produkt- oder Stieltjes-Planimeter auswerten. Im Falle $n = -1$ hat man beim Stieltjes-Planimeter als zweite Leitkurve $\ln x$ zu benutzen.

Gelegentlich kann es von Nutzen sein, das vorliegende Integral durch Teilintegration umzuformen; dadurch erhält man

$$\oint g(x) \cdot dH(x) = -\oint H(x) \cdot dg(x).$$

Das Glied $H(x) \cdot g(x)$ fällt fort, weil man eine geschlossene Kurve umfährt, so daß der Anfangs- und Endwert von x gleich sind. Man kann also beim Integrieren mit einem Stieltjes-Planimeter die beiden Kurven vertauschen, was von Vorteil sein kann, wenn bei mehreren Integralen die Funktion $g(x)$ wiederholt vorkommt und man diese als Belegungsfunktion durch eine gebogene Führungsschiene darstellen kann, an der der eine Fahrstift hingleitet. Die Umformung kann bei den Potenzintegralen $\int y^n \, dx$ angewendet werden. Man erhält so z. B. bei $\int \dfrac{dx}{y(x)}$ eine gewöhnliche Hyperbel als Leitkurve.

Weiter kann man unter Benutzung der Kurven $\sin nx$ und $\cos nx$ mit diesen Planimetern die Fourier-Koeffizienten bestimmen (V, A und B) und allgemeiner unter Verwendung entsprechender Kurven die Koeffizienten, die bei der Entwicklung einer Funktion nach einem System von Eigenfunktionen auftreten, z. B. bei Entwicklung nach Kugelfunktionen. Bekanntlich sind diese Koeffizienten proportional dem Integral aus dem Produkt der zu entwickelnden Funktion und einer der Eigenfunktionen.

Auf andere Anwendungsmöglichkeiten, wie die Ausführung der Integration, wenn die Funktionswerte auf Kreisbogen aufgetragen sind, die die Abszissenachse orthogonal schneiden, oder auf das Planimetrieren eines in Mercatorprojektion dargestellten Teiles einer Kugeloberfläche hat Nyström [297] hingewiesen.

3. Der Integrator von van den Akker,

der zur Auswertung spektrometrischer Kurven gebaut ist, bildet zunächst kinematisch das Produkt der beiden Funktionen $g(x) \cdot h(x)$ [7]. Er ist schematisch in Bild 158 dargestellt. Auf einem Wagen W sind nebeneinander Zeichnungen mit den Kurven $g(x)$ und $h(x)$ aufgespannt. Beide können mittels leuchtender Punkte befahren werden, die von zwei an den Enden der Stäbe a und b in F_1 und F_2 befindlichen kleinen Glühlampen auf das Papier geworfen werden. Der Wagen W wird durch das Stahlband B, das durch eine in der Rolle UF liegende Uhrfeder gleichmäßig gespannt wird und mit dem anderen Ende um eine Trommel unter der Scheibe S eines Gonellaschen Integriermechanismus gewunden ist, in der x-Richtung verschoben. Die Scheibe wird durch einen Elektromotor langsam gedreht. Einem Drehwinkel $d\varphi$ entspricht eine Verschiebung des Wagens um $dx = c \cdot d\varphi$. Die Stäbe a und b bewegen sich in der y-Richtung. b trägt eine Führungsschleife mit zu b senkrechtem

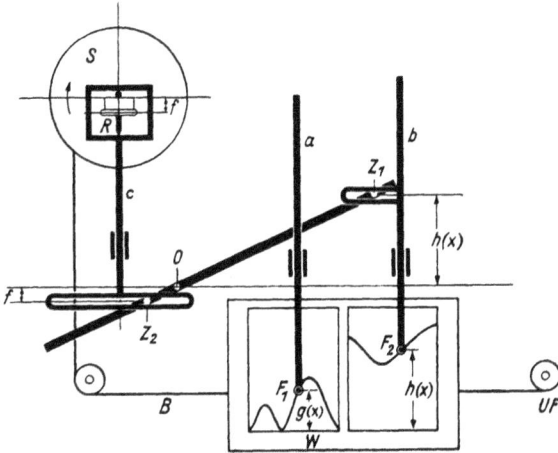

Bild 158. Schematische Darstellung des Integrators von van den Akker.

Schlitz, in der der Zapfen Z_1 eines um O drehbaren Stabes gleitet. Der Abstand des Zapfens Z_1 von der x-Parallelen durch O ist stets gleich $h(x)$, während OZ_1 konstant gleich l ist. Auf dem anderen Arm der Schiene wird durch die Bewegung des Stabes a mittels eines über verschiedene Rollen laufenden, hier nicht gezeichneten Stahlbandes ein zweiter Zapfen Z_2 so verschoben, daß $OZ_2 = g(x)$ ist. Für den Abstand f dieses Zapfens von der x-Parallelen durch O gilt somit nach bekannten Strahlensätzen:

$$f = \frac{h(x) \cdot g(x)}{l} . \qquad \ldots \ldots \ldots \ldots (1)$$

Der Zapfen Z_2 bewegt sich in der Querschleife eines Stabes c, der an seinem anderen Ende die Integrierrolle R trägt, die vom Drehpunkt der Scheibe S ebenfalls den Abstand f hat. Also mißt die Integrierrolle

$$J(x) = \frac{1}{lc} \int_{x_0}^{x} h(x) \cdot g(x)\, dx . \qquad \ldots \ldots \ldots (2)$$

Die Verschiebung der Stange b erfolgt mit der Hand, die der Stange a durch eine zweite Person ebenfalls mit der Hand oder mittels eines langsam laufenden reversiblen Motors, der durch einen Widerstand gesteuert wird. Für die ursprüngliche Verwendung sind beide Funktionen $g(x)$ und $h(x)$ positiv. Haben sie verschiedene Vorzeichen, markiert man die

Bereiche, in denen $g\,(x) \cdot h\,(x)$ positiv bzw. negativ ist. Bei der Bewegung des Wagens nach links befährt man dann in den ersten Gebieten die Kurven, in den zweiten die x-Achse. Bei der Rückbewegung macht man es umgekehrt.

Da man in jeder Stellung den Wert des Integrales bis zur entsprechenden Abszisse ablesen kann, ist der Apparat eigentlich ein Integrimeter. E. Pascal [323, 326] hat einen nach einem ähnlichen Prinzip arbeitenden Produktintegraphen konstruiert (VI, A 6).

4. Die Planimeter von Nessi und Nisolle

Fast alle anderen Planimeter arbeiten als Stieltjes-Planimeter, so ein schon von Thomson [431] angegebener Apparat, bei dem der auch sonst von ihm angewendete Integriermechanismus benutzt wird, ferner ein von Perry [327] konstruiertes Instrument, das ähnlich wie der Analysator von Henrici arbeitet (V, B 3) und das z. B. zur Bestimmung der Koeffizienten in nach Besselschen Funktionen fortschreitenden Reihen benutzt wurde. Auch die neueren Produktplanimeter arbeiten meist so, z. B. die Apparate von Nessi und Nisolle [285]. Der erste dieser beiden Apparate (Bild 159) besteht aus zwei zueinander rechtwinkligen Schienen, S_1 und S_2, die mittels der üblichen an Zeichentischen angebrachten Parallelführung, die in A angreift, immer parallel zur x- und y-Achse geführt werden. An der ersten Schiene ist ein fest einstellbarer Fahrstift F_1 angebracht, der auf der Kurve $g\,(x)$ entlanggeführt wird, die in einem Koordinatensystem mit dem Anfangspunkt O aufgezeichnet ist. Mit ihm bewegt sich der ganze Apparat. An der zweiten befindet sich eine unter dem Winkel α (etwa 30^0) schräg angesetzte Schiene S_3, die eine Längsnut hat. Auf diesen beiden Schienen gleitet mit kleinen Rollen an der Schiene S_2 entlang ein Wagen W, der eine Schiene mit einem in der x-Richtung verlaufenden Schlitz und einen zweiten Fahrstift F_2 trägt. Dieser wird auf der in ein zweites Koordinatensystem mit dem Anfangspunkt O' eingezeichneten Kurve der Belegungsfunktion $H\,(x)$ geführt. Vor Beginn der Integration wird der Fahrstift F_1 so eingestellt, daß er sich auf der y-Achse befindet, wenn F_2 auf der $\bar{y}$-Achse steht. In dem Schlitz und in der Nut der Schiene S_3 gleitet eine Hülse H, die zur Auf-

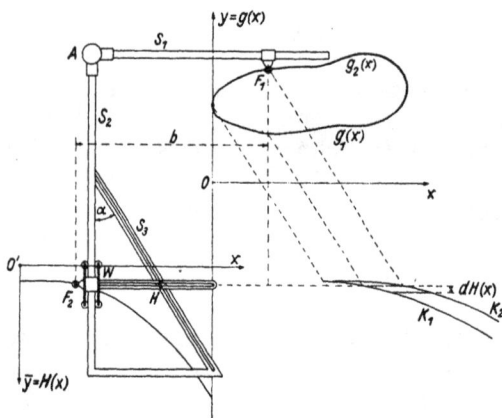

Bild 159. Schematische Darstellung des ersten Apparates von Nessi und Nisolle.

nahme des Planimeterfahrstiftes dient. Der Apparat wird nun so bewegt, daß, während F_1 auf $g(x)$ geführt wird, F_2 der Kurve $H(x)$ folgt. Da letztere in den praktisch wichtigen Fällen meist eine einfache Form hat, kann sie durch ein biegsames Stahlband realisiert werden, das auf der Zeichenebene entsprechend befestigt wird und an dem F_2 mittels zweier kleiner Rollen, deren Abstand gleich der Dicke des Stahlbandes ist, hingleitet. Die von der Hülse H und damit vom Planimeterfahrstift beschriebene Kurve ist in Bild 159 nach rechts verschoben angedeutet. Sind $g_1(x)$ und $g_2(x)$ die untere und obere Begrenzung der von $g(x)$ umschlossenen Fläche, so haben die beiden Kurven K_2 und K_1 in der x-Richtung den Abstand $(g_2(x) - g_1(x))\,\mathrm{tg}\,\alpha$. Bei Verschiebung des Fahrstiftes F_1 um dx und damit von F_2 um $dH(x)$ hat der zugehörige schmale Flächenstreifen den Inhalt $\mathrm{tg}\,\alpha\,(g_2(x) - g_1(x)) \cdot dH(x)$. Umfährt man das ganze Flächenstück, zeigt das Planimeter, dessen Fahrstift in H eingesetzt wurde, den Wert

$$U = k \oint g(x) \cdot dH(x) = k \oint g(x) \cdot h(x)\,dx \quad \ldots \ldots (3)$$

an, wo k ein durch den Winkel α und die Abmessungen des Planimeters bestimmter Proportionalitätsfaktor ist und das letzte Integral nur bei differenzierbarem $H(x)$ gilt. Während man bei dieser Ausführung des Apparates ein beliebiges Planimeter anwenden kann, muß bei der zweiten Konstruktion ein Linearplanimeter, am besten ein Scheibenroll- oder Kugelrollplanimeter, benutzt werden.

Dieser zweite Apparat (Bild 160) besteht aus einem rechteckigen Rahmen R, der in der Nut einer Schiene S_1 mit zwei Führungsrollen läuft und durch eine dritte Rolle, die sich auf der Schiene S_2 bewegt, gestützt wird. An der linken Schiene des Rahmens R gleitet mittels Rollen ein kleiner Wagen W_1 mit Fahrstift F_1, der auf der Kurve $y = g(x)$ entlanggeführt wird und seine Bewegung mittels über Rollen geführten Seilzuges auf

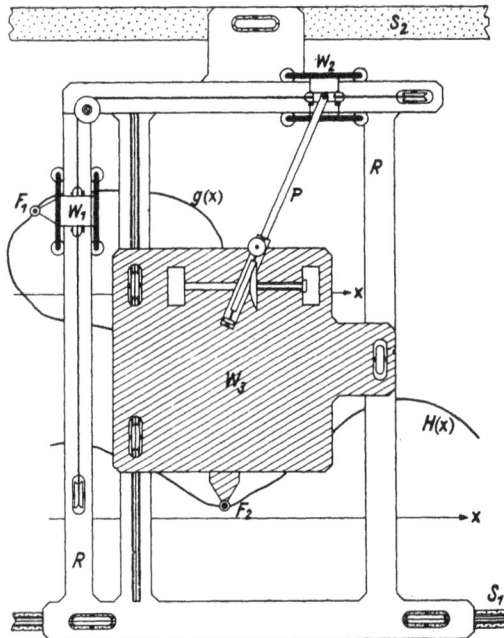

Bild 160. Schematische Darstellung des zweiten Apparates von Nessi und Nisolle mit Kugelrollplanimeter.

den Wagen W_2 überträgt. Dieser läuft auf der oberen x-parallelen
Rahmenseite und dient zur Führung des Planimeterfahrstiftes. Auf dem
Rahmen R gleitet in y-Richtung noch ein dritter Wagen W_3 auf zwei
in einer Nut laufenden Rädern und auf einer Stützrolle. Er trägt einen
Fahrstift F_2, der auf der Kurve $\bar{y} = H(x)$ geführt wird. Auf ihm ruhen
die Räder des Planimeters P. Wird nun unter richtiger Führung der
Fahrstifte der Rahmen R um dx verschoben, bewegt sich W_3 um $dH(x)$
in y-Richtung. Diese Verschiebung dreht die Räder des Planimeters
und damit dessen Scheibe bzw. Kugelkalotte um einen mit $dH(x)$ proportionalen Winkel. Da der Berührungspunkt der Integrierrolle bzw.
des Meßzylinders einen zu $g(x)$ proportionalen Abstand von der Drehachse der Scheibe bzw. Kalotte hat, mißt die Integriervorrichtung den
Betrag $k \cdot g(x) \cdot dH(x)$, bei voller Umfahrung also eine Größe, die
proportional dem Integral (3) ist. Die Führung des einen Fahrstiftes
kann natürlich auch hier mittels eines entsprechend geformten Stahlbandes geschehen.

5. Das Stieltjes-Planimeter von Nyström

Nyström [295, 297] hat aus dem Maderschen Analysator (V, B 2b)
ein Produktplanimeter entwickelt (Bild 161). Er ersetzt Zahnräder und
Zahnstange dieses Analysators durch ein kleines Tischchen T, das sich auf
drei Rollen, die auf zwei Schienen des großen Wagens W_1 laufen, mittels
des Winkelhebels in y-Rich-
tung verschiebt. Auf ihm ist
in einem x, t'-Koordinaten-
system die Kurve der Be-
legungsfunktion $x = H(t')$
eingezeichnet (Bild 161).
Über ihm liegen mit dem
Wagen W_1 fest verbunden
zwei Schienen, auf denen
ebenfalls auf drei Rädern
ein kleiner Wagen W_2 in
x-Richtung rollt. W_2 hat
eine Vertiefung für den
Einsatz des Planimeterfahrstiftes F_3 und ein Faden-
kreuz F_2, dessen Schnitt
auf der Kurve $x = H(t')$
entlanggeführt wird, wäh-

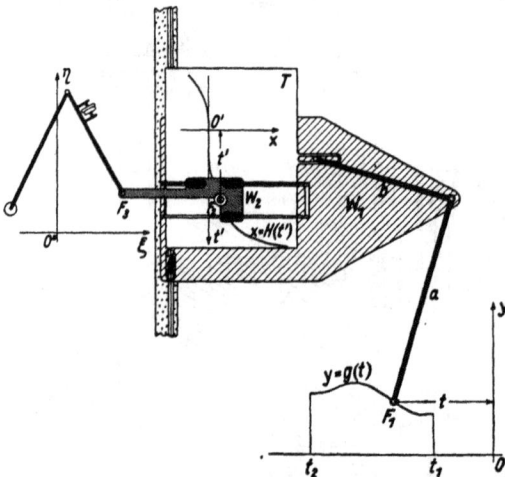

Bild 161. Schematische Darstellung des Stieltjes-Plani-
meters von Nyström.

rend sich das Tischchen unter den Schienen verschiebt. Das Faden-
kreuz ist auch wohl durch eine Lupe ersetzt oder durch eine Vorrichtung zur Zwangsführung des Punktes auf der Kurve $x = H(t')$.
Die zweite Kurve $y = g(t)$ ist auf die feste Unterlage gezeichnet

und wird mit dem Fahrstift F_1 des Analysatorlenkers in der gleichen Art umfahren wie bei der harmonischen Analyse. Die Koordinatensysteme beider Kurven sind so anzuordnen, daß F_2 über der x-Achse durch O' steht, wenn F_1 sich über der y-Achse durch O befindet. Sind t und t' die Entfernungen zwischen F_1 und der y-Achse bzw. zwischen F_2 und der x-Achse, so muß nach Bild 161 sich $t':t=b:a$ verhalten. Damit die Lage von F_1 und F_2 stets den gleichen Parameterwerten entspricht, müssen also die Maßeinheiten für t' und t im Verhältnis der Längen der beiden Arme des Winkelhebels stehen. Durch Verschiebung des Fahrstiftes F_1 auf dem Arm a dieses Hebels ist das leicht zu erreichen. Die Koordinaten des Fahrstiftes F_3 sind dann bestimmt durch (V, B 2 b, α)

$$\xi = H(t') + C; \quad \eta = g(t) + v(t),$$

wenn sich F_1 auf einem Punkt der Kurve $y = g(t)$ befindet; steht er aber auf dem entsprechenden Punkt der t-Achse, wird

$$\xi = H(t') + C, \quad \eta_0 = v(t). \quad \ldots \ldots \ldots \quad (5)$$

Den y-Parallelen durch t_1 und t_2 entsprechen zwei Parallele zur η-Achse. Der Fahrstift F_3 umfährt also, wenn F_1 die durch die Kurve $y = g(t)$, die t-Achse und die beiden y-Parallelen durch t_1 und t_2 begrenzte Fläche umfährt und dabei F_2 auf $x = H(t')$ geführt wird, eine Fläche, deren Inhalt

$$J = \oint (\eta - \eta_0)\, d\xi = \oint g(t) \cdot dH(t) \quad \ldots \ldots \quad (6)$$

vom Planimeter angezeigt wird.

Auch dieser Apparat muß von zwei Personen bedient werden. Wie bei den Planimetern von Nessi und Nisolle kann die Bewegung von

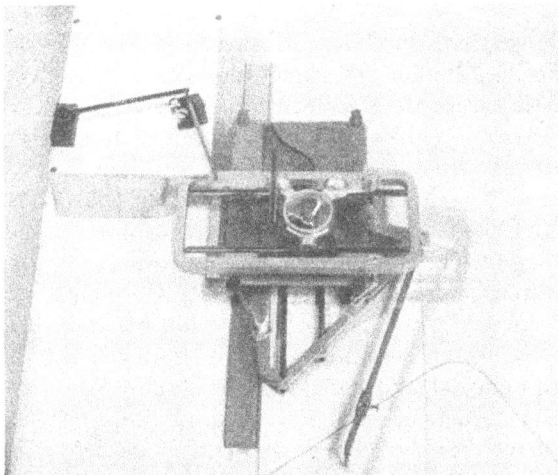

Bild 162. Stieltjes-Planimeter von Nyström (Bauart Ott) mit Metall-Leitkurve zur automatischen Führung.

F_2 durch eine zwangsläufige Führung bewirkt werden. Als Gleitkurve benutzt man nach den Angaben von Ott am besten ein Stahlband, das an der entsprechend ausgeschnittenen Kante einer Kunststoffplatte befestigt wird. Auch bei verhältnismäßig steilem Kurvenverlauf arbeitet eine solche Führung noch ohne Zwängung (Bild 162).

Genauigkeitsuntersuchungen von Laurila [220] haben ergeben, daß die mit dem Stieltjes-Planimeter. erreichbare Genauigkeit nicht wesentlich geringer ist als die, die man mit einem Analysator Mader-Ott erreichen kann.

Der unter 3 beschriebene Integrator von van den Akker arbeitet stets als Integrimeter. Auch das Instrument von Nyström kann als Integrimeter benutzt werden, wenn man einen kleinen Zusatzapparat verwendet [220], der im wesentlichen im Hinzufügen eines vom Fahrstift bewegten Schlittens besteht, der in t-Richtung gleitet.

6. Die Vektorintegratoren von Föttinger

Zu den Produktplanimetern bzw. -integrimetern kann man auch die Vektorintegratoren von Föttinger rechnen, die den Wert der Stromfunktion, des Potentials oder der Strömungsgeschwindigkeit in einem Punkte aus der Quell- und Wirbelbelegung einer Ortskurve bestimmen. Da man jedes Vektorfeld durch ein Quellen- und Wirbelfeld darstellen kann, gewinnt man dadurch die Möglichkeit, durch Näherungsverfahren die ebene bzw. rotationssymmetrische Strömung um einen Zylinder oder Rotationskörper zu bestimmen. Es treten dabei z. B. Integrale der Form

$$\int_{x_1}^{x_2} J \sin \Theta \, d\Theta, \quad \int_{x_1}^{x_2} J \cos \Theta \, d\Theta, \quad \int_{x_1}^{x_2} J \, d\Theta \quad \ldots \ldots \quad (7)$$

auf, wo J die längs eines durch eine Kurve dargestellten Trägers gegebene Belegungsdichte ist, die der örtlichen Quell- oder Wirbelverteilung $J \cdot dx$ entspricht. Diese ist ebenfalls als Kurve über der Trägerkurve oder einer Parallelkurve gegeben. Θ ist der Winkel zwischen der x-Richtung und der Verbindungsgeraden eines Trägerpunktes F_1 mit dem Aufpunkt P, für den obiges Integral zu berechnen ist. Dieser ist, wie in Bild 163 rechts oben zu sehen, durch die Ecke eines auf der Zeichenebene befestigten Dreiecks festgelegt. Bild 164 gibt schematisch den Aufbau eines Apparates für die Auswertung der ersten beiden Integrale [99, 100]. Der ganze Apparat bewegt sich auf zwei schweren durch eine Achse verbundenen Walzen W in Richtung der x-Achse. Dabei wird mit Hand oder durch Schablone der eine Fahrstift F_1 auf dem Belegungsträger T, der andere F_2 auf der Intensitätskurve J geführt. Auch dieser Apparat muß, falls man keine Zwangsführung verwendet, von zwei Personen bedient werden. Auf den Walzen und einer weiteren nicht gezeichneten Stützrolle ruht der schraffierte Wagen W', der durch F_1 in x- und y-Richtung verschoben wird und auf dem sich in y-Richtung die Schubstange St mit der Kurbelschleife Sch verschieben kann. Der Apparat arbeitet nach der zweiten Methode; er bildet für die beiden Integrale zunächst

$$dH(x) = \sin\Theta\, d\Theta = -d\cos\Theta$$

bzw.

$$\cos\Theta\, d\Theta = d\sin\Theta. \ . \ . \ (8)$$

Dazu ist der Aufpunktarm $F_1 P$ mit zwei Kurbeln $F_1 K_1$ und $F_1 K_2$ verbunden, die die Länge 1 haben und miteinander einen rechten Winkel bilden. Wahlweise wird von ihnen durch Umstöpseln eines Rollzapfens die Kurbelschleife Sch mit der Schubstange St in y-Richtung auf dem schraffierten Wagen verschoben, und zwar je nach Einsetzen des Stöpsels um den Betrag $\cos\Theta$ oder $\sin\Theta$. Bei einer kleinen Änderung $d\Theta$ verschiebt sich die Schubstange also um $-d\cos\Theta$ bzw. um $d\sin\Theta$. Dieser Betrag wird nun mit J durch entsprechende Stellung der Integrierrolle multipliziert. Unter Benutzung einer Geradführung des Fahrstiftes F_2, wie sie sich z. B. auch beim Ottschen Integrimeter (IV, L 1) findet, wird die Ebene der Integrierrolle unter einem Winkel ε gegen die negative x-Richtung eingestellt, der sich aus der Gleichung $J = 2\,l\sin\varepsilon$ ergibt, wenn die Längen der Stangen der Geradführung l und $2\,l$ sind. Also ist die Drehung dU der Integrierrolle bei Verschiebung der Schubstange um $dH(x)$

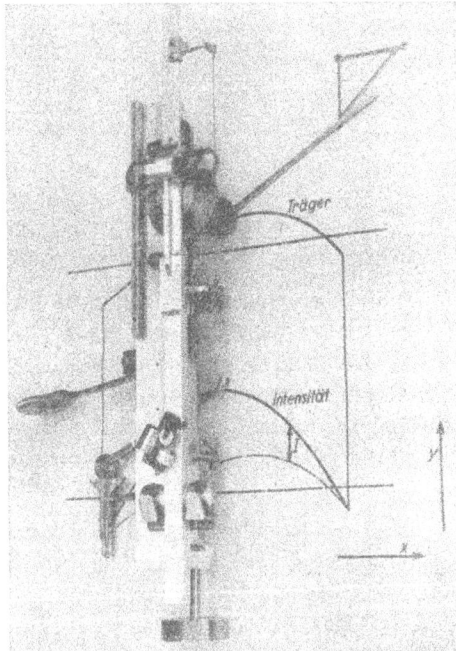

Bild 163. Universalintegrator von Föttinger.

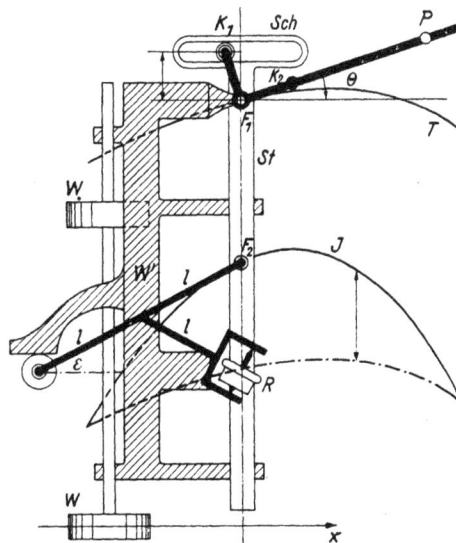

Bild 164. Schematische Darstellung des Universalintegrators von Föttinger.

$$2 \pi \varrho \, dU = \sin \varepsilon \cdot dH(x) = \frac{J}{2l} \sin \Theta \, d\Theta \quad \ldots \ldots \quad (9)$$

bzw.

$$2 \pi \varrho \, dU = \frac{J}{2l} \cos \Theta \, d\Theta, \quad \ldots \ldots \ldots \ldots \quad (10)$$

so daß beim Entlangführen des Fahrstiftes F_1 längs des Trägers T und von F_2 längs der Intensitätskurve J von x_1 bis x_2, je nach der Einstellung des Rollzapfens K, eins der beiden ersten Integrale (7) gemessen wird.

Will man das dritte Integral haben, wird der Aufpunktarm statt mit der Kurbelschleife mit einer glattrandigen Scheibe gekuppelt, die durch Drahtzug oder Zahnradtrieb der Schubstange eine Verschiebung in y-Richtung proportional Θ gibt. In Bild 163 erkennt man die beiden Hörner, zwischen denen der Draht gespannt ist, wie auch die Scheibe und den Kurbelmechanismus. Eine größere Zahl anderer von Föttinger gebauter Apparate arbeitet nach ähnlichen Methoden.

Bei der Konstruktion der Strömung um einen Körper ist im allgemeinen die zugehörige Belegungsfunktion nicht bekannt. Man geht dann von einer angenommenen Näherungsfunktion $J(x)$ aus und konstruiert dazu mit dem Integrator zunächst eine Stromfunktion. Damit wird eine angenäherte Kontur gewonnen. Aus dem Vergleich mit der gegebenen und aus den kinematischen Bedingungen ergeben sich damit Verbesserungen von $J(x)$; so kommt man schrittweise der gegebenen Kontur näher.

Außer diesen Apparaten hat Föttinger noch eine Reihe weiterer zur Auswertung der für die Potentialtheorie wichtigen Integrale

$$\oint \Theta(y) \, dy, \qquad \oint \ln r(y) \, dy$$

konstruiert, wo r der Fahrstrahl, Θ der Polarwinkel und y die Ordinate ist, ferner zur Integration von

$$\int y(r) \, dr, \quad \int \cos \varphi(r) \, dr, \quad \int \sin \varphi(r) \, dr.$$

Während bei den beiden ersten die Integrierrolle auf fester Unterlage läuft, ist bei den drei letzten die Unterlage beweglich.

7. Der Integrator von Rottsieper

gehört auch zu den speziellen Produktplanimetern. Er löst die erste Randwertaufgabe der Potentialtheorie für den Kreis [361], bestimmt also den Funktionswert in irgendeinem Punkt im Inneren des Kreises aus den gegebenen Randwerten (Poissonsches Integral). Sind für einen solchen Punkt die Quellinien $H = \text{konst.}$, so sind die Werte der Funktion g in diesem Punkt, falls die Randwerte auf dem Einheitskreis mit $\bar{g}$ bezeichnet werden,

$$g = \frac{1}{2\pi} \oint \bar{g}\, dH. \quad \ldots \ldots \ldots \ldots (11)$$

Die Umzeichnung der ursprünglich zu einer gleichmäßigen Abszissenskala aufgezeichneten Kurve $\bar{g}$ auf die ungleichmäßige H-Skala führt der Integrator kinematisch aus und bestimmt das Integral mit einem Gonellaschen Integriermechanismus.

Eine wesentliche Vereinfachung des Apparates hat nach einer brieflichen Mitteilung von Dr. L. Ott 1931 Terebesi angegeben.

8. Die Integratoren der Askaniawerke

Weiter sind hier die Integratoren der Askania-Werke zu erwähnen für die bei geophysikalischen Untersuchungen vorkommenden Integrale

$$\int r(\varphi) \sin \varphi\, d\varphi, \quad \int \cos (n \cdot \varphi(r))\, dr, \quad \int \sin (n \cdot \varphi(r))\, dr,$$

$$\int \frac{1}{r} \cos (n \cdot \varphi(r))\, dr, \quad \int \frac{1}{r} \sin (n \cdot \varphi(r))\, dr$$

für verschiedene Werte von n, ferner das Planimeter von Siegenthaler [183, 333] für Indikator-Diagramme

$$\int p(\varphi)\, dv(\varphi).$$

Alle arbeiten mit Meßrolle auf beweglicher Unterlage.

VI. Integraphen und Integratoren

A. Grundintegraphen und Differentiatoren

1. Ältere Integraphen

Apparate, die zu einer gegebenen Kurve $y = f(x)$ die Integralkurve $Y(x) = \int_c^x f(\xi)\, d\xi$ oder die die Integralkurve einer Differentialgleichung zeichnen, bezeichnet man als Integraphen. Im ersten Fall spricht man wohl von Grundintegraphen. Schon Coriolis hat eine solche, allerdings für praktische Zwecke kaum brauchbare Vorrichtung angegeben [63]. Ältere Integraphen sind u. a. von Boys [42, 43], der ein Schneidenrad, von Zmurko [405], der einen in x-Richtung verschiebbaren Gonellaschen Integriermechanismus benutzt, bei dem die Drehung der Integrierrolle in eine Verschiebung umgesetzt wird und dessen Apparat auch zur Berechnung von $\int x^n f(x)\, dx$, $\int x^n f'(x)\, dx$ und $\int \dfrac{f(x)}{x^n}\, dx$ verwendbar ist, vor allem aber von Abdank-Abakanowicz [1] zum Teil zusammen mit anderen wie Napoli [283], Pollard usw., konstruiert worden. Von Abdank sind die noch heute angewandten Konstruktionsprinzipe beschrieben, insbesondere das schon von Deprez [68] benutzte Schneidenrad und die Schraube mit veränderlicher Steigung.

2. Der Integraph von Abdank-Coradi

Die heute im Handel befindlichen Apparate arbeiten alle mit Schneidenrad als Integriermechanismus. Während bei den neueren Konstruktionen die Achse, um die es sich senkrecht zur Zeichenebene drehen kann, festliegt und das Tischchen für die Aufzeichnung der Integralkurve beweglich ist, ist bei der Konstruktion Abdank-Coradi das Schneidenrad in der y-Richtung verschiebbar, dagegen liegt die Zeichenebene fest. Das Schneidenrad steht stets senkrecht zur Zeichenfläche und kann sich ähnlich wie die Schneide eines Schneidenplanimeters nur in seiner Ebene fortbewegen. Man gibt dieser eine solche Richtung, daß ihre Schnittlinie mit der Zeichenebene gegen die x-Achse einen Winkel $\varphi = \operatorname{arc\,tg} \dfrac{f(x)}{b}$ bildet. Diese Richtung ändert sich stetig und wird nur da unstetig, wo die gegebene Kurve eine Unstetigkeit hat.

Der Apparat von Abdank-Coradi wird in vier verschiedenen Größen gebaut. Er hat einen in x-Richtung beweglichen Wagen W_1, der zwei

y-parallele Schienen trägt, S_1 und S_2, die bei der größten Ausführung eine Länge von 1000 mm, bei der kleinsten von 316 mm haben. Auf diesen Schienen laufen der Differentialwagen W_2 und der Integralwagen W_3, die so angeordnet sind, daß sie aneinander vorbei können. Der Differentialwagen trägt den mit schwenkbarem Führungsgriff versehenen Fahrstift F (Bild 165). der auf der Kurve $f(x)$ entlanggeführt wird, und einen Zapfen Z_1, um den das Richtungslineal RL drehbar ist. Dieses gleitet durch einen zweiten Zapfen Z_2, der fest mit W_1 verbunden sich auf der x-Achse verschiebt. Sein in x-Richtung gemessener Abstand von dem Zapfen des Differentialwagens — die Integrationsbasis b — ist bei den größeren Typen zwischen 50 und 300 mm, bei den kleineren zwischen 50 und 150 mm einstellbar. Die Richtung des Lineales RL, das mit der x-Achse den Winkel $\varphi = \operatorname{arc tg} \dfrac{f(x)}{b}$

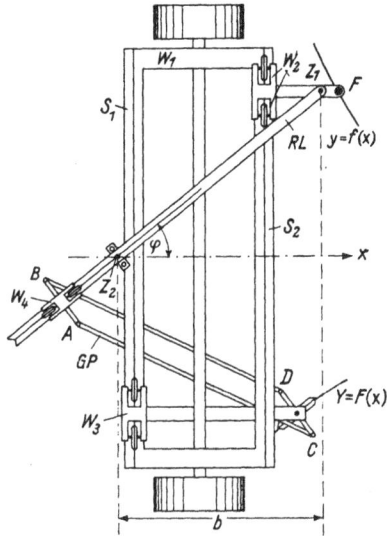

Bild 165. Schematische Darstellung des Integraphen von Abdank-Coradi.

bildet, wird durch das Gelenkparallelogramm GP, dessen eine Seite AB senkrecht zu RL auf dieser Schiene mittels des Wagens W_4 entlanggleitet, während die Gegenseite CD stets parallel zur Achse des Schneidenrades ist, auf dieses übertragen. Das Schneidenrad wird also, wenn der Integraph in der x-Richtung verschoben und dabei der Fahrstift auf $y = f(x)$ geführt wird, eine Kurve beschreiben, deren Tangentenrichtung $Y' = \dfrac{f(x)}{b}$ ist, d. h. im wesentlichen eine Integralkurve von $y = f(x)$. Dabei verschiebt sich der Integralwagen entsprechend in der y-Richtung. Ein mit ihm verbundener, in Bild 165 nicht angegebener Stift zeichnet die Integralkurve auf.

Die Integrationsbasis b wählt man im allgemeinen so, daß der Integralwagen nicht an die Enden seiner Laufschiene kommt. Wählt man diese Basis m-mal größer, werden ja die Ordinaten der Integralkurve m-mal kleiner. Will man aber große Ordinatendifferenzen haben und erreicht der Integralwagen das Ende seiner Schiene, so kann man ihn bei festgehaltenem Differentialwagen einfach an eine andere Stelle dieser Schiene bringen und so die Integralkurve in einzelnen Stücken zeichnen. Durch die Länge der Laufschienen ist also nur der größte Ordinatenunterschied der gegebenen Kurve begrenzt.

Ist die Ebene des Schneidenrades der Leitschiene RL nicht mehr parallel, sondern bildet sie mit ihr den Winkel $\alpha = \text{arc tg } m$, so wird von dem Integraphen die Kurve

$$Y = \int_0^x \frac{b\,m + f(\xi)}{b - m f(\xi)}\,d\xi \quad \ldots\ldots\ldots \quad (1)$$

aufgezeichnet. Besondere Fälle dieser Formel hat E. Pascal [312, 323, 326] diskutiert. Ist z. B. $\alpha = 90^0$, so wird

$$Y = -\int \frac{b}{f(\xi)}\,d\xi; \quad \ldots\ldots\ldots \quad (2)$$

man hat also einen Kehrwertintegraphen.

Eine kinematische Untersuchung der Bewegung der einzelnen Teile des Integraphen von Abdank-Coradi hat Meyer zur Capellen [262] ausgeführt, der auch die Gerätefehler eingehend behandelt hat [261]. Untersuchungen eines älteren Modells durch Lorber [1], (deutsche Ausgabe S. 64—70), hat ergeben, daß z. B. die Genauigkeit bei Bestimmung des Flächeninhaltes einer geschlossenen Figur bei kleinen Flächen etwas genauer, bei größeren etwas weniger genau als die bei Verwendung eines gewöhnlichen Polarplanimeters ist.

Die beim Entlangführen des Fahrstiftes eines Integraphen auf einer gegebenen Kurve auftretenden zufälligen Fehler sind wegen der glättenden Wirkung der Integration von ganz geringem Einfluß auf den Verlauf der Integralkurve. Das gilt sowohl für den Fall des Grundintegraphen wie auch für die in VI, C behandelten allgemeinen Integraphen [447].

3. Der Differentio-Integraph von v. Harbou

Wie schon erwähnt, liegt bei neueren Instrumenten die zur Zeichenebene senkrechte Achse des Schneidenrades, um die sich dessen Ebene dreht, fest, während die Integralkurve auf ein besonderes Tischchen gezeichnet wird, das sich bei Verschiebung des Integraphen um ein Stück dx in x-Richtung unter dem Einfluß des Schneidenrades, das mit der x-Achse den Winkel φ bildet, um ein Stück $dY = \text{tg } \varphi \cdot dx$ in Richtung der negativen y-Achse verschiebt. Coradi hat zwei kleinere Integraphen dieser Art gebaut, deren Integrationsbasis zwischen 2,5 und 60 bzw. 5 und 120 mm verstellbar ist, während die gegebenen Kurven innerhalb eines Quadrates der Seitenlänge 150 bzw. 300 mm verlaufen müssen. Mit diesen Integraphen hat z. B. Gaßmann die Bodenbewegung aus Registrierungen von Seismographen bestimmt [108].

Einen anderen Integraphen dieser Art, der auch zum Zeichnen der Differentialkurve zu einer gegebenen Kurve verwendet werden kann, hat v. Harbou angegeben (Bild 166 und 167) [141, 16]. Über der festliegenden Platte I, auf die die zu integrierende Kurve $y = f(x)$ gezeichnet ist, wird mittels Rändelscheibe RS_1 auf zwei Wagen W_1 und W_2, die auf Laufschienen rollen, der Hauptteil des Integraphen in der x-Richtung bewegt. Dieser trägt einen in der y-Richtung ebenfalls mittels Rändelscheibe RS_2 verschiebbaren Schlitten mit dem Fahrstift F und dem um einen Zapfen Z drehbaren Richtungslineal RL. Dieses gleitet durch den Schlitz einer Scheibe S. Der x-parallele Abstand der Achse dieser Scheibe von dem Zapfen Z, — die Integrationsbasis b — ist zwischen 0 und 100 mm verstellbar. Ihre Länge kann mittels Nonius auf 0,1 mm genau abgelesen werden. Es empfiehlt sich aber, diese Basis nicht allzu klein zu nehmen. Der

Drehwinkel $\varphi = \mathrm{arc\,tg}\,\dfrac{y}{b}$ der Scheibe S wird mittels Kegelradtriebes, ähnlich wie bei der Konstruktion Abdank-Napoli, oder bei

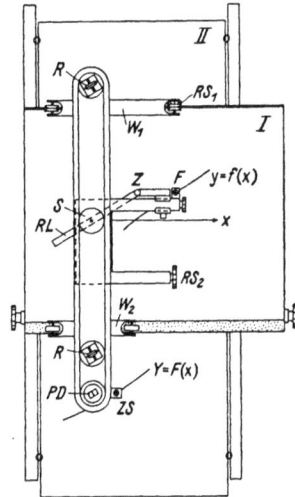

Bild 166. Schematische Darstellung des Differentio-Integraphen von v. Harbou.

neueren Instrumenten mittels Seilzuges auf die beiden Schneidenräder R und auf einen Prismenderivator PD übertragen. Die Schneidenräder R werden durch Federn gegen eine zweite Platte II gedrückt, die sich unter der Platte I in y-Richtung verschieben kann und die unten

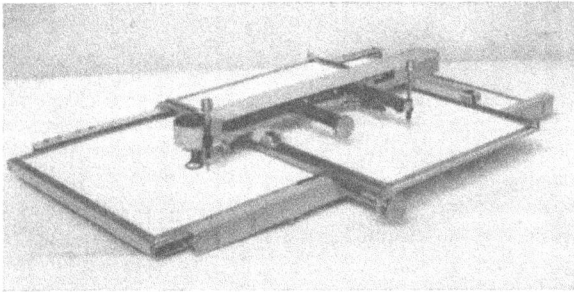

Bild 167. Differentio-Integraph von v. Harbou.

und oben unter I herausragt. Da II bei Verschiebung des Hauptteiles des Integraphen um dx in x-Richtung durch die Schneidenräder um $-\mathrm{tg}\,\varphi \cdot dx$ in der y-Richtung verschoben wird, zeichnet auf ihr ein neben dem Derivator liegender Zeichenstift ZS die Integralkurve auf. Für die gegebene Kurve steht ein Raum von 330 mm in x-Richtung und 275 mm in y-Richtung zur Verfügung.

Geht man von der Kurve $Y = F(x)$ auf II aus und führt auf ihr den Prismenderivator so entlang, daß seine brechende Kante immer die

Richtung der Kurvennormalen hat, so zeichnet ein den Fahrstift F er-
setzender Zeichenstift auf I die Differentialkurve zu Y.

Zu diesem Integraphen hat Rybner einen Zusatzapparat konstruiert zur Zeichnung der Kurve

$$Y(x) = \frac{1}{b} \int_0^x f(\xi)\,d\xi + a \cdot f(x) \quad \ldots \ldots \ldots \quad (3)$$

bzw.

$$b \cdot Y(x) = F(x) + a \cdot b \, \frac{dF(x)}{dx} . \quad \ldots \ldots \ldots \quad (4)$$

4. Der Integraph Adler-Ott

Beim Integraphen Adler-Ott[303] wird ebenfalls die Integralkurve
auf einem durch ein Schneidenrad R in y-Richtung bewegten Integral-
Wagen W_1 aufgezeichnet (Bild 168 u. 169). Dieser gleitet mittels Rollen
auf einer y-parallelen Laufschiene S_1. Er trägt einen Nonius, mit dem
man seine Lage an einer Teilung der Schiene S_1 auf 0,1 mm genau ablesen kann. Das auf W_1 aufliegende Schneidenrad R ist um den Zapfen Z_1

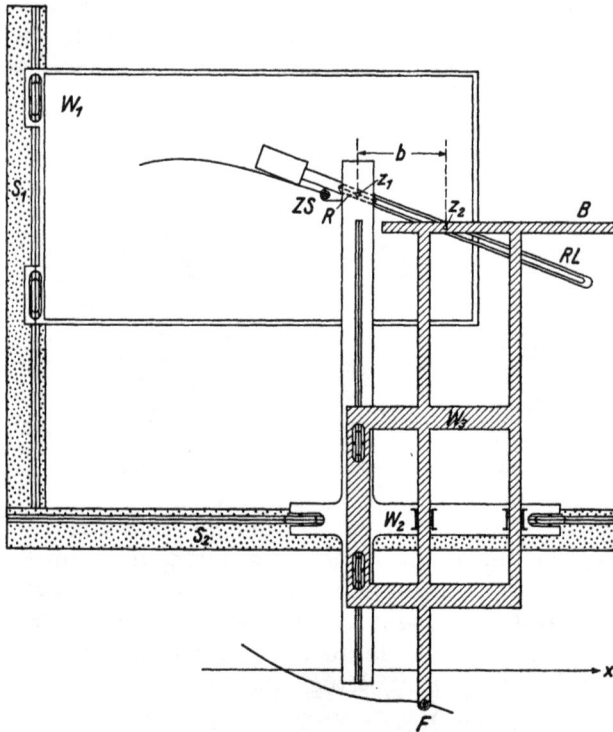

Bild 168. Schematische Darstellung des Integraphen Adler-Ott.

des Abszissenwagens W_2 drehbar, der auf einer zweiten zu S_1 senkrechten Schiene S_2 rollt. Diese Schiene wird mittels zweier Einstellehren genau parallel zur x-Achse gestellt. Auf dem Wagen W_2 rollt in y-Richtung der Ordinatenwagen W_3, der oben die Basisschiene B und unten den Fahrstift

Bild 169. Integraph Adler-Ott.

F trägt, mit dem man die gegebene Kurve befährt. Auf der Basisschiene ist mittels Mikrometerwerkes der Zapfen Z_2 einstellbar. Dieser gleitet in einem Schlitz des um Z_1 drehbaren Richtungslineales RL. Sein x-paralleler Abstand von dem Aufsatzpunkt des Schneidenrades auf den Integralwagen W_1 ist die Integrationsbasis b, während die Abmessungen so gewählt sind, daß der y-parallele Abstand dieser beiden Zapfen $f(x)$ ist, wenn der Fahrstift auf der Kurve entlanggeführt wird. Der Winkel zwischen x-Achse und Richtungslineal und damit, da RL stets der Ebene des Schneidenrades parallel ist, zwischen x-Achse und Ebene dieses Rades ist daher $\varphi = \operatorname{arc} \operatorname{tg} \dfrac{y}{b}$. Das Schneidenrad verschiebt also den Integralwagen in der y-Richtung so, daß der mit W_2 verbundene Zeichenstift ZS auf dem Wagen W_1 die Integralkurve verzeichnet, deren Ordinaten auch mit dem erwähnten Nonius zu jedem Abszissenwert abgelesen werden können. W_2 ist durch eine Schraube auf S_2 und W_3 durch eine andere Schraube auf W_2 feststellbar, so daß man bei Anheben des Schneidenrades mit dem Zeichenstift ZS auf W_1 Parallele zu den Koordinatenachsen beschreiben kann. Dieser Zeichenstift kann auch durch eine Ziehfeder ersetzt werden, die durch eine Gelenkführung mit dem Richtungslineal verbunden ist und so immer entsprechend gedreht wird. Die für die Integralkurve zur Verfügung stehende Zeichenfläche hat die Größe 297×210 mm. Die Basislänge kann zwischen 50 und 200 mm

14*

eingestellt werden und die Ordinatendifferenzen der gegebenen Kurve dürfen 210 mm nicht überschreiten.

5. Der Differentiograph von Ott

Neuerdings hat Ott einen Apparat gebaut, der zunächst dazu bestimmt ist, zu einer gegebenen Kurve die Differentialkurve zu zeichnen, der aber auch als Integraph verwendet werden kann. Die zu differenzierende Kurve wird auf dem in y-Richtung beweglichen Integralwagen W_1 aufgespannt (Bild 170). Über diesem befindet sich fest mit dem Apparatetisch verbunden ein binokulares Mikroskop, das etwa zehnfach vergrößert. Durch einen langen Arm mit Steuergriff SG wird eine im Gesichtsfeld des Mikroskopes liegende Strichplatte oder ein Derivator so gedreht, daß der eine Faden der Platte die Kurve stets tangiert. Diese Richtung wird durch eine Parallelführung PP, die bei dem ausgeführten Apparat in anderer Weise erfolgt, als in der schematischen Zeichnung angedeutet ist, auf eine Scheibe S übertragen, die die Ebene eines Schneidenrades SR so führt, daß es der Kurventangente parallel ist. Mit der Scheibe S ist ferner ein Richtungslineal RL verbunden, dessen Schlitz ebenfalls stets zur Tangente der gegebenen Kurve parallel ist. In diesem Schlitz gleitet der Zapfen Z des in y-Richtung auf einer mit dem Tisch verbundenen Schiene verschiebbaren Schreibstiftwagens W_2. Sein x-paralleler Abstand von der zur Zeichenebene senkrechten Drehachse des Schneidenrades — die Integrationsbasis b — ist auf der Basisschiene dieses Wagens in verschiedenen Längen einstellbar. Die Verschiebung von W_2 in y-Richtung ist $b \cdot y'$ und wird von dem mit W_2 verbundenen Zeichenstift ZS auf dem Unterwagen W_3 aufgezeichnet.

Der Unterwagen W_3, auf dem der Integralwagen sich in y-Richtung verschiebt, bewegt sich in x-Richtung. Diese Verschiebung erfolgt mittels

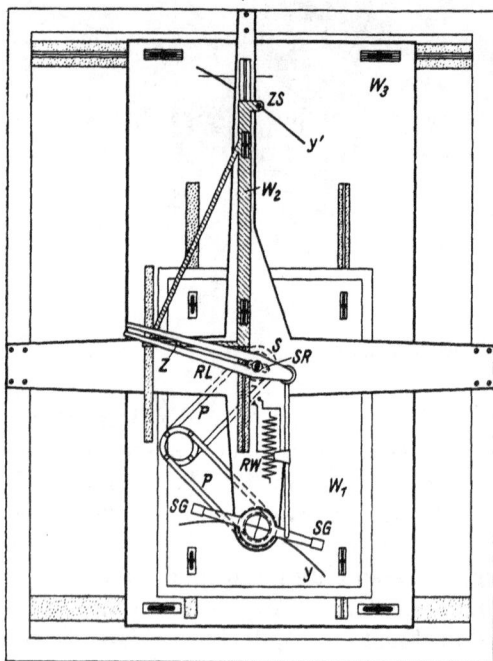

Bild 170. Schematische Darstellung des Differentiographen Ott.

einer von einem Elektromotor angetriebenen Schraubenspindel. Den Vorschub reguliert der Beobachter mittels der Pedale, auf die er sich mit beiden Füßen stützt. Der Apparat hat außerdem noch einen Regulierwiderstand RW zur automatischen Regelung der Vorschubgeschwindigkeit in der x-Richtung, der bewirkt, daß diese umgekehrt proportional dem Richtungskoeffizienten der Tangente ist. Der Beobachter stützt seinen Kopf auf den Stirnhalter über dem Mikroskop (Bild 171); beide

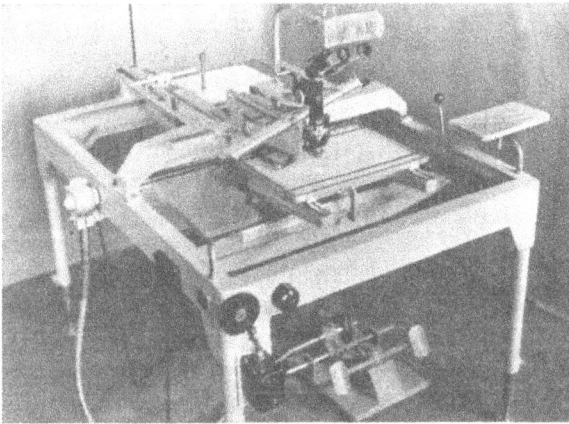

Bild 171. Differentiograph Ott.

Hände halten die Griffe des langen Steuerhebels; für die Arme sind besondere Stützbretter vorhanden. Bei richtiger Führung verschiebt das Schneidenrad, das auf einer auf den Integralwagen gelegten Metallfolie läuft und das elektromagnetisch gehoben und aufgesetzt werden kann, diesen so, daß die zu differenzierende Kurve von selbst durch die Mitte des Gesichtsfeldes des Mikroskopes läuft. Geringe Abweichungen können durch Verdrillung des Steuergriffes kompensiert werden. Bei derartigen Korrekturen kann durch eine ebenfalls am Steuergriff befindliche Auslösungsvorrichtung der Zeichenstift ZS angehoben werden. Die Kurbel vorn links in Bild 171 dient zum Eingriff in den automatischen Transport in x-Richtung, um z. B. wenn nötig ein Kurvenstück wiederholt befahren zu können.

Bei großer Steigung der Kurve wird nicht der Steuergriff betätigt, sondern der Schreibstiftwagen W_2 mit der Hand verschoben. Das Schneidenrad dient dann nicht als Antrieb für den Integralwagen, sondern als Hemmung. Der Antrieb erfolgt durch ein besonderes Reibrad mit Voreilung, die durch das Schneidenrad gebremst wird. Für Ausgangs- und Ergebniskurve ist das gleiche Papierformat (DIN A 3) vorgesehen, so daß die Ergebniskurve ohne Umzeichnung als neue Ausgangskurve zur

Bestimmung der nächsthöheren Ableitung benutzt werden kann. Der Apparat kann auch als Integraph verwendet werden.

6. Der Produktintegraph von E. Pascal

benutzt wie ein großer Teil der Pascalschen Apparate einen rechteckigen, auf zwei Walzen in x-Richtung verschiebbaren Rahmen (Bild 172) [322, 323, 325, 326]. Auf der linken y-parallelen Schiene dieses Rahmens läuft in einer Nut auf zwei Rädern der Integral-wagen W_3, dessen Bewegung durch ein Schneidenrad SR, das auf der Zeichenfläche rollt, gesteuert wird. Die Richtung der Rad-ebene wird mittels des Gelenkparallelo-grammes $ABCD$, dessen Seite CD senkrecht zum Richtungslineal RL an diesem mittels eines kleinen Wagens hingleitet, parallel zu RL geführt.

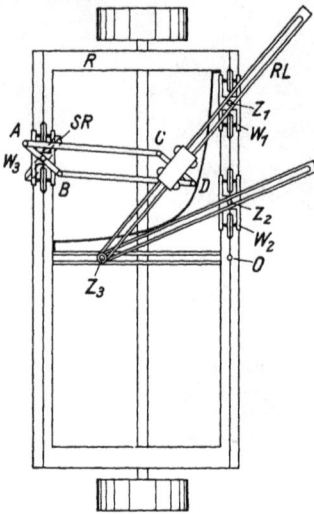

Bild 172. Schematische Dar-stellung des Produktinte-graphen von Pascal.

Auf der rechten Schiene des Rahmens gleiten die beiden Differentialwagen W_1 und W_2 mittels Rädern je in einer Nut zweier übereinanderliegender Schienen, so daß sie sich gegenseitig nicht stören. Jeder der beiden mit den Wagen W_1 und W_2 verbundenen Fahrstifte wird auf einer der auf die Unter-lage gezeichneten Kurven $h(x)$ bzw. $g(x)$ geführt. Durch die beiden Zapfen Z_1 und Z_2 dieser Wagen gleiten zwei Schienen, die sich um einen dritten Zapfen Z_3 drehen, der sich in der Rille einer Querleiste des Rahmens R so verschiebt, daß er sich genau über der x-Achse bewegt. Die eine Schiene Z_2Z_3 wird außerdem gezwungen, an einer Schiene D entlangzugleiten, die die Form einer Hyperbel hat und in den Rahmen so eingespannt ist, daß OZ_2 und OZ_3 die Asymptoten dieser Hyperbel $x \cdot y = {}^1/_4$ sind. Daher ist die Projektion von Z_2Z_3 auf die x-Achse gleich $1 : g(x)$, und der Richtungskoeffizient des Richtungslineales RL und damit der des Schneidenrades wird $\operatorname{tg} \varphi = Z_1O : Z_3O = g(x) \cdot h(x)$. Der mit dem Integralwagen verbundene Zeichenstift zeichnet somit die Kurve

$$Y(x) = \int_0^x g(\xi) \cdot h(\xi)\, d\xi \text{ auf.}$$

Bei diesem Apparat darf die Funktion $g(x)$ ihr Vorzeichen nicht wechseln, muß sogar absolut genommen immer größer als eine von den Maßen des Apparates abhängige Konstante sein. Pascal gibt noch Ab-änderungen des Instrumentes an, die ohne Benutzung einer Hyperbel-schiene das gleiche leisten [325]. Diese Apparate können z. B. zur Lösung von Integralgleichungen vom Volterratyp benutzt werden [322, 372].

B. Einige Anwendungen der Integraphen

Für die Anwendung der Integralkurven muß man vor allem die Wertzahl m festlegen. Darunter soll hier der Quotient aus dargestellter Größe durch Länge in der Zeichnung verstanden werden. Diese Wertzahl ist abhängig von der Größe der für die Integration benutzten Basis. Je größer diese ist, desto flacher verläuft die Integralkurve, desto größer ist also die Wertzahl m, mit der ihre Ordinaten zu multiplizieren sind, und zwar ist die Wertzahl proportional der Länge der Integrationsbasis b. Ist m_x die Wertzahl in Richtung der x-Achse (also z. B. $m_x = 1$ m/cm, wenn 1 m der Wirklichkeit 1 cm in der Zeichnung entspricht) und ist m_y die in y-Richtung ($m_y = 10$ kg/cm, wenn 1 cm der Zeichnung eine Kraft von 10 kg darstellt), so entspricht einem cm² der Zeichnung $m_x \cdot m_y$ (in dem angenommenen Falle 10 mkg); die Wertzahl der Ordinate der Integralkurve wird daher $\overline{m}_y = b \cdot m_x \cdot m_y$ sein (also bei $b = 10$ cm im Beispiel $\overline{m}_y = 100$ mkg/cm).

Es kann hier natürlich nur auf einige Anwendungen der Integraphen und der Integralkurven hingewiesen werden.

1. Kalibrierung

Teilt man die Endordinate der Integralkurve in n gleiche Teile und sucht die Punkte der Abszissenachse auf, zu denen die den Teilpunkten entsprechenden Ordinaten gehören, so teilen die y-Parallelen durch diese Punkte das integrierte Flächenstück in n gleiche Teile. Man kann auf diese Weise z. B. die Kalibrierung von Gefäßen durchführen [474].

2. Bestimmung des Schwerpunktes von Ebenenstücken

Das statische Moment eines Ebenenstückes um jede Gerade durch den Schwerpunkt ist Null. Zur Bestimmung des Schwerpunktes hat man also zwei gegeneinander geneigte Geraden aufzusuchen, für die das statische Moment Null ist. Der Schnittpunkt dieser beiden ist dann der Schwerpunkt. Am besten benutzt man dabei eine x- und eine y-Parallele. Das statische Moment um eine y-Parallele im Abstand ξ von der y-Achse ist

$$M_y = \int_a^b \int_{y_u}^{y_o} (\xi - x)\, dx\, dy = \int_a^b (\xi - x)\, y\, dx,$$

wenn man mit y die Differenz zwischen den Ordinaten der oberen und unteren Begrenzung des gegebenen Flächenstückes bezeichnet. Durch Teilintegration erhält man daraus

$$M_y = (\xi - b) \int_a^b y\, dx + \int_a^b \left(\int_a^x y\, dx \right) dx = Y_1(b)(\xi - b) + Y_2(b), \quad (1)$$

wo $Y_1(b)$ und $Y_2(b)$ das erste und zweite bestimmte Integral, d. h. also die Endordinate der ersten bzw. zweiten Integralkurve darstellen. M_y ist also eine lineare Funktion von ξ. Es wird durch eine Gerade dargestellt, die für $\xi = b$ die Ordinate $Y_2(b)$ und die den Richtungskoeffizienten $Y_1(b)$ hat.

Die Konstruktion dieser Geraden sei an dem Beispiel des Bildes 173 auseinandergesetzt. Dort ist ein Tragflügelprofil gezeichnet. Als Wert-

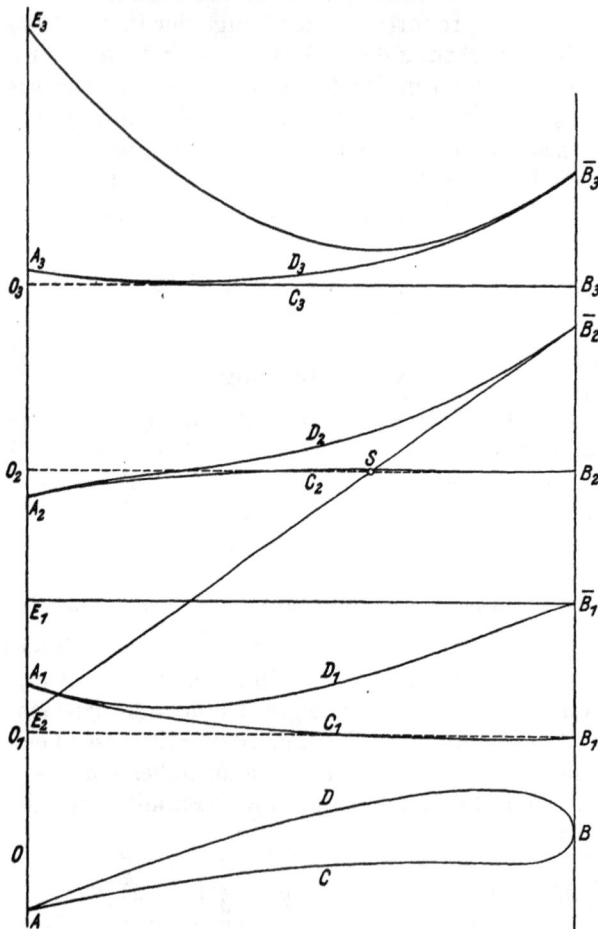

Bild 173. Bestimmung des Schwerpunktes und des Trägheitsmomentes eines Ebenenstückes

zahlen sind gewählt $m_x = 15$ cm/cm, $m_y = 10$ cm/cm (Bild 173 und 174 sind hier auf die Hälfte verkleinert). Für sämtliche Integrationen ist eine Basis von 5 cm benutzt. Man konstruiert von dem Punkte B mit beliebiger Einstellung des Integraphen beginnend durch Umfahren der ganzen Begrenzung im Zeigersinne $BCADB$ die Integralkurve $B_1C_1A_1D_1\overline{B}_1$. Die Wertzahl der Kurvenordinate ist $\overline{m}_y = 750 \text{ cm}^2/\text{cm}$. Der Abstand der beiden Kurvenäste an der Stelle x mißt den Flächeninhalt des Profiles von A bis zu dieser Abszisse x. Weiter zieht man noch die x-Parallele $\overline{B}_1E_1$. Diese Kurve spannt man zur nochmaligen Integration so auf, daß die x-Parallele durch B_1 Nullinie wird. Befährt man von B_1 beginnend die Kurve mit dem Fahrstift, erhält man die zweite Integralkurve $B_2C_2A_2D_2\overline{B}_2E_2$. Die Wertzahl der Ordinate ist $\overline{m}_y = 56250 \text{ cm}^3/\text{cm}$. Das letzte geradlinige Stück dieser Kurve hat die Neigung $Y_1(b)$ und die Endordinate $Y_2(b)$; es stellt also M_y als Funktion von ξ dar, wenn man es auf die x-Parallele durch B_2 als ξ-Achse bezieht. Der Schnitt dieser Geraden mit O_2B_2 bestimmt die Abszisse S des Schwerpunktes [178, 178a, 474].

3. Bestimmung des axialen Trägheitsmomentes

Um die Bestimmung des axialen Trägheitsmomentes um alle zu einer vorgeschriebenen Richtung parallelen Achsen zu zeigen, wählen wir als Richtung die y-Richtung. Das Trägheitsmoment um eine y-Parallele im Abstand ξ von der y-Achse ist

$$J_y = \int\limits_a^b \int\limits_{y_u}^{y_o} (\xi - x)^2 \, dx \, dy = \int\limits_a^b (\xi - x)^2 \, y \, dx,$$

wo wieder der Abstand zwischen oberer und unterer Begrenzung mit y bezeichnet ist. Durch zweimalige Teilintegration erhält man daraus

$$\left.\begin{aligned} J_y &= (\xi - b)^2 \int\limits_a^b y \, dx + 2 \int\limits_a^b (\xi - x) \left(\int\limits_a^x y \, dx\right) dx \\ &= (\xi - b)^2 \int\limits_a^b y \, dx + 2(\xi - b) \int\limits_a^b \int\limits_a^x y \, dx^2 + 2 \int\limits_a^b \int\limits_a^x \int\limits_a^x y \, dx^3 \\ \frac{J_y}{2} &= \frac{1}{2}(\xi - b)^2 \, Y_1(b) + (\xi - b) \, Y_2(b) + Y_3(b), \end{aligned}\right\} \quad (2)$$

wo mit $Y_i(b)$ die Endordinate der i-ten Integralkurve bezeichnet wurde. $\frac{1}{2} J_y$ ist das Integral von M_y. Es ist eine Parabel mit der Ordinate $Y_3(b)$ in b (Bild 173). Integriert man also im Beispiel der Nr. 2 den Linienzug $B_2C_2A_2D_2\overline{B}_2E_2$ mit O_2B_2 als Nullinie, erhält man $B_3C_3A_3D_3\overline{B}_3E_3$. Die Wertzahl für die Ordinate ist $\overline{\overline{m}}_y = 4218750 \text{ cm}^4/\text{cm}$. Das letzte Stück der Integralkurve ist eine Parabel, die, bezogen auf O_3B_3, als ξ-Achse das halbe Trägheitsmoment $J_y/2$ mißt.

4. Bestimmung der elastischen Linie

Die Bestimmung der elastischen Linie eines beliebig belasteten, an den Enden drehbar gelagerten Balkens zeigt Bild 174 (Verkleinerung auf die

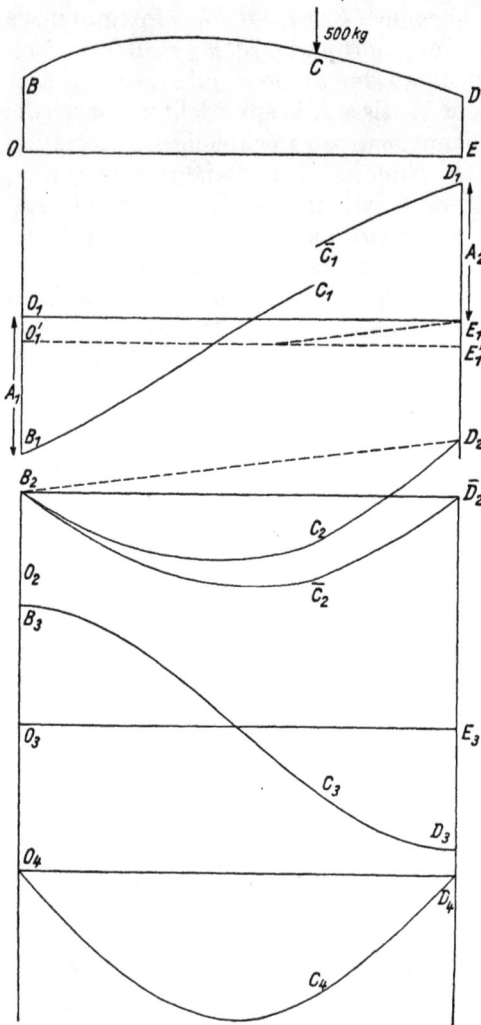

Bild 174. Bestimmung der elastischen Linie.

Hälfte). Der Balken habe die Länge l und sei durch eine durch die Kurve dargestellte kontinuierlich verteilte Last und durch die Einzellast von $P = 500$ kg an der angegebenen Stelle belastet. Als Integrationsbasis wurde bei den ersten beiden Integralkurven 5 cm genommen, ferner sei $m_x = 1$ m/cm und $m_y = 100 \mathrm{kg\,m^{-1}}$/cm. Die Wertzahl der Ordinate der Integralkurve, die die Scherkraft mißt, ist dann $\overline{m}_y = 500\,\mathrm{kg/cm}$. Man zeichnet mit dem Integraphen zunächst diese Integralkurve bis zur Abszisse der Einzellast, hebt dann die Integrierrolle an, verschiebt den Integralwagen um 1 cm nach unten und fährt mit der Integration fort. Das gibt die Kurve $B_1 C_1 \overline{C}_1 D_1$. Diese Kurve wird nochmals integriert; dabei wird die Nullinie in die x-Parallele durch O_1' gelegt. Das gibt die Kurve $B_2 C_2 D_2$, wo der Sprung bei C_1 in einen Knick bei C_2 übergegangen ist. Bei dieser Integration bestimmt man an der Maßskala des Integralwagens mit dem Nonius den Ordinatenunterschied d zwischen B_2 und D_2. Verlegt man die Null-

linie für die Integration der ersten Integralkurve um $\frac{d}{l} \cdot b$ cm höher, so kommt man zu der x-Parallelen durch O_1. $B_1 O_1$ und $E_1 D_1$ sind dann die Auflagerreaktionen. Eine nochmalige Integration dieser Kurve mit der Nullinie $O_1 E_1$ gibt die Linie $B_2 \overline{C}_2 \overline{D}_2$ für das Biegemoment M. Die Wertzahl für die Ordinate dieser Kurve ist $\overline{m}_y = 2500\,\mathrm{m\,kg/cm}$. Integriert man nochmals, erhält man eine Linie, die die Tangenten der Neigungswinkel der Biegelinie des Balkens mißt, und eine nochmalige Integration dieser Linie, bei der man nach vorläufiger Zeichnung der Integralkurve (in Bild 174 nicht eingetragen) die Nullinie genau wie die der Scherkraftlinie mittels der vorläufigen Momentenkurve bestimmt, gibt die elastische Linie des Balkens. Bei dieser letzten Integration wurde die Kurve $B_3 C_3 D_3$ um 180^0 gedreht und dann die Integralkurve von D_4 beginnend gezeichnet. In Bild 174 sind beide Kurven wieder um 180^0 zurückgedreht. Man erreicht dadurch, daß die Durchbiegung auch wirklich nach unten geht. Für die elastische Linie gilt die Gleichung

$$y'' = - \frac{M}{E \cdot J}$$

(E Elastizitätsmodul, J Trägheitsmoment des Querschnittes, bezogen auf die neutrale Faser). Als Integrationsbasis wurde in den beiden letzten Fällen $b = 3$ cm gewählt. Also entspricht bei der dritten Kurve 1 cm der Ordinate eine Größe von $7500 \frac{m^2 \, kg}{E \cdot J}$ und bei der vierten $22500 \frac{m^3 \, kg}{E \cdot J}$. Die Biegung von Balken auch unter anderen Grenzbedingungen findet man z. B. in [282] und [256, 257] unter Benutzung von Integralkurven behandelt.

5. Bestimmung der Nullstellen einer ganzen rationalen Funktion

$$y = a_n x^n + a_{n-1} x^{n-1} + \ldots + a_2 x^2 + a_1 x + a_0.$$

Man zeichnet zunächst die der n-ten Ableitung entsprechende x-Parallele $y^{(n)} = n! \, a_n$. Zu dieser zeichnet man die Integralkurve mit der Anfangsordinate $(n - 1)! \, a_{n-1}$. Das gibt die $(n - 1)$-te Ableitung $y^{(n-1)} = n! \, a_n x + (n - 1)! \, a_{n-1}$. So werden nacheinander mit den entsprechenden Anfangsordinaten die einzelnen Integralkurven konstruiert. Nach n-maliger Integration erhält man y und kann die Nullstellen ablesen. Durch passende Wahl der Integrationsbasis erreicht man, daß die einzelnen Kurven den zur Verfügung stehenden Raum ausnutzen und auch nicht überschreiten [1].

Weiter wurden Integraphen bei der Bestimmung der kritischen Drehzahl einer Welle unter ausschließlicher Berücksichtigung ihres Eigengewichtes verwendet [282], in der Theorie der Gewölbe [1, 282], in der Theorie der Schiffsberechnung z. B. zu Stabilitätsuntersuchungen in Abhängigkeit von der Krängung des Schiffes usw. [282, 178, 178a], in der Ballistik, zur Bestimmung der Erdbewegung aus einem Seismogramm [108] usw. Insbesondere sei, was die Verwendung der Integralkurven betrifft, auf die Bücher von Massau verwiesen [256, 257].

C. Allgemeine Integraphen

1. Ältere Instrumente

Als allgemeine Integraphen bezeichnet man Instrumente zur Integration gewöhnlicher Differentialgleichungen. Abgesehen von einem Vorschlag Coriolis' [63] zur Konstruktion eines Apparates für die Lösung von Gleichungen erster Ordnung haben derartige Instrumente angegeben: Thomson [429] für lineare Gleichungen beliebiger Ordnung, Petrovitsch [330, 331, 342], Schaefer [373] und vor allem Kriloff [211], der unter Benutzung von Schneidenrädern, von Vorrichtungen zur Bildung des Produktes zweier Funktionen und zur Bildung der Summe beliebig vieler Funktionen einen Integraphen konstruiert hat, der auch zur Lösung nichtlinearer Gleichungen dienen kann. Den Integraphen von Abdank-Abakanowicz hat v. Dyck so umgeformt, daß er zur Integration homogener Gleichungen benutzt werden kann [81]. v. Dyck hat auch einen Apparat zur Integration von Gleichungen $\frac{dy}{dx} = f(x, y)$ angegeben, der eine Führungsfläche $z = f(x, y)$ benutzt, die bei Rotations-, Kegel- oder Rückungsflächen durch eine kinematische Führung ersetzt werden kann [82]. Ferner hat er für Gleichungen der Form $\frac{1}{\varrho} = f(\sigma)$ (ϱ Krümmungsradius, σ Bogenlänge) ein Instrument, das er als Fahrradintegraph bezeichnet, vorgeschlagen. Ein Spezialfall eines solchen ist der Katenograph von Schimmack [377] zur Konstruktion von Kettenlinien. Einen Apparat zur Integration der Gleichung

$$x y' = y - f(x)$$

haben Gans und Miguez angegeben [107].

2. Integratoren von Pascal

a) Ausgangsapparat

Ausgehend von einem von Potier angegebenen Instrument [1] (deutsche Ausgabe S. 166 bis 168) hat E. Pascal eine große Anzahl von Apparaten für die Integration verschiedener Differentialgleichungen entwickelt. Der Ausgangsapparat besteht aus einem mittels zweier Walzen W in x-Richtung verschiebbaren Rahmen R (Bild 175). Auf den beiden y-parallelen Schienen dieses Rahmens laufen der Differentialwagen W_1 und der Integralwagen W_2. Ersterer trägt den Fahrstift F, der auf der Kurve $y = Q(x)$ entlanggeführt wird, und einen Zapfen Z, um den sich die Leitschiene L dreht. Diese gleitet durch eine Führung am Integralwagen, der durch ein Schneidenrad gesteuert wird. Die Leitschiene liegt im einfachsten Falle in der Ebene des Schneidenrades. Ist der x-parallele Abstand zwischen dem Zapfen Z und dem Auflagepunkt des Schneidenrades b und beschreibt dieser Auflagepunkt die Kurve $Y(x)$, so gilt für diese, wie man aus Bild 175 abliest, die lineare Differentialgleichung mit konstanten Koeffizienten

$$b \cdot Y' + Y = Q(x). \quad \ldots \ldots \ldots \ldots \quad (1)$$

Ist der Abstand der beiden Laufschienen veränderlich, kann man mit dem Apparat auch die Gleichung erster Ordnung mit veränderlichen Koeffizienten

$$Y' + P(x) \cdot Y = Q(x) \quad \ldots \ldots \ldots \quad (2)$$

integrieren. Dazu hat man den Fahrstift F auf der Kurve $y_1 = Q(x)/P(x)$ zu führen und einen zweiten Fahrstift auf einer Kurve $y_2 = -1/P(x)$. Die Bewegung dieses zweiten Fahrstiftes bewirkt mittels Zahnradgetriebes oder mittels Seilzuges, daß der Auflagenpunkt des Schneidenrades vom Fahrstift stets den x-parallelen Abstand $1/P(x)$ hat [472].

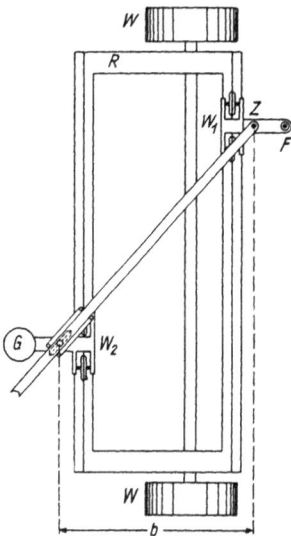

Bild 175. Schematische Darstellung des Integraphen von Potier.

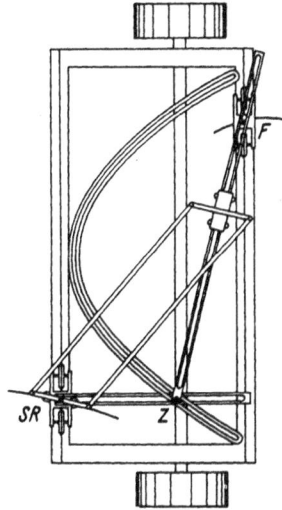

Bild 176. Schematische Darstellung des Apparates von E. Pascal zur Integration der Gleichung des Hodographen der Geschoßbahn.

b) Instrumente mit geraden Laufschienen

Von Pascal sind die Anwendungsmöglichkeiten des Ausgangsapparates eingehend untersucht worden. Er hat diesen zunächst so abgeändert, daß die Schneidenradebene mit der Laufschiene den Winkel α bildet. Setzt man $m = \operatorname{tg} \alpha$, so läßt sich mit diesem Instrument die Gleichung

$$Y = b \, \frac{Y' + m}{m \cdot Y' - 1} + Q(x) \quad \ldots \ldots \ldots \quad (3)$$

integrieren [311 bis 313].

Weiter nimmt er statt der geraden Leitschiene eine gekrümmte und läßt diese sich entweder um einen Zapfen des Differentialwagens drehen, während der Zapfen des Schneidenrades so in einem Schlitz der Leitschiene gleitet, daß die Schneidenradebene die Mittellinie der Leitschiene tangiert, oder er verbindet die gekrümmte Leitschiene mit dem Zapfen des Schneidenrades und läßt den Zapfen des Differentialwagens in ihrem Schlitz gleiten. In beiden Fällen kann man so eine Gleichung der Form

$$Y' = \Phi \left(Q \left(x \right) - Y \right) \quad \ldots \ldots \ldots \ldots \quad (4)$$

integrieren. Zu jedem Φ läßt sich die Schienenform im ersten Fall durch Quadratur, im zweiten ohne eine solche berechnen. Mit diesem Apparat kann man z. B. die Riccatische und die Abelsche Gleichung integrieren [318, 319, 322, 323, 326, 106].

Bei anderen Apparaten benutzt Pascal zwei Richtungsschienen; er läßt z. B. die Richtungsschiene des Differentialwagens sich um einen festen Punkt drehen, verbindet mit ihr unter einem festen Winkel eine zweite Schiene, auf der sich ein Zapfen befindet, der in einer Nut der Schiene des Integralwagens läuft, oder er läßt die Leitschiene des Integralwagens durch einen Zapfen des Differentialwagens und einen beweglichen Zapfen gleiten, der sich in Höhe des Integralwagens in einem Kurvenschlitz verschiebt. Mit einem solchen Apparat (Bild 176) kann man die Gleichung des Hodographen der Geschoßbahn

$$\frac{d\,v}{d\,\alpha} = \frac{v \cdot (\sin \alpha + \psi \left(v \right))}{\cos \alpha} \quad \ldots \ldots \ldots \quad (5)$$

integrieren, wo v die Geschoßgeschwindigkeit, α der Neigungswinkel der Geschoßbahn gegen die Horizontale und $\psi \left(v \right)$ eine Funktion der Geschwindigkeit ist, und zwar der Widerstand des Mittels dividiert durch die Schwerebeschleunigung. Durch die Substitution $v = e^x$, $y = -\sin \alpha$, wird diese Gleichung übergeführt in

$$\frac{d\,y}{d\,x} = -\frac{1 - y^2}{f \left(x \right) - y}, \quad \ldots \ldots \ldots \quad (6)$$

wo $f \left(x \right) = \psi \left(e^x \right)$ ist. Diese Gleichung läßt sich mit dem in Bild 176 skizzierten Apparat, der als Leitkurve für den Zapfen Z eine Parabel $x = 1 - y^2$ hat und bei dem die Ebene des Schneidenrades SR senkrecht zur Leitschiene steht, integrieren. Dabei ist der Fahrstift F auf der Kurve $y = f \left(x \right)$ entlangzuführen [320, 421, 268].

Weitere Abänderungen ermöglichen die Integration der linearen Gleichung erster, wie auch zweiter Ordnung mit variablen Koeffizienten [324], ferner die Integration der Gleichung $y'' = y^{3/2}/\sqrt{x}$ [325].

c) Apparate mit gekrümmter Laufschiene

Eine andere Abänderung des Apparates von Potier ist die, daß sich der Integralwagen auf einer gekrümmten Laufschiene bewegt, die von der Schiene des Differentialwagens den Abstand $x = \varphi(Y)$ hat. Im Fall der geraden Leitschiene, die durch einen festen sich auf der x-Achse bewegenden Punkt gleitet und die mit der Ebene des Schneidenrades den Winkel $\alpha = \text{arc tg } m$ bildet (Gelenkparallelogramm), wird die Gleichung

$$Y' = \frac{am + Q(x + \varphi(Y))}{a - mQ(x + \varphi(Y))} \quad \ldots \ldots \ldots \ldots (7)$$

integriert oder bei Verbindung beider Wagen durch eine gerade Leitschiene

$$Y' = \frac{-m\varphi(Y) + \{Q[x + \varphi(Y)] - Y\}}{\varphi(Y) + m\{Q[x + \varphi(Y)] - Y\}} \cdot \quad \ldots \ldots (8)$$

Zu noch komplizierteren Gleichungen kommt man, wenn man statt der geraden eine gekrümmte Leitschiene verwendet [5, 323, 325].

d) Polarintegraphen

Bilden die beiden Laufschienen S_1 und S_2 miteinander einen an einem mit Gradeinteilung versehenen Bogen B einstellbaren Winkel ω, hat man einen Polarintegraphen. Aus Bild 177 liest man ab

$$\text{tg } \varphi = \frac{d\varrho}{\varrho \cdot d\vartheta} = \frac{\varrho - \varrho_1(\vartheta) \cos \omega}{\varrho_1(\vartheta) \sin \omega}. \quad \ldots \ldots \ldots (9)$$

Somit kann das Instrument zur Integration von

$$\frac{d\varrho}{d\vartheta} = \frac{\varrho^2}{f(\vartheta) \sin \omega} - \varrho \text{ ctg } \omega \quad \ldots \ldots \ldots (10)$$

verwendet werden, einer Bernoullischen Gleichung, die sich in eine lineare umformen läßt. Der Zeichenstift für die Integralkurve befindet sich an einem kleinen Beiwagen, der auf einer Schiene S_3 läuft, die mit S_2 einen kleinen Winkel bildet. Die Verbindung wird durch eine kleine Schiene hergestellt, die mit S_2 und S_3 den gleichen Winkel bildet. Wählt man den Winkel zwischen Schneidenradebene und Leitschiene von Null verschieden, kommt man wieder zu einer komplizierteren Gleichung [6, 315 bis 317].

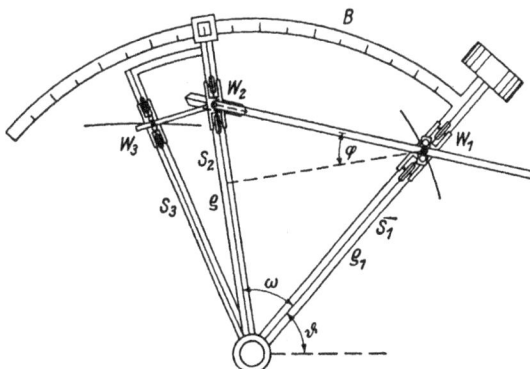

Bild 177. Schematische Darstellung des Polarintegraphen von E. Pascal.

3. Der Integraph von Myers

ist allgemeiner verwendbar. Mit ihm kann man Gleichungen der Form

$$a \cdot z'' + b \cdot z' + c \cdot z + d = 0 \quad \ldots \ldots \quad (11)$$

integrieren, in der b und c konstant sind, während a und d von einer der Veränderlichen x oder z oder z' abhängen können. Falls $a = 0$ ist, können b und d Funktionen von x oder z sein [281].

Der Apparat besteht aus einem Rahmen mit drei z-parallelen Lauf-schienen, der sich auf zwei durch eine Achse festverbundenen Walzen in x-Richtung verschieben kann. Auf den Laufschienen bewegen sich drei kleine Wagen, W_1, W_2 und W_3, von denen W_1 mit W_2 und W_3 mit W_2 durch eine Nürnberger Schere verbunden sind, die als Additionsmechanis-

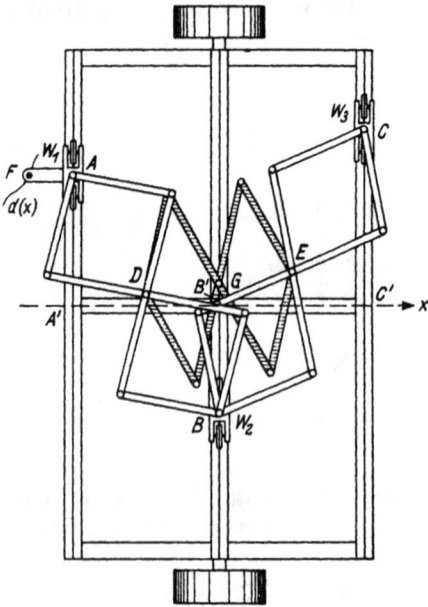

Bild 178. Additionsmechanismus des Inte-graphen von Myers.

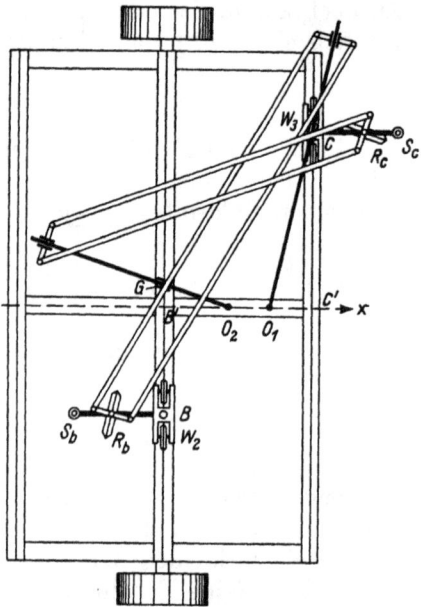

Bild 179. Integrationsmechanismus des Inte-graphen von Myers.

mus dient. Die Mitten D und E dieser Scheren, sind durch eine weitere Schere verbunden. Man liest aus Bild 178 ab, daß für die Mitte G dieser dritten Schere gilt

$$GB' = \frac{1}{4}(AA' + 2BB' + CC'). \quad \ldots \ldots \quad (12)$$

W_1 hat einen Fahrstift F und W_2 und W_3 haben x-parallele Arme mit Schneidenrädern R_b und R_c, die auf der Zeichenunterlage abrollen, und je einen Zeichenstift, der die Bewegung dieser Wagen aufzeichnet (Bild 179).

Der Apparat hat zwei Integriermechanismen nach Art derjenigen des Integraphen von Abdank-Coradi. Die Achse des Schneidenrades R_b wird mittels eines Gelenkparallelogrammes senkrecht zur Schiene O_1C geführt. Der Auflagepunkt dieses Schneidenrades und der Stift S_b beschreiben also eine Kurve, deren Ordinaten durch

$$BB' = \int \frac{CC'}{O_1C'}\,dx = \frac{b}{v_1}\int \frac{dz}{dx}\,dx = \frac{b}{v_1}z + K \quad \ldots \ldots (13)$$

bestimmt ist, wenn $CC' = b\frac{dz}{dx}$ und OC' gleich der Konstanten v_1 ist. Das Schneidenrad R_c wird parallel zu einer zweiten Richtungsschiene O_2G geführt, so daß dieses Rad und der Stift S_c eine Kurve mit der Ordinate

$$CC' = \int \frac{GB'}{O_2B'}\,dx \quad \ldots \ldots \ldots \ldots (14)$$

beschreiben. Nach (12) und (13) ist also, wenn man noch die Integrationskonstante $K = 0$ setzt und A mittels des Fahrstiftes F auf der Kurve $d(x)$ führt,

$$GB' = \frac{1}{4}\Big(d(x) + 2\frac{b}{v_1}z + b\frac{dz}{dx}\Big),$$

und daraus folgt mit $O_2B' = v_2$

$$CC' = \int \frac{GB'}{v_2}\,dx = \int \frac{1}{4v_2}\Big(d(x) + 2\frac{b}{v_1}z + b\frac{dz}{dx}\Big)dx = b\frac{dz}{dx},$$

also

$$4bv_2\frac{d^2z}{dx^2} - b\frac{dz}{dx} - 2\frac{b}{v_1}z - d(x) = 0. \quad \ldots \ldots (15)$$

Stellt man für $x = 0$ die Stifte S_b und S_c auf die vorgeschriebenen Anfangswerte $\frac{b}{v_1}z_0$ bzw. $b\Big(\frac{dz}{dx}\Big)_0$ ein, so beschreiben diese bei Verschiebung des Integraphen, wobei F auf $d(x)$ zu führen ist, die Integralkurve der Gl. (11) und deren erste Ableitung, gemessen in den entsprechenden Einheiten.

Durch besondere Vorrichtungen kann man erreichen, daß die Stellung des Wagens A nicht von x, sondern von z oder von z' abhängt, und ebenso, daß O_2B' eine Funktion von x oder z oder z' wird. Ist z. B. a eine Funktion $f(z')$ von z', so bringt man eine kleine Hilfstafel an der Vorder- oder Rückseite des Integraphen an, auf welche die in entsprechenden Maßeinheiten gezeichnete Kurve $\eta = f(z')$ so aufgespannt wird, daß die η-Achse der x-Achse parallel ist. Über dieser Tafel verschiebt sich eine der x-Achse parallele Brücke in Richtung der z'-Achse. Diese Brücke ist mit dem Wagen C fest verbunden, so daß ihr Abstand von der η-Achse stets gleich z' ist. Auf ihr bewegt man mit Hand einen Schieber, der einen Fahrstift trägt, so, daß sich dieser immer auf der Kurve befindet. Die Bewegung dieses Schiebers wird nun durch Schraubenspindeln auf den Drehpunkt O_2 der Schiene O_2G übertragen. Seine Entfernung v_2 von B' wird infolgedessen stets proportional $f(z')$ sein. Damit ist erreicht, daß der Faktor von z'' eine gegebene Funktion von z' ist. Ist a eine Funktion von z, müßte auf die Hilfstafel diese Funktion $g(z)$ gezeichnet werden und die Brücke müßte sich statt mit C mit dem Wagen B verschieben. Durch eine ähnliche Anordnung kann man erreichen, daß die Lage des Wagens A nicht eine Funktion von x, sondern von z oder z' wird.

Sind nicht Anfangs-, sondern Randbedingungen gegeben oder ist eine periodische Lösung gesucht, so ist man auf systematisches Probieren angewiesen. Bei linearen Gleichungen zweiter Ordnung kommt man allerdings mit zwei Lösungen aus, die etwa die Bedingungen am Anfang erfüllen. Sind z. B. Anfangs- und Endwert gegeben, braucht man, da ja $z = az_1 + bz_2$ mit $a + b = 1$ auch eine die Anfangsbedingungen erfüllende Lösung ist, in dem ganzen Intervall den Ordinatenabstand der beiden Kurven z_1 und z_2 durch den gegebenen Anfangspunkt nur in dem gleichen Verhältnis zu teilen, in dem der am Ende gegebene Punkt diesen Abstand an dieser Stelle teilt.

4. Die numerischen Integratoren von Jacob

Eine Anzahl von Integraphen sind aus dem Prytzschen Stangenplanimeter entwickelt worden. So kann man die Schleppe [444, 445], wie IV, K 5 beschrieben, zur Integration von Differentialgleichungen erster Ordnung nach dem Iterationsverfahren benutzen. Abänderungen des Stangenplanimeters haben Pascal [319], Scribanti [396—399] und

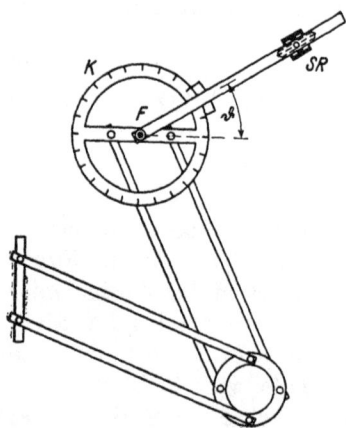

Bild 180. Schematische Darstellung des Integrators von Jacob für die Riccatische Gleichung.

andere vorgenommen und die Differentialgleichungen untersucht, die mit diesen Geräten integriert werden können. Auch Jacob [177] benutzt ein Schneidenplanimeter, dessen Länge einstellbar ist. Bei dem einfachsten, der Integration der Riccatischen Gleichung dienenden Apparat (Bild 180) befindet sich der Fahrstift F im Mittelpunkt eines mit Gradeinteilung versehenen Kreises K, der durch eine Führung, wie sie bei Zeichenapparaten gebräuchlich ist, parallel mit sich über die Zeichenebene verschoben werden kann. Der Winkel des Fahrarmes FSR gegen die x-Richtung kann mittels Nonius an diesem Teilkreis abgelesen werden. Zwi-

schen den Koordinaten des Fahrstiftes x, y und denen des Auflagepunktes der Schneide ξ, η besteht die Beziehung IV, C 3 (3)

$$x' = \xi' - l \sin \vartheta \cdot \vartheta' + l' \cos \vartheta \ \Big\} \qquad (16)$$
$$y' = \eta' + l \cos \vartheta \cdot \vartheta' + l' \sin \vartheta \ \Big\} \qquad$$

wo die Ableitungen nach der unabhängigen Veränderlichen t durch einen
Strich bezeichnet sind. Da sich nun S in der Richtung der Planimeterstange bewegt, ist $\dfrac{d\eta}{d\xi} = \operatorname{tg} \vartheta$, oder es ist

$$\eta' \cos \vartheta = \xi' \sin \vartheta. \qquad \qquad (17)$$

Faßt man daher diese Gleichungen mit $-\sin \vartheta$ und $\cos \vartheta$ zusammen,
wird

$$+ l \vartheta' = - x' \sin \vartheta + y' \cos \vartheta. \qquad (18)$$

Mit $u = \operatorname{tg} \vartheta/2$ ergibt sich daraus

$$2 l \cdot u' = - u^2 y' - 2 u x' + y'. \qquad (19)$$

Die allgemeine Riccatische Gleichung lautet aber

$$u' = A u^2 + B u + C, \qquad \qquad (20)$$

wo A, B und C gegebene Funktionen von t sind. Das Instrument integriert also eine spezielle Form der Gleichung, für die $A + C = 0$ ist,
wenn man den Fahrstift F auf einer Kurve entlangführt, deren Gleichung
in Parameterform durch

$$y - y_0 = \int_{t_0}^{t} y' \, dt = - 2 l \int_{t_0}^{t} A(t) \, dt; \qquad x - x_0 = \int_{t_0}^{t} x' \, dt = - l \int_{t_0}^{t} B(t) \, dt$$

bestimmt und die mit einer Skala für die Variable t beziffert ist.

Zum Anfangswert t_0 gehört ein Punkt mit den Koordinaten x_0, y_0
und eine Richtung ϑ_0 des Fahrarmes FSR, die sich aus dem vorgegebenen
Anfangswert $u_0 = \operatorname{tg} \vartheta_0/2$ bestimmt. Dieser Winkel wird am Teilkreis
eingestellt. Bei Befahrung der mit einer t-Skala versehenen Kurve liest
man am Teilkreis von Skalenpunkt zu Skalenpunkt mit dem Nonius
den jeweiligen Winkel ϑ ab, woraus sich der zugehörige Funktionswert u
ergibt. Jacob hat gezeigt, wie sich der allgemeine Fall $A + C \neq 0$
auf den obigen zurückführen läßt [177].

In anderen Fällen macht man die Planimeterlänge veränderlich,
was man z. B. dadurch erreichen kann, daß man das Schneidenrad, dessen
Ebene nach wie vor dem Fahrarm parallel bleibt, auf diesem und auf
einer mit dem Teilkreis verbundenen Führungsschiene, deren Kurve,
bezogen auf den Führungsstift in Polarkoordinaten, die Gleichung
$\varrho = l \cdot u = l \cdot \operatorname{tg} \vartheta/2$ hat, gleiten läßt. Im einfachsten Fall ist diese
Schiene mit der Parallelführung fest verbunden, in komplizierteren kann
man eine ihrer Sehnen an einer festen Kurve gleiten lassen. Ein derartiger

Apparat integriert in ähnlicher Weise, wie es oben beschrieben wurde, die
Abelsche Gleichung

$$u' = A \cdot u^3 + B \cdot u^2 + C \cdot u + D. \quad \ldots \ldots \quad (21)$$

Jacob hat weiter einen wesentlich komplizierteren Apparat zur Integration der Gleichung des Hodographen eines in einem widerstehenden
Mittel bewegten Körpers und zur Konstruktion der Schußbahn gebaut.
Einen anderen Apparat zur Integration der ballistischen Gleichungen
hat Füsgen angegeben [103].

5. Der Fahrdiagraph von Knorr

dient zur Integration von Gleichungen der Form

$$y'' = f_1(y') + f_2(y) + f_3(x), \quad \ldots \ldots \ldots \quad (22)$$

wo f_1, f_2 und f_3 gegebene Funktionen sind [197 bis 203a]. Er verwendet als
Integrationsmechanismus die schon in einzelnen Apparaten von Abdank
benutzte Schraube veränderlicher Steigung, d. h. einen längs einer Achse
verschiebbaren Zylinder, der alle Drehungen dieser Achse mitmacht.
Gegen seinen Mantel legt sich ein Schneidenrad, dessen Ebene mit der
senkrecht zu den Erzeugenden laufenden Umfangslinie den veränderlichen
Winkel α bildet. Wird die Achse um einen kleinen Winkel gedreht, so
daß der Auflagepunkt des Schneidenrades sich in Richtung des Umfanges
um den kleinen Bogen dx verschiebt, verschiebt sich der Zylinder in
Achsenrichtung um $dy = \mathrm{tg}\,\alpha \cdot dx$ nach unten. Ist nun $\mathrm{tg}\,\alpha$ einer Funktion $f(x)$ proportional, so zeichnet ein mit dem Zylinder verbundener
Fahrstift auf der Zeichenunterlage, die sich proportional der Zylinder-
drehung in der x-Richtung, aber nicht in der y-Richtung bewegt, eine

Kurve $y = a \int\limits_0^x f(\xi)\,d\xi$.

Der Knorrsche Apparat (Bild 181) für Gleichungen der Form (22)
hat zwei solche Schrauben mit den Zylindern Z_1 und Z_2 und den

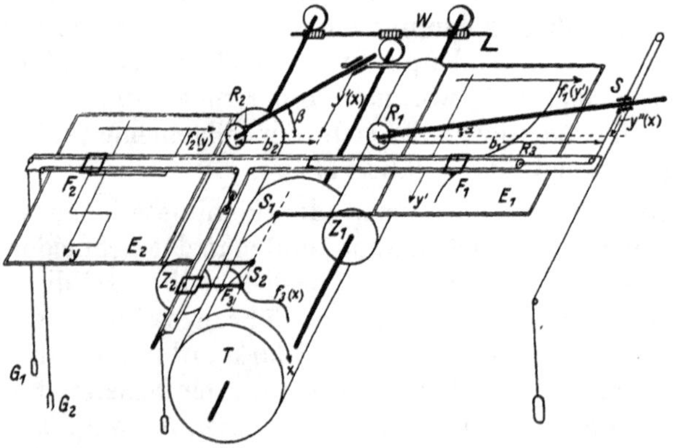

Bild 181. Schematische Darstellung des Fahrintegraphen von Knorr.

Schneidenrädern R_1 und R_2. Jeder der Zylinder ist mit einer Ebene E_1 bzw. E_2 verbunden, die in Höhe der höchsten Mantellinie des Zylinders liegt und die sich auf den Zylinder und eine außen liegende Rolle stützt. Die Ebenen machen mit ihren Zylindern die Bewegung in der y-Richtung mit. Ihre Verschiebung zeichnen sie mittels der mit ihnen verbundenen Schreibstifte auf einem dritten Zylinder T auf, und zwar zeichnet S_1 die Kurve $y'(x)$, S_2 die Kurve $y(x)$. Alle drei Zylinder werden mit Schneckentrieb und Zahnrädern durch eine querliegende Welle W mit der gleichen Winkelgeschwindigkeit gedreht. Diese Querwelle wird mit Hand oder durch einen langsam laufenden Motor angetrieben.

Der Apparat hat entsprechend den in (22) auftretenden drei willkürlichen Funktionen drei Fahrstifte. Die in passendem Maßstab gezeichneten Kurven $f_1(y')$ und $f_2(y)$ sind, wie das das schematische Bild 181 zeigt, auf die Ebene E_1 bzw. E_2 aufgespannt und werden mit den Fahrstiften F_1 und F_2 befahren, die sich längs der festliegenden Schiene L verschieben; $f_3(x)$ ist auf die Trommel T gespannt und wird mit dem Fahrstift F_3 befahren, der sich an einer zu L senkrechten festen Schiene verschiebt. Die drei Fahrstifte werden an einen über die Leitschienen gespannten Seilzug, der durch die Gewichte G_1 und G_2 gespannt wird, in der Nullage angeklammert und dann auf den entsprechenden Kurven verschoben. Ihre Bewegungen werden so addiert und mittels der losen Rolle R_3 auf den Steuerschieber S übertragen. Dieser kann sich nur in y-Richtung verschieben, und zwar ist seine Verschiebung gleich $\frac{1}{2}[f_1(y') + f_2(y) + f_3(x)]$. Bezeichnet man den in passender Größe einstellbaren x-parallelen Abstand zwischen diesem Steuerschieber und dem Auflagepunkt des Schneidenrades R_1 mit b_1, die Neigung der Ebene von R_1 mit α, so ist

$$2\,b_1 \cdot \mathrm{tg}\,\alpha = f_1(y') + f_2(y) + f_3(x). \quad\ldots\ldots (23)$$

Also zeichnet der Schreibstift S_1 auf der Trommel T eine Kurve auf, deren Ordinate proportional $y'(x)$ ist. Die Richtung des Schneidenrades R_2 wird, wie man aus Bild 181 entnimmt, durch die Bewegung der Ebene E_1 gesteuert, so daß ihre Ebene mit der x-Richtung einen Winkel β bildet, dessen Tangens proportional $y'(x)$ ist. Die Ordinate der von dem Stift S_2 auf T verzeichneten Kurve ist also proportional $y(x)$.

Konstruktionseinzelheiten und wirklichen Aufbau — z. B. liegen die Schneidenräder unter den Zylindern, die Steuervorrichtung für die Ebenen der Schneidenräder sind anders als in Bild 181 angedeutet, die Längen der Integrationsbasen sind in weitem Umfang verstellbar usw. — möge man aus den Originalarbeiten entnehmen [199], ebenso möge man sich dort über einen kleinen elektromagnetisch arbeitenden Apparat zur Kompensation des »Schlupfes« orientieren. Infolge dieses

Schlupfes würden die Neigungswinkel der Schneidenradebene etwas zu klein ausfallen. Versuche haben ergeben, daß er zwar verschieden für positive und negative Werte der Steigung sein kann, sonst aber unabhängig von diesem Wert ist [199].

Durch Einbau mehrerer Integriervorrichtungen würden sich auch Gleichungen höherer Ordnung der Form (22) lösen lassen und durch Koppelung der verschiedenen Fahrschieber würde man Apparate zur Lösung allgemeinerer Gleichungen bekommen können. Der beschriebene Apparat ist vor allem verwendet worden zur Aufzeichnung der Ge-

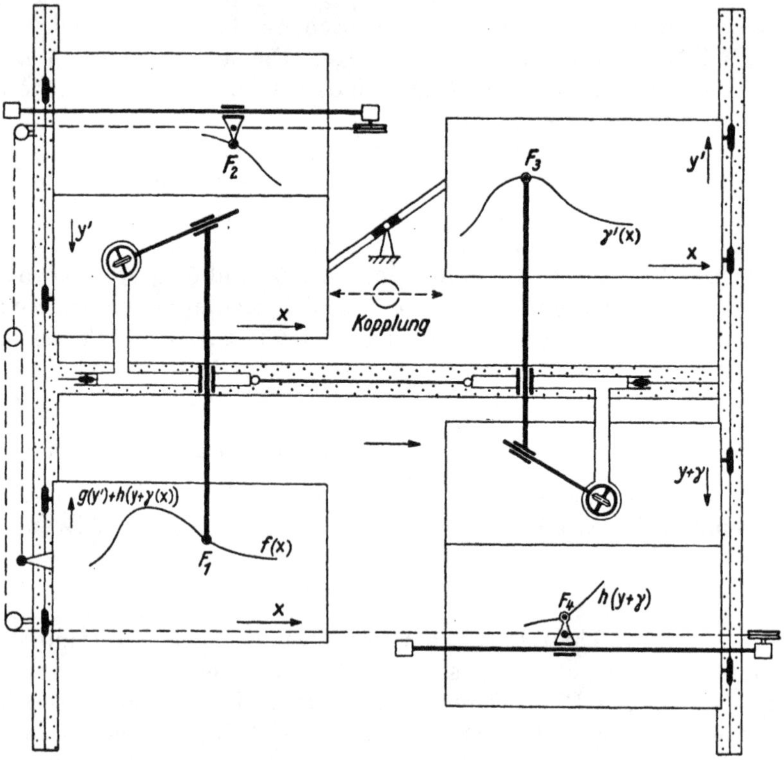

Bild 182. Schematische Darstellung des Integraphen von de Beauclair.

schwindigkeits- und Wegkurve eines Zuges oder sonstigen Fahrzeuges, wenn die Differenz aus Widerstand auf ebener Strecke und Zugkraft als Funktion der Geschwindigkeit und, additiv hinzukommend, der Steigungswiderstand als Funktion des Weges gegeben ist, ferner zur Aufzeichnung des Temperaturverlaufes bei schwankend belasteten elektrischen Maschinen.

Unter Benutzung der Grundintegraphen Adler-Ott hat de Beauclair den Fahrintegraphen so umgeformt, daß er zur Integration von Gleichungen der Form

$$y'' = g(y') + h(y + \gamma(x)) + f(x) \quad \ldots \ldots \ldots (24)$$

benutzt werden kann. An Hand der schematischen Skizze 182 wird man sich die Arbeitsweise dieser Konstruktion leicht klar machen.

6. Der Fahrgeschwindigkeitsintegraph von Tuschy

dient ähnlich wie der Apparat von Knorr der Fahrzeitbestimmung [265]. Er zeichnet in ein gegebenes Streckenprofil bei gegebenem Beschleunigungs-Geschwindigkeitsdiagramm (b, v-Diagramm) die Geschwindigkeit v eines Zuges als Funktion des Weges x ein und ermöglicht den Zusammenhang zwischen Ort x und Zeit t der Zugbewegung abzulesen. Zur Integration wird die Tatsache benutzt, daß die Subnormale der Geschwindigkeit-Weg-Kurve proportional der Beschleunigung b ist

$$b = \frac{dv}{dt} = \frac{dv}{dx} \cdot v. \quad \ldots \ldots \ldots \ldots (25)$$

Stellt man die Subnormale $b \sim OZ$ ein und benutzt einen Schwenkarm SA, der durch Z gleitet und an seinem Ende ein Schneidenrad R trägt, dessen Ebene normal zu dem Arm ist, so beschreibt dieses Rad die v, x-Kurve.

Der Wagen W_1 (Bild 183) wird mittels zweier Räder auf einer Schiene in Abszissenrichtung geführt. Er hat zwei zueinander senkrechte Geradführungen, in denen in der Ordinatenrichtung der Wagen W_2, in der Abszissenrichtung W_3 gleitet. W_2 trägt das Schneidenrad, das durch den Schwenkarm SA in jede Richtung gebracht werden kann. SA gleitet durch den mit W_3 bewegten Zapfen Z.

An dem Wagen W_2 bringt man das b, v-Diagramm bei ebener Fahrbahn so an, daß der Koordinatenanfangspunkt über dem Auflagepunkt des Schneidenrades liegt und die v-Achse in der negativen Ordinaten-, die b-Achse in der Abszissenrichtung läuft. In Bild 183 ist die b, v-Kurve in Form eines Schlitzes gegeben, in dem der Zapfen Z gleitet,

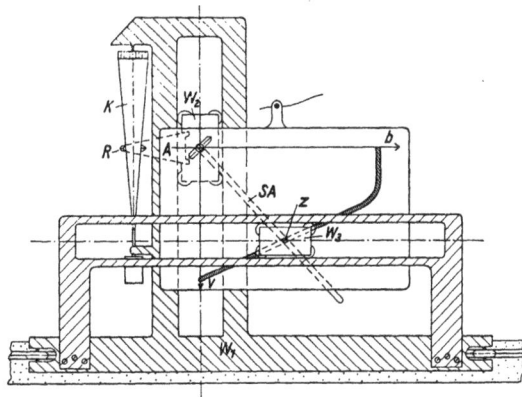

Bild 183. Schematische Darstellung des Fahrgeschwindigkeitsintegraphen von Tuschy.

so daß die Subnormale der v, x-Kurve stets gleich der augenblicklichen Beschleunigung ist.

Klemmt man W_3 fest, hat man eine Kurve mit konstanter Subnormalen. Der Apparat zeichnet dann also eine Parabel $v^2 = 2\,bx$. Das kann man zur Konstruktion der Bremsparabel gebrauchen.

In dieser Form würde der Apparat für die Fahrzeitermittlung auf horizontaler Bahn dienen können. Soll auch die Steigung der Strecke berücksichtigt werden, muß sich die Subnormale additiv zusammensetzen aus dem von der Geschwindigkeit v und dem von der Steigung s abhängenden Teil. Das die b, v-Kurve tragende Tischchen muß dann also in der b-Richtung eine von der Steigung abhängige Verschiebung erfahren. Da z. B. bei der Eisenbahn die Steigung auf längere Strecken konstant ist, wird an einer in Bild 183 nicht gezeichneten Skala die der augenblicklichen Steigung entsprechende Verschiebung eingestellt, wodurch das Tischchen mit der b, v-Kurve einfach in der b-Richtung entsprechend verschoben wird. In einer Neukonstruktion des Apparates durch de Beauclair wird diese seitliche Verschiebung des Tischchens durch einen Winkelhebel vorgenommen. Dieser trägt an einem Ende einen Fahrstift, der auf dem Streckenprofil entlanggeführt wird. Man erkennt diesen Fahrstift vorn in Bild 184, in dem das Tischchen durch

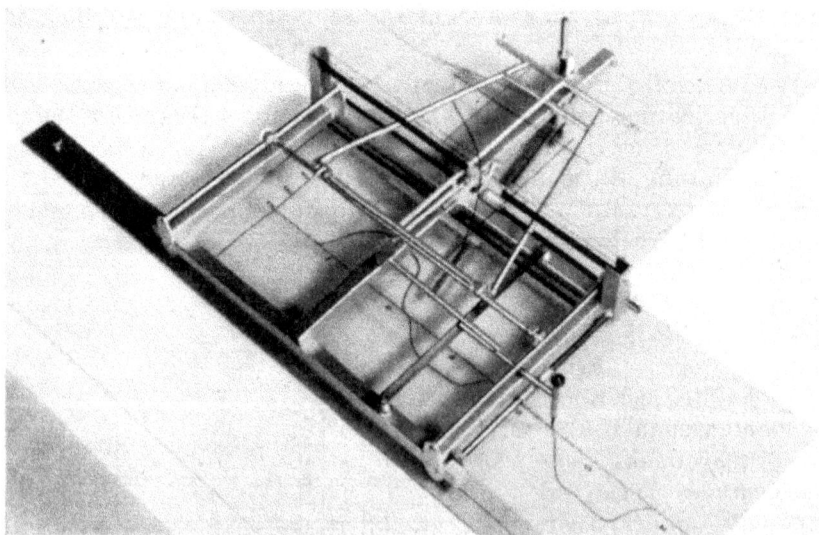

Bild 184. Neukonstruktion des Apparates von Tuschy durch de Beauclair.

eine Glasplatte ersetzt ist. Über dieser erkennt man an einer Schiene verschiebbar den auf der b, v-Kurve zu führenden Stift. Die Bewegung dieses Stiftes wird auf den ganz zu unterst liegenden Schwenkarm durch einen Seilzug übertragen.

Die Zeitermittlung erfolgt bei der ursprünglichen Konstruktion von Tuschy durch Aufleuchten einer Lampe nach jeder Fahrminute. Am Wagen W_2 ist ein Ausleger A mit einem Rädchen R angebracht, der um eine v-parallele Achse drehbar ist. Auch die Achse von R ist v-parallel. R läuft auf der Zeichenfläche und auf R ruht der Kegel K, dessen Achse zur Ordinatenachse parallel ist und der noch in einem seiner Lager ruht. Da sich die Spitze des Kegels in der Höhe $v = 0$ befindet, ist der ihm durch R mitgeteilte Drehwinkel $\dfrac{dx}{v} = dt$, d. h. seine Drehung mißt die Fahrzeit, die an einer Skala (6 gleiche Teile zu je 10 s) abgelesen werden kann. Dieser Kegel gibt die Kontakte für das Aufleuchten der Lampe.

Für die Bestimmung der ersten Fahrtminute wird der Kegel nicht verwandt; für diese wird die Beschleunigung als konstant vorausgesetzt, also $t = \dfrac{v}{b} = \operatorname{tg}\beta$ gesetzt. Ist der durch diese Gleichung für eine Minute bestimmte Winkel durch den Schwenkarm erreicht, wird zum erstenmal der Kontakt geschlossen und das Lichtsignal gegeben.

Weitere Apparate zur Fahrzeitbestimmung sind von Suprunenko gebaut [416—418a].

Besondere Überlegungen erfordert bei der Verwendung all dieser Instrumente die passende Bestimmung der Maßstäbe bzw. Wertzahlen der einzelnen Größen [199].

D. Integriermaschinen

1. Allgemeiner Aufbau

In den letzten zwanzig Jahren sind umfangreiche Maschinen zur Integration gewöhnlicher Differentialgleichungen konstruiert worden, die ihr Erfinder V. Bush als Differential-Analysatoren bezeichnet hat. Er begann etwa 1920 mit seinen Versuchen und hatte 1930 die endgültige Form seiner Maschine. Diese umfangreichen Apparate setzen sich aus Integrier-, Funktions-, Produkt-, Summen- und Übersetzungstrieben zusammen. Ihren Umfang bestimmt in der Hauptsache die Zahl der eingebauten Integrationsmechanismen. Größere Maschinen sind unter anderem von Bush in Cambridge (USA.) mit 6 Integratoren [48, 49, 50], von Hartree in Manchester mit 8 [143, 144, 146, 147, 291, 292], von Massey in Dublin mit 4 [258] und von Rosseland in Oslo mit 12 Integratoren gebaut worden [355, 356, 299, 222, 84, 90]. Eine Maschine mit 6 Integratoren soll auch in Leningrad stehen. Außerdem gibt es eine größere Zahl kleinerer, teilweise mit recht einfachen Mitteln hergestellter Maschinen [223, 148]. In Deutschland werden zur Zeit zwei verschiedene Versuchsmaschinen erprobt, von denen die erste wesentlich nach dem Bush-Prinzip gebaut ist. Bei beiden Maschinen werden eine Reihe neuer Ideen verwertet [371a]. Bild 185 zeigt die Osloer

Bild 185. Die Integriermaschine von Rosseland in Oslo.

Maschine. Rechts sieht man die 12 Integratoren, deren weiter unten zu besprechende Verstärker paarweise von je einem der am Boden stehenden Motore getrieben werden. Links befinden sich die 7 Koeffiziententische. In der Mitte sieht man die Achsen, die die Integratoren mit den Koeffiziententischen, und quer dazu die, welche die Integratoren untereinander verbinden. Diese Querachsen werden zwangsläufig durch die einzelnen Getriebe so gekoppelt, wie es der Differentialgleichung entspricht, und werden durch Motor von der Achse der unabhängigen Veränderlichen aus angetrieben. Die Osloer Maschine zeichnet sich durch besonders genaue Arbeit aus, bei ihr sind z. B. die Löcher für die Wellen etwa auf 0,006 mm genau gebohrt, die Wellen auf 0,01 mm genau geschliffen.

2. Koeffizienten- und Resultattische

Auf die Koeffiziententische werden die in die Differentialgleichung eingehenden Funktionen in Kurvendarstellung aufgespannt. Über diesen Tischen werden beim Arbeiten durch die Maschine in der Abszissenrichtung zwei Schienen verschoben. Mit Hand wird dabei ein auf ihnen verschiebbarer Fahrstift auf der Kurve entlanggeführt, und mittels Kegel- oder Schneckenradtriebes wird bei den nach dem Bush-Prinzip gebauten Maschinen die Größenverschiebung in Ordinatenrichtung in die Umdrehung einer Welle übersetzt. Die Führung auf der Kurve geschieht neuerdings auch vielfach automatisch, indem man den Fahrstift durch ein oder zwei Selenzellen ersetzt [36, 152, 475]. Die erste deutsche Maschine hat anstatt der Tische Trommeln, deren Drehung proportional der Änderung der Abszisse ist. Einer Umdrehung der Abszissen- bzw. Ordinatenwelle entspricht eine Verschiebung des Fahrstiftes um 0,5 mm in Längs- bzw. Querrichtung. Bei der Osloer Maschine können die Koeffizientische auch zur Aufzeichnung der Ergebnisse der Integration benutzt werden. Die anderen Maschinen haben einen besonderen Resultattisch, auf dem zwei Kurven, z. B. die Integralkurve und ihre erste Ableitung, aufgezeichnet werden. Die Maschine von Hartree hat außerdem noch einen Tisch, auf dem das Resultat aufgezeichnet und mit einer bestimmten Abszissenverschiebung (lag) wieder in die Maschine hineingegeben werden kann. Es ist das z. B. bei Schwingungsproblemen mit Reflexion wichtig. Bei einigen Analysatoren, z. B. dem in Manchester, können die Resultate außerdem noch an Zählwerken abgelesen werden, die dann für gleiche Argumentschritte mechanisch photographiert werden, so daß man sofort die Resultate in Tabellenform hat, oder die Maschinen haben Druckwerke wie die eine deutsche.

3. Integriermechanismen

Während Bush als Integriermechanismen zunächst integrierende Wattstundenmeter verwendete [51, 52], benutzen die meisten heutigen Maschinen Gonellasche Integriermechanismen, bei denen die Änderungen der Variablen in die Drehung von Achsen umgesetzt werden. Bild 186 zeigt schematisch die Wirkungsweise einer solchen Vorrichtung bei Ausführung einer Integration von $\dfrac{dz}{dx} = f(z)$

oder $z = \int f(z)\,dx$. Die Kurve $y = f(z)$ ist zur Abszisse z auf einem Koeffiziententisch aufgezeichnet und kann mit dem Fahrstift F befahren werden, der an zwei über die Tafel laufenden Schienen gleitet. Die Bewegung erfolgt durch Drehung der unten angedeuteten Kurbel. Durch

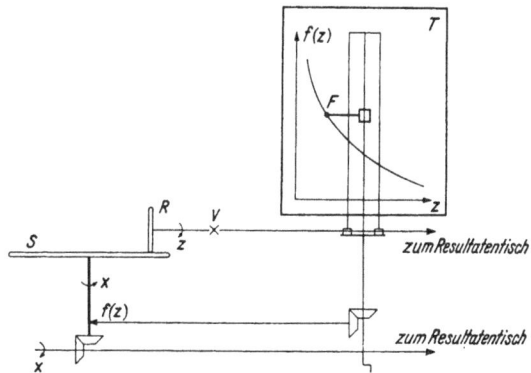

Bild 186. Schematische Darstellung eines Gonellaschen Mechanismus zur Integration der Gleichung $\dfrac{dz}{dx} = f(z)$.

Schnecken- oder Kegelradtrieb wird dadurch gleichzeitig mittels einer Schraube die Scheibe S des Integrators unter der hier unverschieblich gelagerten Meßrolle R so verschoben, daß diese vom Drehpunkt der Scheibe immer einen Abstand hat, der proportional $f(z)$ ist. Bei der deutschen Maschine entspricht einer Umdrehung der Achse eine Veränderung der $f(z)$ darstellenden Länge um 0,2 mm. Die Antriebswelle x wird durch den Motor langsam gedreht, wobei die Scheibe S eine

Drehung proportional x erfährt; ebenso wird die Resultattafel proportional x verschoben. Die Abtriebswelle z dreht sich also proportional $\int f(z)\,dx = z$. Diese Welle verschiebt nun die Schienen über der Koeffizitentafel in der Abszissenrichtung, so daß der Fahrstift immer relativ zur Tafel die richtige Abszisse z hat. Außerdem bewegt sich mittels Schneckentriebes in Ordinatenrichtung ein Zeichenstift, der auf der Resultattafel z als Funktion von x aufzeichnet.

Die zweite deutsche Maschine benutzt als Integriervorrichtung das Schneidenrad. Wie man dann dieselbe Gleichung integrieren kann, zeigt Bild 187. Der in x-Richtung verschiebbare Rahmen RR trägt

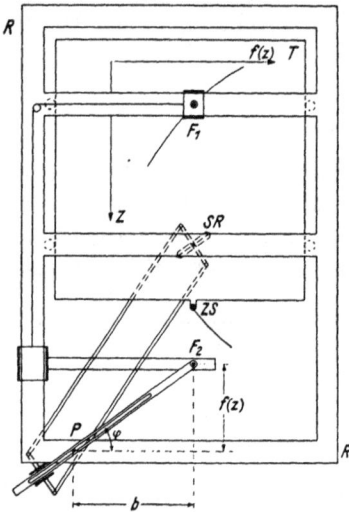

Bild 187. Integration der Gleichung $\dfrac{dz}{dx} = f(z)$ mittels Schneidenrades.

die in z-Richtung bewegliche Tafel T, auf die $f(z)$ als Funktion von z gezeichnet ist. Diese Tafel wird durch das Schneidenrad SR verschoben, auf dem T mit Druck aufliegt und das dadurch zugleich auf die Zeichenunterlage gedrückt wird. Der Winkel φ seiner Ebene gegen die Abszissenrichtung wird durch Gelenkparallelogramm und Richtungslineal stets so eingestellt, daß $\operatorname{tg}\varphi = \dfrac{dz}{dx} = f(z)$ ist. Die augenblickliche Größe von $f(z)$ wird durch Seilzug von dem Fahrstift F_1, der längs eines im Rahmen festen Lineales auf $f(z)$ verschoben wird, auf den Fahrstift F_2 übertragen. Um diesen dreht sich das durch den Pol P gleitende Richtungslineal. Ein mit T verbundener Zeichenstift ZS zeichnet dann auf der Unterlage die Kurve $z = \int f(z)\,dx$ als Funktion von x auf, oder es wird, wenn das Ergebnis der Integration weiter verwertet werden soll, die Bewegung des Tisches lichtelektrisch abgetastet und nach Einschalten eines Verstärkers auf einen anderen Maschinenteil übertragen.

4. Drehmomentenverstärker

Der Gonellasche Integriermechanismus hat zunächst den Nachteil, daß das durch Reibungskräfte auf die Meßrolle übertragene Drehmoment sehr klein ist, daß es also kaum möglich ist, durch die Drehung der zugehörigen Welle noch andere Teile des Instrumentes zu bewegen, wie es in der Maschine nötig ist. Man teilt daher die von der Meßrolle ausgehende Welle in zwei Teile und schaltet zwischen beiden einen Drehmomentenverstärker ein [287, 288]. Eine schematische Skizze des mechanisch arbeitenden Verstärkers zeigt Bild 188. Über den Enden der Antriebs- und der Abtriebswelle werden dauernd koaxiale Trommeln von einem Elektromotor in Drehung versetzt, und zwar rotiert die eine links, die andere rechts herum. Sie stehen mit den Wellen nicht in Ver-

bindung. Die Antriebswelle endet in dem Arm A, die Abtriebswelle in B. Beide sind durch zwei Bänder miteinander verbunden, die um die rotierenden Trommeln gelegt sind. Dreht sich nun die Antriebswelle etwa so, daß A sich nach hinten bewegt, so wird das Band um die linke Trommel angezogen, das um die rechte gelockert. Infolge der Seilreibung, die ja exponentiell mit dem Umschlingungswinkel

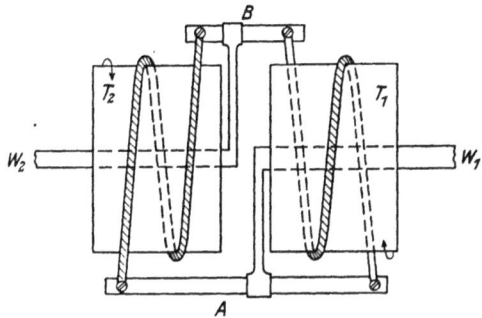

Bild 188. Schematische Darstellung eines Drehmomentenverstärkers.

wächst, wird auf den Hebel B ein sehr viel größerer Zug nach vorn ausgeübt. Das rechte Band, das bei dieser Bewegung locker ist, also keine Kraft ausübt, tritt bei der entgegengesetzten Drehung in Wirkung. Durch diesen einfachen Apparat ist eine Verstärkung des Drehmomentes auf

Bild 189. Integriermechanismus (rechts) und Drehmomentenverstärker (links) der Maschine in Oslo.

das 60- bis 80 fache möglich. Im allgemeinen werden zwei dieser Verstärker hintereinandergeschaltet und so eine Vergrößerung des Drehmomentes etwa auf das 5000 fache erreicht. Bild 189 zeigt links einen derartigen Verstärker mit dem zugehörigen Integrator rechts, wie ihn die Maschine in Oslo benutzt. Die Verstärkung kann natürlich auch auf elektrischem Wege erfolgen, wie das bei der einen deutschen Maschine der Fall ist.

5. Der Kompensator

Solange die Umdrehung in der gleichen Richtung erfolgt, arbeitet ein solcher Verstärker sehr präzise. Bei Umkehrung des Drehungssinnes aber wird die Abtriebsachse erst kurze Zeit später in Bewegung kommen, da die Bänder mit kleinen Spielräumen um die Trommeln liegen. Der so entstehende tote Gang muß irgendwie kompensiert werden, z. B. wie bei der Osloer Maschine durch ein eingeschaltetes Planetengetriebe. Bild 190 zeigt eine schematische Darstellung des ähnlich gebauten Kompensators der Maschine von Bush [101]. Hier ist die Welle W_1W_2 unterbrochen. Fest mit W_1 ist die Scheibe S_1 verbunden. Durch diese gehen die Achsen zweier fest miteinander verbundener Zahnradpaare Z_1Z_3 und Z_2Z_4 hindurch. Die Zahnräder Z_3 und Z_4 greifen in einen inneren Zahnkranz der Scheibe S_2 ein, die fest auf dem zweiten Teil der Welle W_2 sitzt. Die anderen beiden Zahnräder Z_1 und Z_2 greifen in die Außenverzahnung eines Rades R ein, das um

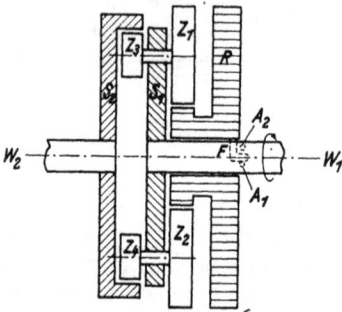

Bild 190. Schematische Darstellung eines Kompensators der Maschine von Bush.

W_1 drehbar ist. Ein mit ihm verbundener Flügel F spielt zwischen zwei Anschlägen A_1 und A_2 der Welle W_1. Dreht sich W_1 in dem angezeichneten Sinne, liegt F an A_1 an. Das Rad R dreht sich also mit W_1 ebenso wie die Scheibe S_1, und die Zahnräder sind in Ruhe und nehmen bei der Drehung S_2 mit, so daß sich W_2 mit der gleichen Geschwindigkeit dreht wie W_1. Wechselt W_1 die Drehrichtung, wird das Rad R durch einen Riemen gebremst, und der Flügel F wandert von A_1 nach A_2 hinüber. R bleibt gegenüber W_1 und S_1 zurück; die Zahnräder beginnen sich zu drehen und übertragen ihre Bewegung auf S_2 und W_2, die sich jetzt in dem gleichen Sinne drehen wie W_1. Die Abmessungen der Räder R und Z sind nun so gewählt, daß sich die Drehgeschwindigkeit von W_2 zu der von W_1 wie 11:10 verhält. Dadurch holt W_2 die Verzögerung, die durch den toten Gang des Verstärkers hervorgerufen wurde, wieder auf. Erreicht F den Anschlag A_2, dreht sich R wieder wie W_1 und die Geschwindigkeit von W_2 ist dann die gleiche wie die von W_1. Der Abstand der beiden Anschläge A_1 und A_2 wird nun so reguliert, daß der Schlupf gerade kompensiert wird. Bei elektrischer Verstärkung wird der Kompensator überflüssig.

6. Die Kopplung

Die Übertragung der Drehbewegung der von den Integratoren und der von den Koeffizententischen kommenden Wellen auf die querlaufenden Verbindungswellen und umgekehrt und von ihnen auf die zu den Resultattisch gehenden erfolgt durch Schneckentrieb. Ferner sind eine Reihe von Zahnradübertragungen nötig, um die Maßeinheiten so wählen zu können, daß die Meßrollen auf den Integrierscheiben bleiben und daß die Kurven nicht größer werden als die Koeffizententische, deren Größe aber auch möglichst ausgenutzt wird. Um den Fehler infolge des toten Ganges in diesen Zahnradübertragungen möglichst gering zu machen, ist ihre Zahl bei der Osloer Maschine so klein wie möglich gehalten. Daher müssen bei dieser für die verschiedenen Übersetzungszahlen besonders angefertigte Räder benutzt werden. Die Maschinen von Bush und Hartree dagegen verwenden die handelsüblichen Räder. Infolgedessen sind hier für ein bestimmtes Übersetzungsverhältnis oft mehrere Zahnradtriebe erforderlich [144]. Deswegen ist die Zahl der erforderlichen Querachsen bei diesen Maschinen wesentlich größer als bei der Osloer; z. B. hat die Maschine von Bush 18 Querachsen. Die Übertragung der Drehungen der Abtriebsachsen jedes Elementes kann auch durch elektrische Fernübertragungssysteme synchron in die Eingänge anderer Elemente erfolgen, so daß die Querachsen ganz fortfallen, wie das bei den deutschen Maschinen der Fall ist. Die Herstellung der Verbindungen erfolgt dann an einer besonderen Schalttafel.

7. Die Additions- und Multiplikationsmechanismen

Die Maschinen haben außerdem noch Zahnradgetriebe für die Bildung der Summe $f(x) + g(x)$ zweier Funktionen, bei denen es sich im wesentlichen um Differentialgetriebe handelt. In schematischer Darstellung zeigt Bild 191 einen solchen Addiermechanismus. Erteilt man der Achse A_1 eine Drehung proportional $f(x)$ in negativem Sinne, dreht sich A_2 bei festgehaltenem Gehäuse des Differentialgetriebes in positivem Sinne um $f(x)$. Dreht man das Gehäuse in positivem Sinne um $\frac{1}{2} g(x)$,

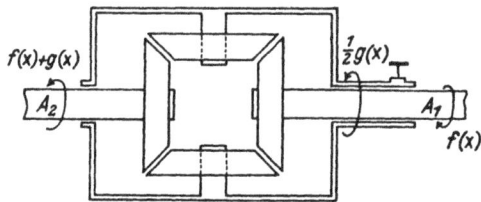

Bild 191. Schematische Darstellung eines Additionsmechanismus.

dreht sich bei festgehaltener Achse A_1 die Achse A_2 ebenfalls in positivem Sinne um $g(x)$. Finden beide Bewegungen gleichzeitig statt, dreht sich A_2 um $g(x) + f(x)$. Bild 192 zeigt links einen solchen Addiermechanismus.

Ferner haben die Maschinen zur Bildung des Produktes $g(x) \cdot h(x)$ Multiplikationsgetriebe. Die Konstruktion eines solchen Getriebes bei der Maschine von Bush zeigt schematisch Bild 193 [265]. Durch Drehung der mit u bezeichneten Schraube wird der Wagen W_2 und die mit ihm verbundene querlaufende Schraubenspindel immer in die Entfernung $u = g(x)$ von dem festen Drehpunkt

M gebracht. Um M dreht sich eine Schiene, die durch den Wagen W_3 gleitet; dieser wird durch die Schraube v in dem vertikalen Abstand $v = h(x)$ vom Drehpunkt M gehalten, während der horizontale Abstand dieser Achse von M konstant gleich a ist. Senkrecht zu der ersten Schiene gleitet über M weg eine zweite Schiene, die den Wagen W_1 bewegt, der den horizontalen Abstand z von M hat. Aus ähnlichen Dreiecken liest man ab, daß

$$z = \frac{u \cdot v}{a}$$ ist. Durch die Bewegung des Wagens W_1 wird die von dem Wagen W_2 getragene Schraube gedreht und mittels Schneckentriebes wird die mit $g(x) \cdot h(x)$ proportionale Drehung auf die mit z bezeichnete Achse übertragen. Für die Multiplikation mit einer irrationalen Zahl kann man einen Integriermechanismus ausnützen. Man stellt dazu die Meßrolle in dem erforderlichen konstanten Abstand vom Drehpunkt der Scheibe fest

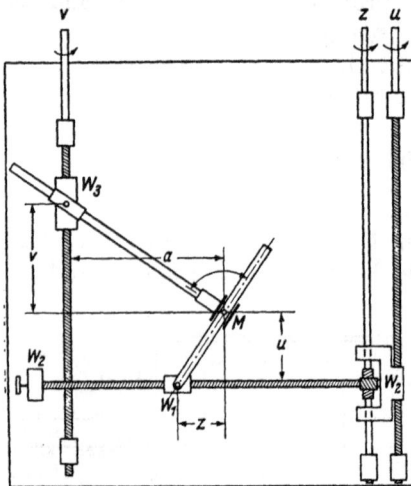

ein. Die Multiplikation $h(x) \cdot g(x)$ kann man auch mittels zweier Integriergetriebe ausführen (vgl. VI, D 10).

8. Anwendung als Produktintegraph

Die längste Zeit und gründliche Überlegung erfordert die Schaltung der Maschine, während der eigentliche Integrationsvorgang verhältnismäßig schnell abläuft, bei den Maschinen mit lichtelektrischer Führung auf den Koeffizientenkurven sogar vollkommen automatisch. Für den Entwurf der Schaltung werden besondere Zeichen für die einzelnen Teilapparate verwendet, wie sie auch in den drei letzten Bildern benutzt werden. Bild 194 zeigt, wie man zwei Integrationsmechanismen so schalten kann, daß sie als Produktintegraph wirken. Man liest das leicht aus der schematischen Zeichnung ab. Die Punkte an den 5 Querwellen, an welche die ihrer Umdrehung entsprechenden Größen rechts angeschrieben sind, bedeuten Kegelrad- bzw. Schnekkenradverbindungen. Die Drehung der Scheibe des rechten Integrators J_1 ist proportional x. Seine Scheibe wird von der Koeffiziententafel K_1 aus so geführt, daß die Meßrolle vom

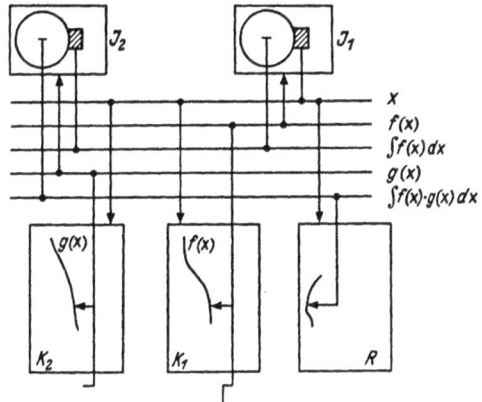

Bild 194. Schaltschema für die Auswertung eines Stieltjesintegrales.

Drehpunkt der Scheibe den Abstand $f(x)$ hat. Die Drehung der Meßrolle ist also proportional $\int f(x)\,dx$. Über eine Querwelle wird die Scheibe des zweiten Integrators J_2 proportional zu dieser Größe gedreht. Seine Scheibe wird von dem Koeffiziententisch K_2 aus so geführt, daß die zugehörige Integrierrolle vom Scheibenmittelpunkt die Entfernung $g(x)$ hat. Ihre Drehung ist also proportional

$$\int g(x)\,d\int f(x)\,dx = \int g(x)\cdot f(x)\,dx.$$

Das wird als Funktion von x auf der Resultattafel aufgezeichnet. Nachdem ein Schaltbild wie Bild 194 entworfen ist, sind noch weitere Bilder nötig, auf denen die Einzelheiten angegeben werden, wie die erforderlichen Übersetzungsverhältnisse, der durch die Vorzeichen bedingte Drehsinn der einzelnen Wellen usw. Auf Grund dieser Zeichnungen werden dann erst die Schaltungen an der Maschine ausgeführt.

9. Erstes Beispiel für die Integration einer Differentialgleichung

Als erstes Beispiel für die Integration einer Differentialgleichung sei das erste Schaltungsschema für die Integration der Gleichung

$$\frac{d^2x}{dt^2} + f\left(\frac{dx}{dt}\right) + g(x) = 0 \quad \ldots \ldots \ldots \ldots (1)$$

gegeben. Die Gleichung denkt man sich in der Form

$$\frac{dx}{dt} = -\int \left[f\left(\frac{dx}{dt}\right) + g(x) \right] dt \quad \ldots \ldots \ldots \quad (2)$$

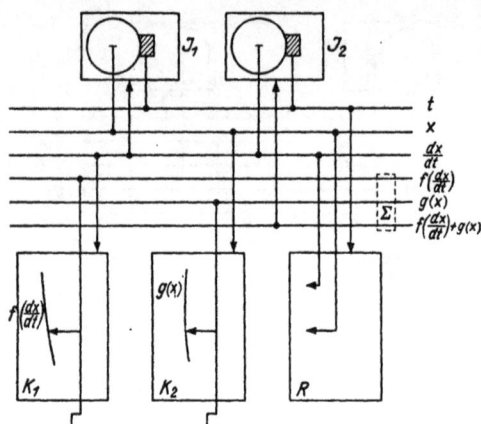

Bild 195. Schaltschema für die Integration der Gleichung

$$\frac{d^2 x}{dt^2} + f\left(\frac{dx}{dt}\right) + g(x) = 0.$$

geschrieben. Dieses Integral wird vom zweiten Integrator J_2 gebildet, während J_1 die Integration $x = \int \frac{dx}{dt} dt$ ausführt. Durch das gestrichelte Rechteck soll angedeutet werden, daß durch ein Additionsgetriebe die Umdrehungen $f\left(\frac{dx}{dt}\right)$ und $g(x)$ addiert werden. Im übrigen kann man die Wirkungsweise aus dem Schaltschema (Bild 195) ablesen. Auf dem Resultattisch R werden dann x und $\frac{dx}{dt}$ als Funktion von t aufgezeichnet.

10. Zweites Beispiel für die Integration von Differentialgleichungen

Als zweites Beispiel für die Integration von Differentialgleichungen zeigt Bild 196 ein etwas ausführlicheres Schaltschema der Gleichung

$$\frac{d\xi}{dx} + \int f(x) \, d\xi + \int [\sigma^2 g(x) - h(x)] \, \xi \, dx = 0,$$

die für die Radialschwingungen eines Sternes gilt [222]. f, g und h sind darin tabellarisch gegebene Funktionen von x. Man benutzt zur Integration fünf Integratoren, von denen J_1 nur der Produktbildung $\sigma^2 \cdot g(x)$ dient. Zunächst bestimmt man Maßeinheiten e_1, e_2, e_3 und e_4 für die Funktionen f, g, h und ξ, um die Größe der Koeffizienten- und Resultattafeln möglichst auszunutzen. Diese beträgt bei der Osloer Maschine 450 Einheiten für die Funktion und etwas mehr für die unabhängige Veränderliche. Weiter führt man noch drei Maßstabsfaktoren α, β, γ ein. Für jeden der Integratoren erhält man eine Beziehung zwischen drei dieser Faktoren, entsprechend den drei durch ihn verbundenen Wellen. So erhält man z. B. für J_5, wenn man noch einen weiteren Proportionalitätsfaktor N_5 für jeden Integrator einführt,

$$\frac{N_5}{32} \int \alpha \, \xi \, \gamma \, dx = e_4 \int \xi \, dx.$$

Es muß also

$$e_4 = \frac{N_5 \cdot \alpha \cdot \gamma}{32}$$

sein. Im ganzen erhält man 5 solche Beziehungen. Ferner muß man beachten, daß die Meßrollenverschiebung auf den Integrierscheiben kleiner als 40 Einheiten sein muß. Die Änderungen von $e_1 f$, $e_2 g$, $e_3 h$ und

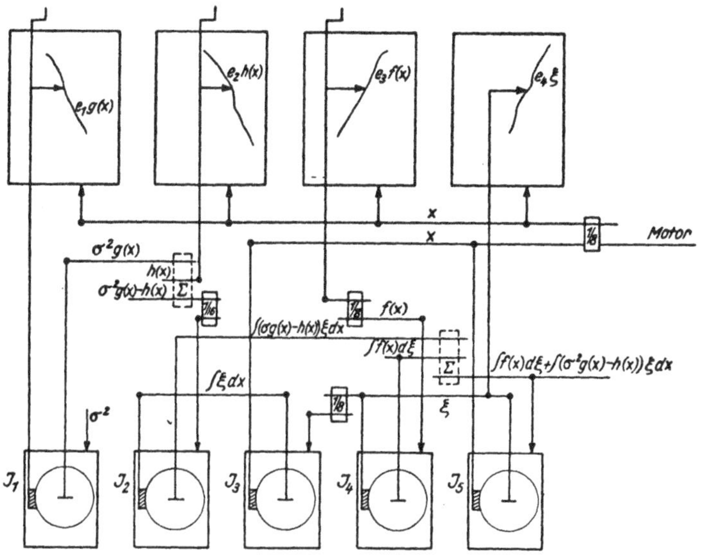

Bild 196. Schaltschema für die Integration der Gleichung

$$\frac{d\,\xi}{d\,x} + \int f(x)\, d\,\xi + \int [\sigma^2\, g(x) - h(x)]\, \xi\, d\,x = 0.$$

$e_4 \xi$ müssen also kleiner als 40 sein. Um das zu erreichen, baut man, wie erwähnt, Zahnradübersetzungen ein, für die die Verhältnisse 1:1, 1:2, 1:3, 1:4, 1:8 und 1:16 zur Verfügung stehen. In obigem Schaltschema sind 4 solche Übertragungen durch kleine Rechtecke angedeutet mit eingetragenem Übersetzungsverhältnis. In unserem Beispiel erhält man so

$N_1 = 2621{,}44$; $\quad N_2 = 1/16$; $\quad N_3 = N_4 = 1/8$; $\quad N_5 = 1$;

$e_1 = 51{,}2$; $\quad e_2 = 2$; $\quad e_3 = 163{,}84$; $\quad e_4 = 400$;

$\alpha = 80$; $\quad \beta = 160$; $\quad \gamma = 250$.

An zwei Stellen sind außerdem Additionsmechanismen eingefügt, die wie im zweiten Beispiel durch gestrichelte Rechtecke angedeutet sind. Die

16*

Funktionen, denen die Drehung der einzelnen Querwellen proportional sind, sind an diese angeschrieben, so daß man die Wirkungsweise der Maschine an dem Schaltschema leicht verfolgen kann.

Anwendungen finden sich in vielen Arbeiten, die zum großen Teil von Walther [453] angegeben sind. Erwähnt sei nur, daß man den Apparat als Fahrdiagraph verwenden kann [145] und daß mit ihm auch die genäherte Integration partieller Differentialgleichungen ausgeführt ist [149].

Schrifttum

[1] Abdank-Abakanowicz, B., Les Intégraphes. Paris 1886. (Deutsch bearbeitet von E. Bitterli, Leipzig 1889.) S. a. C. R. Acad. Sci. Paris 92 (1881), 402—405, 515—519; 94 (1882), 783—785; 95 (1882), 1047—1048.

[2] Ackerl, F., Untersuchungen über die Genauigkeit des harmonischen Analysators von Dr. O. Mader. Z. Instrumentenkde. 48 (1928), 375—380.

[3] Adler, H., Ein Spezialplanimeter zur Bestimmung von Effektivwerten. ETZ 52 (1931), 1387—1388.

[4] Adler, H., Neue Potenzplanimeter zur Bestimmung von $\oint y^2\, dx$ und $\oint \sqrt{y}\, dx$. Z. Vermessungsw. 61 (1932), 665—668.

[5] Ajello, C., Su di una importante applicazione dell' integrafo Pascal a riga curvilinea. Napoli Rend. (3) 18 (1912), 25—28.

[6] Ajello, C., Sopra un' equazione differenziale che si integra con l'integrafo polare Pascal. Batt. G. 51 (1913), 161—165.

[7] van den Akker, J. A., A mechanical integrator for evaluating the integral of the product of two functions and its application to the computation of I. C. I. color specifications from spectrophotometric curves. Journ. Opt. Soc. Amer. 29 (1939), 364—369.

[8] Amsler, A., Das Planimeter und seine Erfindung. Z. Vereins Schweiz. Konkordatsgeometer 5 (1907), 117—122, 125—132.

[9] Amsler, A., Das Durand-Amslersche Radialplanimeter. (Mit einem Zusatz von E. Hammer.) Z. Instrumentenkde. 31 (1911), 213—217.

[10] Amsler, J., Über die mechanische Bestimmung des Flächeninhaltes, der statischen Momente und der Trägheitsmomente ebener Figuren, insbesondere über einen neuen Planimeter. (Abgedruckt aus der Vierteljahresschrift der naturforschenden Gesellschaft in Zürich.) Schaffhausen 1856.

[11] Amsler, A. J. & Co., Verfahren zur Bestimmung des Zentrifugalmomentes $\iint xy\, dx\, dy$ einer Fläche mit Hilfe des Integrators. Z. Instrumentenkde. 46 (1926), 16—19.

[12] Amsler, A. J. & Co., Verfahren zur Bestimmung des polaren Trägheitsmomentes eines Umdrehungskörpers mittels des Integrators. Z. Instrumentenkde. 46 (1926), 19—25.

[13] Amsler, A. J. & Co., Integrierende Pegel. Schweiz. Techn. Zeitschr. (1928), 182—184.

[14] Amsler, A. J. & Co., Harmonischer Analysator (System Harvey). Z. Instrumentenkde. 59 (1939), 288—293.

[15] Amsler-Laffon, J., Neuere Planimeter-Construktionen. Z. Instrumentenkde. 4 (1884), 11—24.

[16] Askania-Werke, Beschreibung und Gebrauchsanweisung zum Differentio-Integraphen. Druckschrift Geo 547a.

[17] Askania-Werke, Der harmonische Analysator nach Martens. Druckschrift Geo 601b.

[18] Bachmann, W. K., Principes pour la construction d'un nouveau planimètre. Schweiz. Z. Vermessungsw. 36 (1938), 47—51.

[19] Bachmann, W. K., Réglage du planimètre linéaire à disque. Schweiz. Z. Vermessungsw. 37 (1939), 105—114.

[19a] Bachmann, K. W., Note sur la théorie générale des planimètres. Schweiz. Z. Vermessungsw. 41 (1943), 36—38.

[20] Baer, H., Genauigkeitsuntersuchungen am Polarplanimeter. Z. Instrumentenkde. 57 (1937), 177—189.

[21] Baer, H., Genauigkeitsuntersuchungen am harmonischen Analysator Mader-Ott. Z. Instrumentenkde. 57 (1937), 225—235.

[22] Bartels, J., Bemerkungen zur praktischen harmonischen Analyse. Gerlands Beitr. Geophys. 28 (1930), 1—10.

[23] Basler, P., Instrumente zur Flächenberechnung. Z. Vermessungsw. 19 (1890), 245—248.

[24] v. Bauernfeind, C. M., Die Planimeter von Ernst, Wetli, Hansen . . . . München 1853 und Dinglers polytechn. J. 137 (1855), 81—87.

[25] v. Bauernfeind, C. M., Elemente der Vermessungskunde Bd. 2. (7. Aufl.) Stuttgart 1890, 245—249.

[26] Beevers, C. A., A machine for the rapid summation of Fourier series. Proc. phys. soc. London 51 (1939), 660—667.

[27] v. Békésy, G., Über die mechanische Frequenzanalyse einmaliger Schwingungsvorgänge und die Bestimmung der Frequenzabhängigkeit von Übertragungssystemen und Impedanzen mittels Ausgleichvorgängen. Akust. Z. 2 (1937), 217—224.

[28] Berger, E. R., Bestimmung von Deviationsmomenten mit dem Trägheitsmomentenplanimeter. Z. Instrumentenkde. 61 (1941), 381—384.

[29] Berger, E. R., Harmonische Analyse diskreter Zahlenreihen. Z. angew. Math. Mech. 22 (1942), 269—272.

[30] Berger, R., Die Lochkartenmaschine. Z. VDI 72 (1928), 1799—1807.

[31] Bergmann, St., Das Quadratwurzelziehen auf der Rechenmaschine. Z. angew. Math. Mech. 2 (1922), 316—317.

[32] Berroth, A., Beitrag zum Schneidenplanimeter. Schweiz. Z. Vermessungsw. 32 (1934), 1—11.

[33] Bertschmann, S., Neuere Auftragsapparate für Polar-Koordinaten. Schweiz. Z. Vermessungsw. 26 (1928), 57—60.

[33a] Bertschmann, S., Besondere Formeln für das Maschinenrechnen. Schweiz. Z. Vermessungsw. 37 (1939), 62—68.

[34] Beßler, A., Registrierkassen. Z. VDI 72 (1928), 1791—1798.

[35] Bitterli, S., Erfahrungen bei Wassermessungen an Turbinen. Wasserkr. u. Wasserwirtsch. 32 (1937), 109—113.

[36] Blackett, P. M. S. u. Williams, F. C., An automatic curve-follower for use with the differential-analyser. Proc. Cambridge philos. Soc. 35 (1939), 494—505.

[37] Bohnstedt, H., Klanganalytische Untersuchungen an Orgelpfeifen und -mensuren. Z. Instrumentenbau 52 (1931), Nr. 2.

[38] Boisseau, P., Sur nouveaux appareils d'intégration mécanique. C. R. Acad. Sci. Paris 196 (1933), 1863—1864.

[39] Boisseau, P., Sur de nouveaux intégraphes et différentiateurs. C. R. Acad. Sci. Paris 198 (1934), 433—434.

[40] Boucherot, P., L'analyse des courbes périodiques. La lumière électrique 49 (1893), 251—255.

[41] Bourier, A., Harmonische Analyse von Drehkraftkurven. AEG-Mitt. (1939), 326—330.

[42] Boys, C. V., An integrating-machine. Phil. Mag. (5) 11 (1881), 342—348.

[43] Boys, C. V., On integrating and other apparatus for the measurement of mechanical and electrical forces. Phil. Mag. (5) 13 (1882), 77—95.

[44] Brandenburg, Einfluß der Papieränderung auf die Ergebnisse der Flächenberechnungen auf der Karte und über die Maßnahmen zu dessen Beseitigung. Z. Vermessungsw. 59 (1930), 199—205.

[45] Braun, W., Über die Wirkungen des Papiereinganges. Z. Vermessungsw. 55 (1926), 579—586.

[46] Brauner, L., Wichtige Abschnitte der Rechenmaschinen-Entwicklung. Beitr. Gesch. Techn. Industrie 16 (1926), 248—260.

[47] Brown, S. L., A mechanical harmonic synthesizer-analyser. J. Franklin Inst. 228 (1939), 675—694.

[48] Bush, V., The differential analyser. A new machine for solving differential equations. J. Franklin Inst. 212 (1931), 447—488.

[49] Bush, V., Recent progress in analysing machines. Proc. 4th intern. Congr. appl. Mech. Cambridge (1935), 3—23.

[50] Bush, V., Instrumental analysis. Bull. Amer. math. Soc. 42 (1936), 649—669.

[51] Bush, V., Gage, F. D. u. Shewart, H. R., A continuous integraph. J. Franklin Inst. 203 (1927), 63—84.

[52] Bush, V. u. Hazen, H. L., Integraph solution of differential-equations. J. Franklin Inst. 204 (1927), 575—615, 813.

[53] Callendar, A., Hartree, D. R. u. Porter, A., Time-lag in a control system II. Phil. Trans. roy. Soc. Lond. 235 (1936), 415—444.

[54] Caufourier, P., Planimètre spiralographe pour l'intégration des fonctions dépendant du temps. Génie civ. 111 (1937), 462.

[55] Clifford, W. K., Graphic representation of the harmonic components of a periodic motion. Proc. Lond. math. Soc. 5 (1873), 11—14.

[56] Collatz, L., Über das Quadratwurzelziehen auf der Rechenmaschine. Z. angew. Math. Mech. 16 (1936), 59—60.

[57] Colomb, M. J., Sur le planimètre d'Amsler. C. R. Acad. sci. Paris 196 (1933), 93—95.

[58] Comrie, L. J., Inverse Interpolation and scientific applications of the national accounting machine. Suppl. to the J. roy. statist. Soc. III, 2 (1936), 87—114.

[59] Coradi, G., Neuer Polarplanimeter. Z. Vermessungsw. 9 (1880), 25—28.

[60] Coradi, G., Präzisions-Polarplanimeter (Patent Hohmann u. Coradi DRP. 12377). Z. Vermessungsw. 10 (1881), 127—134.

[61] Coradi, G., Die Planimeter Coradi. (5. Aufl.) Zürich 1912.

[62] Coradi, G., Analysateur harmonique avec une théorie de M. le prof. O. Henrici à Londres. (2. Aufl.) Zürich 1915.

[63] Coriolis, G., Intégraphes. J. de Liouville 1 (1836), 5—9.

[64] Couffignal, L., Les machines à calculer, leurs principes, leur évolution. Paris 1933.

[64a] Couffignal, L., Sur l'emploi de la numération binaire dans les machines à calculer et les instruments nomomécaniques. C. R. Acad. sci. Paris 202 (1936), 1970—1972.

[65] Cranz, H. u. Härlen, H., Über Apparate zur mechanischen Differentiation. Z. Instrumentenkde. 45 (1925), 365—374.

[66] Crew, E. W., Calculating machines. Engineer 172 (1941), 438—441.

[67] Cuny, K. H., Wie arbeitet der Ingenieur mit dem Ott-Polarplanimeter. Maschinenmarkt 1943, 17—18. Sonderdruck Ott D 402.

[68] Deprez, M., Sur les compteurs d'électricité. La lumière électrique 6 (1882), 534—535.

[69] Dietsch, G. u. Rotzeig, B., Eine neue Methode zur exakten Berechnung der Fourierkoeffizienten. Gerlands Beitr. Geophys. 38 (1933), 276—281.

[70] D o l e ž a l , E., Planimeterstudien. Berg- u. Hüttenm. Jb. der k. k. mont. Hochschulen Leoben u. Příbram (1906), 293—360; (1907), 81—193.

[70a] D o l e ž a l , E., Das Stampfersche Scheibenpolarplanimeter. Sitzungsber. Wien. Akad. 118, II A (1909), 1543—1574.

[71] D o l e ž a l , E., Das Pantograph-Planimeter. Sitzungsber. Wien. Akad. 124, II A (1915), 845—874.

[72] D o l l , M., Instrument zur Verwandlung von Vielecken in Dreiecke durch Parallelabschieben. Z. Vermessungsw. 3 (1874), 83—85.

[73] D o l l , M., Untersuchung der Genauigkeit des Planimeters Nr. 15 von Ott u. Coradi in Kempten. Z. Vermessungsw. 9 (1880), 28—32.

[74] D o l l , M., Untersuchung der Genauigkeit zweier Planimeter von J. Amsler-Laffon in Schaffhausen. Z. Vermessungsw. 9 (1880), 33—37.

[75] D r o d o f s k y , M., Die Division komplementärer Zahlen auf der Rechen-maschine. Z. Instrumentenkde. 57 (1937), 254—255.

[76] D u b o i s , Fr., Nouveaux planimètres pour puissances à exponents fractionaires. Génie civ. 106 (1935), 555—558.

[77] D u b o i s , Fr., Remarques à propos de l'historique des planimètres et intégri-mètres. Génie civ. 108 (1936), 494—495.

[78] D ü p p e , C., Stangenplanimeter mit korrigierbarer Schneide. DRP. 42 c Nr. 319 346.

[79] D ü r r , Zum Rückwärtseinschneiden mit Doppelmaschine. Allg. Vermess.-Nachr. 54 (1942), 186.

[80] D y c k , W., Katalog mathematischer und physikalisch-mathematischer Modelle, Apparate und Instrumente. München 1892. Nachtrag dazu München 1893.

[81] v. D y c k , W., Über den Verlauf der Integralkurven einer homogenen Diffe-rentialgleichung erster Ordnung. Abh. Bayr. Akad. Wiss. math.-phys. Kl. 26, 10 (1914).

[82] v. D y c k , W., Über einige neue Apparate zur mechanischen Integration. Abh. Bayr. Akad. Wiss. math.-phys. Kl. 26, 12 (1914).

[83] E g g e r t , O., Das Pantographenplanimeter. Z. Vermessungsw. 45 (1916), 263—265.

[83a] E g g e r t , O., Das Universalplanimeter von Ott in Kempten. Z. Vermessungsw. 45 (1916), 297—299.

[84] E k e l ö f , St., Matematiska maskiner i USA. Tekn. Tidskr. 69 A (1939), 143—154.

[85] E m d e , F., Unterteilung des Tafelschrittes. Z. angew. Math. Mech. 14 (1934), 333—339.

[86] E m d e , F., Fortlaufende Rechnungen mit Rechenmaschinen. Z. Instru-mentenkde. 56 (1936), 181—188.

[87] E m d e , F., Rechenmaschine und Genauigkeit. Z. Instrumentenkde. 56 (1936), 265—275.

[88] E m d e , F., Kurvenlineale. Z. Instrumentenkde. 58 (1938), 409—411.

[89] E n g e l m a n n , M., Leben und Wirken des württembergischen Pfarrers und Feintechnikers Philipp Matthäus Hahn. Berlin 1923.

[90] E s k i l s o n , E., Maskinell lösning av differentialekvationer. Techn. Tidskr. 65 (1935), 41—44.

[91] F a v a r o , A., Beiträge zur Geschichte des Planimeters. Allg. Bauztg. 38 (1873), 68—90, 93—108. Auch Wien 1873.

[92] R i t t e r v o n F e h r e n t h e i l u. G r u p p e n b e r g , L., Vereinfachte Quadrat-wurzelziehung mit der Rechenmaschine. Z. Instrumentenkde. 62 (1942), 227—230.

[93] F e n n e r , P., Beitrag zur Theorie des Rollplanimeters. Z. Vermessungsw. 15 (1886), 216—219, 242—249.

[94] Féry, Ch., Thermomètre intégrateur. C. R. Acad. sci. Paris 140 (1905), 367—368.

[95] Finsterwalder, S., Harmonische Analyse mittels Polarplanimeters. Z. Math. Phys. 43 (1898), 85—92.

[96] Fischer, T., Abgleichung des Polarplanimeters. Allg. Vermess.-Nachr. 54 (1942), 197—199.

[97] Fischer-Hinnen, J., Methode zur schnellen Bestimmung harmonischer Wellen. ETZ 22 (1901), 396—398.

[98] Flügge, J., Umwandlung von Winkelteilungen auf der Rechenmaschine. Z. Instrumentenkde. 61 (1941), 311—314.

[99] Föttinger, H., Über Maschinen zur Integration von Wirbel- und Quellfunktionen (Vektor-Integratoren). Proc. intern. Congr. appl. Mech. Delfft (1924), 215—228.

[100] Föttinger, H., Die Entwicklung der »Vektorintegratoren« zur maschinellen Lösung von Potential- und Wirbelproblemen. Z. techn. Phys. 9 (1928), 26—39.

[101] Fourmarier, P., Les intégraphes électro-mécaniques et la résolution des équations différentielles à coefficients variables. Bull. Soc. franç. Électr. (5) 2 (1932), 13—43.

[102] Fuchs, Theorie des Karteneingangs. Z. Vermessungsw. 36 (1907), 289—298.

[103] Füsgen, P., Flugbahn-Rechengerät. Diss. T. H. Aachen. Düsseldorf 1937.

[104] Fuß, H., Eine neue logarithmische Rechenmaschine. Z. Instrumentenkde. 53 (1933), 207—220, 257—266.

[105] Galle, A., Mathematische Instrumente. Leipzig u. Berlin 1912.

[106] Galle, A., Neuere Integraphen. Z. angew. Math. Mech. 2 (1922), 458—466.

[107] Gans, R. u. Miguez, A. P., Ein thermodynamischer Integrator. Phys. Z. 16 (1915), 247—251.

[108] Gaßmann, F., Zur Bestimmung von Bodenbewegungen aus Registrierungen von Schwingungsmessern und Seismographen. Festschrift S. I. A. d. Eidg. Techn. Hochschule Zürich 1937.

[109] Geier, K., Die Zehnerschaltvorrichtung und die damit zusammenhängenden Sonderfragen. Diss. T. H. Dresden 1936.

[110] Gentilli, A., Das Beil-Planimeter. Schweiz. Bauztg. 28 (1896), 61—64.

[111] Goos, F., Ein einfacher Koordinatmeßapparat. Z. Instrumentenkde. 51 (1931), 152—153.

[112] Grabowski, L., Theorie des harmonischen Analysators. Diss. Univ. München 1901 und Sitzungsber. Wien. Akad. Wiss. math.-phys. Kl. 110 (1902), 717—889.

[113] Greenhill, A. G., Lippincotts Planimeter. The Engineer 88 (1899), 614—615.

[114] Grobe, G., Eine allgemeine analytische Darstellung einer Klasse geschlossener Linienzüge in der Ebene. Z. Phys. 89 (1934), 388—394.

[115] Grobe, G., Ein analytischer Ausdruck für die Hystereseschleife. ETZ 55 (1934), 559—561.

[116] Groeneveld, J., Über ein neues Verfahren zur harmonischen Analyse. Z. angew. Math. Mech. 6 (1926), 253—257.

[117] Groeneveld, J., Eine neue Planimetertheorie. Z. Instrumentenkde. 47 (1927), 1—16.

[118] Groeneveld, J., Die Planimeter als Integrationsinstrumente. Z. Instrumentenkde. 47 (1927), 113—134.

[119] Groeneveld, J., Planimetrische Integration mit Nullkreis. Z. Instrumentenkde. 47 (1927), 185—189.

[120] Gröttrup, H., Ein einfaches Gerät zur Transformation ebener Kurven und seine Anwendung auf die Ermittlung von Momenten. Sitzungsber. Berl. math. Ges. 36 (1937), 33—41.

[121] Grüß, G., Über das Weber-Kernsche Planimeter. Z. Instrumentenkde. 53 (1933), 129—131.

[122] Günther, F., Der Äquidistanz-Planimeter. Z. Vermessungsw. 11 (1882), 353—359.

[123] Günther, F., Versuche über die Genauigkeit des Äquidistanzplanimeters. Z. Vermessungsw. 12 (1883), 37—43.

[124] Günther, F., Der Maaßplanimeter für schmale, langgestreckte Figuren. Z. Vermessungsw. 15 (1886), 506—512.

[125] Haerpher, A., Die Konstanten des Polarplanimeters. Z. Instrumentenkde. 44 (1924), 270—274.

[126] Hamann, Chr., Über elektrische Rechenmaschinen. (Nicht im Buchhandel.)

[127] Hamann, J., Über das Stangenplanimeter insbesondere das Stangenplanimeter mit Rolle. Z. Vermessungsw. 25 (1896), 643—650.

[128] Hamann, J., Das Koordinatenplanimeter von Chr. Hamann. Z. Vermessungsw. 28 (1899), 464—468.

[129] Hamann, J., Untersuchungen über das Harfenplanimeter von Mönkemöller. Z. Vermessungsw. 28 (1899), 549—552.

[130] Hammer, E., Das Stangenplanimeter von Prytz nebst einzelnen Bemerkungen zur Praxis des Polarplanimeters. Z. Instrumentenkde. 15 (1895), 90—97.

[131] Hammer, E., Eintragen von Messungen in gedruckte Pläne. Z. Vermessungsw. 24 (1895), 161—165.

[132] Hammer, E., Das Hamannsche Polarplanimeter. Z. Instrumentenkde. 16 (1896), 361—366.

[133] Hammer, E., Die Fortschritte der Kartenprojektionslehre, des Kartenzeichnens und der Kartenmessung. Geogr. Jahrbuch 19 (1896), insbesondere 24—27.

[134] Hammer, E., Neue Kontrollschienen für gewöhnliche Polarplanimeter. Z. Instrumentenkde. 17 (1897), 115—116.

[135] Hammer, E., Neue Schneidenradplanimeter. Z. Instrumentenkde. 22 (1902), 221—222.

[136] Hammer, E., Planimeter System Pregél. Z. Instrumentenkde. 28 (1908), 373.

[137] Hammer, E., Bericht über das neue Universal-Planimeter und weiteres Neue zur Planimeterliteratur. Z. Instrumentenkde. 34 (1914), 165—166.

[138] Hammer, E., Das Amslersche Radialplanimeter. Z. Instrumentenkde. 36 (1916), 66—67.

[139] Hammer, E., Neues Planimeter zur Bestimmung der Inhalte und höheren Momente ebener Flächen. Z. Instrumentenkde. 39 (1919), 30—33.

[140] Hammer, E., Neuerungen an Planimetern. Z. Instrumentenkde. 41 (1921), 358.

[141] v. Harbou, E., Der »Prismenderivator« und der »Differentio-Integraph«. Z. angew. Math. Mech. 10 (1930), 563—585.

[142] Harkink, F., Die Brunsviga-Koordinatenmaschine. Allg. Vermess.-Nachr. 51 (1939), 597—602, 613—618.

[143] Hartree, D. R., The differential analyser. Nature 135 (1935), 940—943.

[144] Hartree, D. R., The mechanical integration of differential equations. Math. Gaz. London 22 (1938), 342—363.

[145] Hartree, D. R. u. Ingham, J., Note on the application of the differential analyser to the calculation of train running times. Mem. Proc. Manchester lit. philos. Soc. 83 (1938), 1—15.

[146] Hartree, D. R. u. Nutall, A. K., The differential analyser and its applications in electrical engineering. J. Instn. electr. Engrs. 83 (1938), 643—647.

[147] Hartree, D. R. u. Nutall, A. K., L'analyseur différentiel et ses applications en électrotechnique. Rev. gén. Électr. Paris 45 (1939), 765—771.

[148] Hartree, D. R. u. Porter, A., The construction and operation of a model differential analyser. Mem. Proc. Manchester lit. philos. Soc. 79 (1935), 51—71.

[149] Hartree, D. R. u. Womersley, J. R., General theory of a method of applying the differential analyser to some forms of partial differential equations. Proc. roy. Soc., Lond. 161 (1937), 353—366.

[150] Harvey, J., An harmonic analyser. Engineering 138 (1934), 667—668.

[150a] Harvey, J., Un nouvel analysateur harmonique basé sur le principe du planimètre polaire. Génie civ. 105 (1934), 552—555.

[151] Haupt, H., Rechenmaschinen und rechnende Technik. Sonderdruck der Brunsviga-Monatshefte.

[152] Hazen, H. L., Jaeger, J. J. u. Brown, G. S., An automatic curve follower. Rev. sci. Instrum. 7 (1936), 353—357.

[153] Heinhold, J., Zur mechanischen Integration von Differentialgleichungen. Z. Instrumentenkde. 63 (1943), 71—74.

[154] Hele-Shaw, H. S., The theory of continuous calculating machines and of a mechanism of this class on a new principle. Phil. Trans. roy. Soc. Lond. 176, II (1885), 367—402.

[155] Hellmich, M., Beitrag zur Kenntnis der Genauigkeit der neueren Flächenberechnungs-Hülfsmittel. Z. Vermessungsw. 22 (1893), 185—187.

[156] Henrici, O., On a new harmonic analyser. Phil. Mag. (5) 38 (1894), 110—121.

[157] Henrici, O., Über einen neuen harmonischen Analysator. Gött. Nachr. (1894), 30—32.

[158] Henrici, O., Report on planimeters. Brit. Ass. Rep. (1894), 496—523.

[159] Henrici, O., Theorie des harmonischen Analysators. Druckschrift Coradi, Zürich 1894.

[160] Hermann, L., Phonophotographische Untersuchungen II. Pflügers Arch. ges. Physiologie 47 (1890), 44—53.

[161] Herrmann, K., Das Quadratwurzelziehen auf der Rechenmaschine. Allg. Vermess.-Nachr. 49 (1937), 270—276.

[162] Herrmann, K., Genauigkeitssteigerung beim Quadratwurzelziehen mit der Rechenmaschine. Allg. Vermess.-Nachr. 50 (1938), 112—116.

[163] Herrmann, K., Flächenberechnungen aus rechtwinkligen Koordinaten mit der Doppelrechenmaschine. Z. Vermessungsw. 67 (1938), 273—278.

[164] Herrmann, K., Der Linienschnitt auf der Doppelrechenmaschine. Allg. Vermess.-Nachr. 53 (1941), 221—224.

[165] Heß, A., Instruments pour l'analyse des fonctions périodiques. La lumière électrique 52 (1894), 551—557.

[166] Heß, A., Nouveaux analysateurs harmoniques. Éclair. électr. 4 (1895), 385—391.

[167] Hill, F. W., The hatchet planimeter. Phil. Mag. (5) 38 (1894), 265—269.

[168] Hoecken, K., Die Rechenmaschinen von Pascal bis zur Gegenwart unter besonderer Berücksichtigung der Multiplikationsmechanismen. Sitzungsber. Berl. math. Ges. 13 (1914), 8—29.

[169] Hofstädter, R., Ein weiteres Flächenberechnungsverfahren mit der Rechenmaschine. Allg. Vermess.-Nachr. 50 (1938), 389—391.

[170] Hohmann, Das Linear-Rollplanimeter. Erlangen 1885.

[171] Hußmann, A., Rechnerische Verfahren zur harmonischen Analyse und Synthese. Berlin 1938.

[172] Hürthle, K., Beschreibung einer Differenziermaschine. Z. Instrumentenkde. 37 (1917), 225—230.

— 252 —

[173] Hüser, Das Mönkemöllersche Planimeter. Z. Vermessungsw. 25 (1896), 443—444.

[174] Idler, R., Die Theorie und Genauigkeit des Scheibenrollplanimeters Nr. 4072 der Firma Coradi in Zürich. Z. Instrumentenkde. 46 (1926), 550—552 und Diss. T. H. Karlsruhe. 1925.

[175] Imhof, A., Der Prismenderivator, ein Instrument zur Konstruktion von Kurven-Normalen und -Tangenten. Schweiz. techn. Z. 25 (1928), 204—205.

[176] Jacobus, A modified planimeter. Engineering 57 (1894), 186.

[177] Jacob, L., Le calcul mécanique. Paris 1911.

[178] Johnstone, J. G., The use of the integraph in ship calculations. Trans. Instn. Engrs. Shipsb. Scotl. 47 (1903/04), 195—223.

[178a] Johnstone, J. G., On the application of the integraph to some ship calculations. Trans. Instn. nav. Archit. Lond. 49 (1907), 198—220.

[179] Johnstone, J. G., An improved form of integrator. Trans. Instn. Engrs. Shipsb. Scotl. 57 (1913/14), 307—332.

[180] Jordan, W., Zur Geschichte der Leibnizschen Rechenmaschine. Z. Vermessungsw. 21 (1892), 545—551, 584.

[180a] Jordán, W., Stangenplanimeter Prytz. Z. Vermessungsw. 28 (1899), 315—317.

[181] Jordan, W., Reinhertz, C. u. Eggert, O., Handbuch d. Vermessungskunde II. (8. Aufl.) Stuttgart (1914), 150—151.

[182] Kajaba, J., Ein Beitrag zur Theorie und Praxis der hauptsächlich verwendeten Polarplanimeter. Sitzungsber. Wien. Akad. 86, II (1882), 635—656.

[183] Kaselitz, F., Ein neuer Integrator zur Berechnung von Schwerewerten. Z. Geophys. 8 (1932), 191—195.

[184] Kasper, H., Nochmals das Rückwärtseinschneiden. Allg. Vermess.-Nachr. 54 (1942), 224—226.

[185] Katterbach, Kl., Messung der Krümmung von flachen Kurven. Z. angew. Math. Mech. 20 (1940), 284—290.

[186] Kerl, Ein Beitrag zur graphischen Flächenberechnung mittels der Quadratglastafel. Z. Vermessungsw. 54 (1925), 262—263.

[187] Kerl, Ein Beitrag zum Problem des Quadratwurzelziehens mit der Rechenmaschine. Allg. Vermess.-Nachr. 45 (1933), 58—59.

[188] Kerl, Über eine neue Methode der Polygonberechnung mit der Rechenmaschine. Allg. Vermess.-Nachr. 53 (1941), 26—30.

[189] Kerl, Berechnung der Höhe und des Höhenfußpunktes mittels der Doppelrechenmaschine. Allg. Vermess.-Nachr. 54 (1942), 93—94.

[190] Kerl, Eine Kurzschrift für Maschinenrechnen. Allg. Vermess.-Nachr. 54 (1942), 157—159.

[191] Kerridge, S., Anwendung der Nationalbuchungsmaschine für wissenschaftliche Rechnungen. Z. angew. Math. Mech. 21 (1941), 242—249.

[192] Killian, K., Planimeterstudie. Allg. Vermessungsnachr. 51 (1939), 666—671.

[193] Klingatsch, A., Das Pantographen-Planimeter. Z. Instrumentenkde. 37 (1917), 25—32.

[194] Klingelhöffer, H., Der harmonische Analysator von Henrici-Coradi. Z. Instrumentenkde. 54 (1934), 224—227.

[195] Kloht, F., Über ein neues Planimeter. Z. Vermessungsw. 12 (1883), 97—115.

[195a] Kloht, F., Combiniertes Planimeter. Z. Instrumentenkde. 5 (1885), 41—53.

[196] Kloth, M., Zu dem Artikel über Kloths Flächenmeßtafeln. Z. Vermessungsw. 22 (1893), 338—340.

[197] Knorr, U., Apparat zur selbsttätigen Aufzeichnung des Fahrdiagrammes. Elektr. Kraftbetr. u. Bahnen 12 (1914), 310—313.

[198] Knorr, U., Der Fahrdiagraph. Elektr. Kraftbetr. u. Bahnen 18 (1920), 53—58, 61—65.

[199] K n o r r , U., Über einen Integraphen zur mechanischen Integration einer sehr allgemeinen Gruppe von Differentialgleichungen. Diss. T. H. München 1921.

[200] K n o r r , U., Die Lösung von Differentialgleichungen auf mechanischem Wege mittels des Fahrdiagraphen. Elektr. Kraftbetr. u. Bahnen 19 (1921), 273—276, 285—288.

[201] K n o r r , U., Beitrag zur graphischen Behandlung von Erwärmungsproblemen. ETZ 43 (1922), 1032—1034.

[202] K n o r r , U., Die Ausführung technischer Integrationen auf mechanischem Wege. Z. VDI 67 (1923), 957.

[202 a] K n o r r , U., Der Fahrdiagraph. Org. Fortschr. Eisenbahnw. 61 (1924), 353—358.

[203] K n o r r , U., Die Ausführung technischer Integrationen auf mechanischem Wege mit einem neuen Integraphen. ETZ 45 (1924), 869—870.

[203 a] K n o r r , U., Der Fahrdiagraph. ETZ 48 (1927), 111—112.

[204] K o c h , Hülfsmittel für geometrische Arbeiten vornämlich zur Erleichterung des Überganges aus den bisherigen Landesmaßen in das Metermaß. Z. Vermessungsw. 1 (1872), 53—72.

[205] K ö n i g , A., Über einen Zeißschen Koordinatenmeßapparat. Astr. Nachr. 246 (1932), 237—252; Z. Instrumentenkde. 53 (1933), 175—176.

[206] K ö n i g , D., Vereinfachte Schnittpunktberechnung mit der Rechenmaschine. Allg. Vermess.-Nachr. 54 (1942), 226—228.

[207] K o l l , O., Geodätische Rechnungen mit der Rechenmaschine. 2. Aufl. Stuttgart 1927.

[208] K o r s e l t , A., Über den Trakteriographen von Kleritj und das Stangenplanimeter. Z. Math. Phys. 43 (1898), 312—318.

[209] K o r t e , Ein Verfahren zur Umwandlung von Vielecken in Dreiecke zwecks Flächenberechnung. Z. Vermessungsw. 71 (1942), 294—298.

[210] K r a n z , Fr. W., A mechanical synthesizer and analysizer. J. Franklin Inst. 204 (1927), 245—262.

[211] K r i l o f f , A., Sur un intégrateur des équations différentielles ordinaires. Bull. Acad. imp. sci. St.-Petersbourg (5) 20 (1904), 17—37.

[212] K r o n , A. W., Neuere Entwicklung der Rechenschieber. Meßtechn. 18 (1942), 131—134.

[213] K r ü g e r , H., Grundgetriebe in Feuerleitgeräten. Feinmech. u. Präz. 48 (1940), 93—98.

[214] K u h l e n k a m p , A., Reibradgetriebe als Steuer-, Meß- und Rechengetriebe. Z. VDI 83 (1939), 677—683 (s. a. Flugabwehr 2. Aufl. Berlin [1940], 26—30, 31—37).

[214 a] K u h l e n k a m p , A., Die Flak-Kommandogeräte. Z. VDI 86 (1942), 417—429.

[215] K u l k a , H., Neues Planimeter zur Bestimmung der Inhalte und höheren Momente ebener Figuren. Zbl. Bauverw. 36 (1916), 549—552.

[216] K u m m e r , Genauigkeit der Flächenberechnung mittels der Klothschen Hyperbeltafel. Z. Vermessungsw. 32 (1903), 686—690.

[217] L a n g , Das Kompensations-Polar-Planimeter von G. Coradi in Zürich. Z. Vermessungsw. 23 (1894), 353—367.

[217 a] L a n g , Neuerungen am Kompensationsplanimeter. Z. Vermessungsw. 27 (1898), 147—148.

[218] L a n g , W., Drei sich ergänzende Koordinatographen. Schweiz. Z. Vermessungsw. 31 (1933), 165—169, 181—185.

[219] L a s k a , Theorie des Karteneinganges. Z. Vermessungsw. 35 (1906), 113—122.

[220] L a u r i l a , E., Über das Nyströmsche Stieltjesplanimeter. Soc. sci. Fennica. Com. phys.-math. X, 7 (1939).

[221] L e C o n t e , J. N., An harmonic analyser. Phys. Rev. 7 (1898), 27—34.

[222] Le Doux, P., La machine à intégrer de l'Institut d'Astrophysique théorique de l'Université d'Oslo (Norvège). Ciel et Terre 55 (1939), 393—401.

[223] Lennard-Jones, J. E., Wilkes, M. V. u. Bratt, J. B., The design of a small differential analyser. Proc. Cambridge phil. Soc. 35 (1939), 485—493.

[224] Lenz, K., Die Rechen- und Buchungsmaschinen. (3. Aufl.) Leipzig u. Berlin 1932.

[225] Lichti, Die Hansensche Aufgabe und die Doppelrechenmaschine. Z. Vermessungsw. 71 (1943), 288—293.

[226] Lind, W., Getriebe von Addiermaschinen. Z. VDI 75 (1931), 201—205.

[226a] Lind, W., Getriebe der Multipliziermaschinen. Z. VDI 75 (1931), 985—990.

[226b] Lind, W. u. Berger R., Büromaschinen, Leipzig 1940.

[227] Lindinger, E., Zur Bestimmung der Krümmung flacher Kurven. Meßtechn. 17 (1941), 168—171.

[228] Lipson, H. u. Beevers, C. A., An improved numerical method of two-dimensional Fourier synthesis for crystals. Proc. phys. Soc. Lond. 48 (1936), 772—780.

[229] Liustich, E., Some schemes of mechanical integrators. C. R. Acad. sci. URSS. 15 (1937), 9—11.

[230] Lohmann, W., Die Hermannschen Schablonen zur harmonischen Analyse. Z. angew. Math. Mech. 2 (1922), 153—156.

[231] Lorber, F., Ein Beitrag zur Bestimmung der Konstanten des Polarplanimeters. Sitzungsber. Wien. Akad. math.-phys. Kl. 86, II (1882), 657—668.

[232] Lorber, F., Über das Präzisions-Polarplanimeter. Z. Instrumentenkde. 2 (1882), 327—331, 345—357.

[233] Lorber, F., Zur Genauigkeit des Präzisions-Polarplanimeters. Z. Instrumentenkde. 2 (1882), 425—431.

[234] Lorber, F., Über die Genauigkeit der Planimeter. Öst. Z. Berg- u. Hüttenw. 31 (1883), 239—242, 257—259, 272—274, 283—284, 292—294, 315—319, 334—337, 357—359, 373—374, 389—391.

[235] Lorber, F., Ein Beitrag zur Justierung des Polarplanimeters. Z. Vermessungsw. 12 (1883), 457—465.

[236] Lorber, F., Über das freischwebende Präzisionsplanimeter von Hohmann-Coradi. Z. Vermessungsw. 13 (1884), 1—19.

[237] Lorber, F., Über das Rollplanimeter von Coradi. Z. öst. Ing. Archit. Ver. 36 (1884), 135—142.

[238] Lorber, F., Über Coradis Kugelplanimeter. Z. Vermessungsw. 17 (1888), 161—187.

[239] Lorenz, F., Vorrichtung zur mechanischen Bestimmung von Flächenmomenten beliebiger Ordnung. Z. Instrumentenkde. 55 (1935), 213—217.

[240] Lorenz, F., Das Rechengetriebe für die mechanische Bestimmung von Flächenmomenten. Z. Instrumentenkde. 58 (1938), 448—452.

[241] Lorenz, F., Das Rechengetriebe für die mechanische Bestimmung von Flächenmomenten als neuartiger Flächenmesser. Meßtechn. 15 (1939), 124—126.

[242] Lossier, H., L'intégraphe Abdank-Abakanowicz. Zürich 1903.

[243] Lübcke, E., Ein Apparat zur harmonischen Analyse. Phys. Z. 16 (1915) 453—456.

[244] Lüdemann, K., Über die Genauigkeit von Flächenberechnungen mit der Quadratmillimeterglastafel. Z. Vermessungsw. 36 (1907), 373—376.

[245] Lüdemann, K., Die Quadratglastafel von Koschwitz. Z. Vermessungsw. 41 (1912), 301—303.

[246] Lüdemann, K., Die Leistungsfähigkeit der Kompensationspolarplanimeter von G. Coradi und A. Ott und des Kompensationsplanimeters mit Kugellagerung von J. Schnöckel. Z. Vermessungsw. 56 (1927), 305—311.

[247] Lüdemann, K., Über die Genauigkeit von Flächenberechnungen mit dem Beilschneidenplanimeter H. Prytz. Z. Vermessungsw. 63 (1934), 259—264.

[248]*Lugeon, J., La détermination instantanée et sans calcul de toute altitude d'une radio-sonde. C. R. Acad. Sci. Paris 208 (1939), 591—593.

[249] Lugeon, J., Un altimètre intégrateur pour sondage aérologique. C. R. Acad. Sci. Paris 208 (1939), 1327—1329.

[250] Lugeon, J., Un intégrateur pour coordonées polaires, rectangulaires et curvilignes. C. R. Acad. Sci. Paris 208 (1939), 1874—1876.

[251] Mack, K., Tangentenkonstruktion mit Hilfe des Spiegellineals. Z. Math. Phys. 52 (1905), 435—436.

[252] Mader, O., Ein einfacher harmonischer Analysator. ETZ 30 (1909), 847—849.

[253] Martens, F. F., Rechnungsverfahren für arithmetische Analyse nach Fourier. Arch. Math. Phys. 17 (1911), 117—128.

[254] Martens, L. K., Dynamik der Kolbenmaschinen. Moskau 1932.

[255] Martin, E., Die Rechenmaschinen und ihre Entwicklung. Pappenheim 1925. (Nachtrag bis etwa 1936.)

[256] Massau, J., Mémoire sur l'intégration graphique et ses applications. Paris-Liège 1885.

[257] Massau, J., Appendice au mémoire sur l'intégration graphique et ses applications. Paris 1890.

[258] Massey, H. S. W., Wylie, J., Buckingham, R. A. u. Sullivan, R., A smale scale differential analyser, its construction and operation. Proc. roy. Irish Acad. A, 45 (1938), 1—21.

[259] Mehmke, R., Numerisches Rechnen. Encyklopädie d. math. Wiss. I, F, 1, 941—1079.

[260] Menzin, A. L., The tractigraph, an improved form of hatchet planimeter. Engineering News 56 (1906), 131—132.

[261] Meyer zur Capellen, W., Fehlermöglichkeiten beim Integraphen von Abdank-Coradi. Feinmech. u. Präz. 41 (1933), 53—56.

[262] Meyer zur Capellen, W., Zur kinematischen Analyse einiger mathematischen Instrumente. Z. Instrumentenkde. 53 (1933), 56—64, 108—113.

[263] Meyer zur Capellen, W., Die Kinematik des harmonischen Analysators nach Martens. Arch. Getriebetechn. Reul.-Mitt. 3 (1935), 285.

[264] Meyer zur Capellen, W., Ein einfaches Integrimeter. Z. math. naturw. Unterr. 67 (1936), 323—325.

[265] Meyer zur Capellen, W., Neuere Apparate zur mechanischen Integration. Z. Instrumentenkde. 57 (1937), 103—117, 137—146.

[266] Meyer zur Capellen, W., Instrumente zum Integrieren. (Eine Übersicht.) Z. Instrumentenkde. 58 (1938), 93—99.

[267] Meyer zur Capellen, W., Mathematische Instrumente. Leipzig 1941.

[268] Merola, M., Il problema balistico col metodo Pascal. Batt. G. 58 (1920), 161—174.

[269] Michelson, A. A. u. Stratton, S. W., A new harmonic analyser. Phil. Mag. 45 (1898), 85—91 und Amer. J. Sci. (4) 5 (1898), 1—13.

[270] Miller, D. C., A 32-element harmonic synthesizer. J. Franklin Inst. 181 (1916), 51—81.

[271] Miller, D. C., The Henrici harmonic analyser and devices for extending and facilitating its use. J. Franklin Inst. 182 (1916), 285—322.

[272] v. Mises, R., Zur harmonischen Analyse. Z. angew. Math. Mech. 3 (1923), 80.

[273] Mönkemöller, Beschreibung des von dem königlichen Oberlandmesser Mönkemöller zu Arnsberg konstruierten Planimeters. Z. Vermessungsw. 24 (1895), 331—336.

— 256 —

[274] Montigel, R., Genauigkeitsuntersuchungen über Flächenbestimmungen mit dem Planimeter. Z. Vermessungsw. 55 (1926), 257—264.
[274a] Montigel, R., De stang-planimeter von Prytz. Med. v. d. Vereen v. Off. v. d. Topogr. Dienst i Ned. Indie (1930), 1—15.
[275] de Morin, H., Les appareils d'intégration. Paris 1913.
[276] Müller, F., Die Planimeter von Gangloff und Schlesinger. Z. Vermessungsw. 8 (1879), 150—169.
[277] Murray, J. E., A differentiating machine. Proc. roy. Soc. Edinb. 25 (1904), 277—280.
[278] Myard, F. E., Sur un appareil intégrateur propre à la mesure des aires situés sur des surfaces quelconques. C. R. Acad. Sci. Paris 196 (1933), 1573—1574.
[279] Myard, F. E., Méthode géometrique d'intégration et appareil pour mesurer les aires des surfaces courbes. Génie civ. 103 (1933), 228—232.
[280] Myard, F. E., Nouvelles solutions de calcul grapho-mécanique. Dérivographe et planimètre. Génie civ. 104 (1934), 103—106.
[281] Myers, D. M., An integraph for the solution of differential equations of the second order. J. sci. Instrum. 16 (1939), 209—222.
[282] Naatz, H. u. Blochmann, E. W., Das zeichnerische Integrieren mit dem Integranten. München und Berlin 1921.
[283] Napoli, D. u. Abdank-Abakanowicz, B., Sur un nouveau modèle d'intégraphe système D. Napoli et Abdank-Abakanowicz. C. R. Acad. Sci. Paris 101 (1885), 592—595.
[284] Nehls, Chr., Über den Amslerschen Polarplanimeter und über das graphisch-mechanische Integrieren im allgemeinen. Leipzig 1874 und Civilingenieur 20 (1874), 73—123, 297—299.
[285] Nessi, A. u. Nisolle, L., Appareils pour le calcul mécanique de l'intégrale du produit de deux fonctions. Paris 1932.
[286] Neuendorf, H., Über ein neues Coordinatenplanimeter aus der Werkstatt des Mechanikers Ch. Hamann in Friedenau-Berlin. Z. Vermessungsw. 27 (1898), 553—564.
[287] Niemann, C. W., Bethlehem torque amplifier. Amer. Mach. N. Y. 66 (1927), 895—897.
[288] Niemann, C. W., Backlash eliminator, mechanical device that is vital to the functioning of the Bethlehem torque amplifier. Amer. Mach. N. Y. 66 (1927), 921—924.
[289] Nippold, A., Neue Form des Planimeters zur Bestimmung mittlerer Ordinaten beliebiger Abschnitte an registrierten Kurven. Z. Instrumentenkde. 56 (1936), 407—408.
[290] N. N., Goodman's hatchet-planimeter. Engineering 62 (1896), 255—256.
[290a] N. N., Amsler-Spezial-Planimeter. Schweiz. techn. Z. 25 (1928), 201—203.
[291] N. N., Differential analyser at Manchester university. Engineering 140 (1935), 88—90.
[292] N. N., The differential analyser. The Engineer 160 (1935), 56—58, 82—84.
[293] Nowakowski, A., Zur numerischen Integration gewöhnlicher Differentialgleichungen mit der Rechenmaschine. Z. angew. Math. Mech. 13 (1933), 299—322.
[294] Nyström, E. J., Anwendung des Planimeters als Integrator. Soc. sci. Fennica. Com. phys.-math. VII, 10 (1934).
[295] Nyström, E. J., Planimetrische Auswertung von Stieltjes-Integralen. Z. angew. Math. Mech. 14 (1934), 276—279.
296] Nyström, E. J., Auswertung elliptischer Integrale 3. Gattung mit dem Planimeter. Soc. sci. Fennica. Com. phys.-math. VIII, 12 (1935).

[297] Nyström, E. J., Ein Instrument zur Auswertung von Stieltjes-Integralen. Soc. sci. Fennica. Com. phys.-math. IX, 4 (1936).
[298] Nyström, E. J., Über den Gebrauch des harmonischen Analysators Mader-Ott. Soc. sci. Fennica. Com. phys.-math. IX, 14 (1938).
[299] Nyström, E. J., Modern mekanisk integration. Tekn. Fören. i. Finl. För-handl. Nr. 4 (1939).
[300] Nyström, E. J., Graphisch-mechanische Auswertung von Doppelintegralen insbesondere bei Oberflächenbestimmungen. Soc. sci. Fennica. Com. phys.-math. X, 8 (1939).
[300a] Obalski, J., Über einige mathematische Instrumente mit einer Meßrolle, deren Achse mit Gewinden versehen ist. Z. Instrumentenkde. 63 (1943),100—108.
[301] d'Ocagne, M., Le calcul simplifié. (3. Aufl.) Paris 1928.
[302] Oltag, K., Das Bencze-Wolfsche Fadenpolarplanimeter. Z. Instrumenten-kunde 44 (1924), 217—229.
[303] Ott, A., Integraph »Adler-Ott«. Interimsliste der Firma Ott Nr. 476.
[304] Ott, A., Der harmonische Analysator Mader-Ott. Kempten (Allgäu).
[305] Ott, A., Prospektblatt zum Vier-Rollen-Planimeter.
[306] Ott, L. A., Neue Planimeter und Integrimeter. Meßtechn. 12 (1936), 41—45.
[307] Ott, L. A., Nouveaux planimètres et intégrimètres. Génie civ. 108 (1936), 229—232.
[308] Ott, L. A., Systematische Entwicklung der Planimeter und Integrimeter aus der einfachsten Grundform. Meßtechn. 13 (1937), 41—48.
[309] Ott, L. A., Le développement systématique des planimètres et des intégri-mètres à partir de la forme fondamentale la plus simple. Génie civ. 111 (1937), 203—207.
[310] Panther, A., Flächenberechnung aus Koordinaten mit der Doppelrechen-maschine. Z. Vermessungsw. 67 (1938), 304—305.
[311] Pascal, E., L'integratore meccanico per le equazioni differenziali lineari di 1° ordine e per altre equazioni differenziali. Batt. G. 48 (1910), 16—27, und Rend. Acc. Lincei (5) 18 (1909), 304—312.
[312] Pascal, E., Sopra una semplice ma notevole variante nella costruzione dell' integrafo di Abdank-Abakanowicz. Napoli Rend. (3) 17 (1911), 213—215.
[313] Pascal, E., Sopra alcune classi di integrafi per equazioni differenziali. Napoli Rend. (3) 17 (1911), 284—292.
[314] Pascal, E., L'uso e le applicazioni dell' integratore meccanico per le equa-zioni differenziali. Batt. G. (3) 49 (1911), 155—170.
[315] Pascal, E., Di un nuovo integrafo per quadrature ed equazioni differenziali (integrafo polare). Napoli Rend. (3) 17 (1911), 405—411.
[316] Pascal, E., Il mio integrafo polare e le sue applicazioni. Batt. G. (3) 50 (1912), 265—283.
[317] Pascal, E., Aggiunta alla memoria sull' integrafo polare. Batt. G. (3) 50 (1912), 354.
[318] Pascal, E., Sul mio integrafo a riga curvilinea. Napoli Rend. (3) 18 (1912), 19—24.
[319] Pascal, E., Il planimetro a scure di Prytz trasformato in integrafo per una notevole equazione differenziale. Napoli Rend. (3) 19 (1913), 23—29.
[320] Pascal, E., Integrafo per l'equazione differenziale dell' odografo relativo al movimento di un proiettile in un mezzo comunque resistente. Rend. Acc. Lincei 22 (1913), 749—756.
[321] Pascal, E., I miei integrafi per equazioni differentiali. Napoli Rend. (3) 19 (1913), 151—153.
[322] Pascal, E., L'integrafo per la risoluzione grafica delle equazioni integrali. Napoli Rend. (3) 19 (1913), 89—96.

— 258 —

[323] Pascal, E., I miei integrafi per equazioni differentiali. Napoli Atti (2) 15 (1914), Nr. 16. Auszug daraus: Batt. G. 51 (1913), 369—375.
[324] Pascal, E., La risoluzione meccanica esatta delle equazioni differentiali lineari generali di 2⁰ ordine. Rend. Acc. Lincei (5) 26 (1916), 401—405.
[325] Pascal, E., Sull' integrazioni meccanica delle equazioni differenziali e in particulare di quella lineari di 2⁰ ordine ausiliaria dell'altra non lineari che è fondamentale per la fisica atomica. Atti Acc. Italia; Mem. Classe fis. mat. natur. XI, 4 (1940), 209—243.
[326] Pascal, E. u. Galle, A., Meine Integraphen für Differentialgleichungen. Z. Instrumentenkde. 42 (1922), 232—243, 253—277, 300—311, 326—337.
[327] Perry, J., Remarks on prof. Henrici's paper made by prof. Perry in which he describes a simple machine which may be used to develop any arbitrary function in series of functions of any normal form. Phil. Mag. (5) 38 (1894), 125—131.
[328] Perry, J., Periodic functions developped in Fourier series. The graphical method. Electrician 35 (1895), 285—286.
[329] Pers, R., Un type nouveau de planimètre intégrateur. Rev. gén. Sc. 46 (1935), 600—606.
[330] Petrovitch, M., Sur l'intégration hydraulique des équations différentielles. Amer. J. math. 20 (1898), 293—300.
[331] Petrovitch, M., Appareil à liquide pour l'intégration graphique de certains types d'équations différentielles. Amer. J. math. 22 (1900), 1—12.
[332] Pflüger, A., Tangentenzeichner. Z. VDI 58 (1914), 880—881.
[333] Picht, J., Über neue Integraphen der Askania-Werke A. G. Z. Instrumentenkde. 52 (1932), 289—299; Z. angew. Math. Mech. 11 (1931), 442—443.
[334] Pinkwart, Nochmals das Einschneiden auf der Doppelrechenmaschine. Allg. Vermess.-Nachr. 53 (1941), 390—397.
[335] Pollak, L. W., Das Rechnen mit und ohne Maschine. Z. Instrumentenkde. 47 (1927), 340—357.
[336] Pollak, L. W., Über die Verwendung des Lochkartenverfahrens in der Klimatologie. Z. Instrumentenkde. 47 (1927), 528—532.
[337] Poulain, A., Le stang-planimètre. Mathesis 5 (1894), Suppl. 1—10.
[338] Poulain, A., Les aires des tractrices et le stang-planimètre. J. math. spéc. (2) 4 (1895), 49—54.
[339] Pregél, Th., Theorie des Präzisions-Stangenplanimeters System Pregél. Chemnitz 1909.
[340] Pressel, K., Experimentelle Methoden der Vorausbestimmung der Gesteinstemperatur im Inneren eines Gebirgsmassivs. München 1928. (Anhang 49—58: Kurvenmesser von Pressel und Riefler.)
[341] Pressel, K., Kurvenmesser von Pressel und Riefler. Z. Instrumentenkde. 49 (1929), 248—252.
[342] Price, W. A., Petrovitch's apparatus for integrating differential equations of the first order. Phil. Mag. 49 (1900), 487—490.
[343] Prytz, H., The hatchet planimeter. Engineering 57 (1894), 687, 813.
[344] Prytz, H., The hatchet planimeter and »tractigraph«. Engineering News 57 (1907), 386.
[345] Quade, W., Abschätzungen zur trigonometrischen Interpolation. Deutsche Math. 5 (1940/41), 482—512.
[346] Quade, W. u. Collatz, L., Zur Interpolationstheorie der reellen periodischen Funktionen. Sitzungsber. Berl. Akad. Wiss. Phys.-math. Kl. (1938), XXX.
[347] Radicke, H., Tachygraph Fennel. Allg. Vermess.-Nachr. 54 (1942), 192—194.
[348] Ramsayer, K., Gleichzeitige Berechnung von Höhe und Azimut eines Gestirnes mit der Doppelrechenmaschine. Z. Instrumentenkde. 60 (1940), 249—252.

[349] R a u s c h e l b a c h , H., Die deutsche Gezeitenmaschine. Z. Instrumentenkde. 44 (1924), 285—303.

[350] R e i c h , E., Altes und Neues vom Rechenmaschinenrechnen. Schweiz. Z. Vermessungsw. 40 (1942), 233—241.

[351] R e i t z , F. H., Correctur des Amslerschen Planimeters und Construktion zweier neuer Varietäten desselben. Z. Vermessungsw. 7 (1878), 249—266.

[351 a] R e i t z , F. H., Planimeter Patent Homann-Coradi. Z. Vermessungsw. 11 (1882), 523—527.

[352] R e i t z , F. H., Rollplanimeter Patent Homann-Coradi. Z. Vermessungsw. 13 (1884), 479—482.

[353] R e u l e a u x , F., Die sogenannten Thomas-Rechenmaschinen. (2. Aufl.) Leipzig 1892.

[354] R e u t e r , F., Ein Hilfsapparat zur harmonischen Analyse. Z. Geophys. 12 (1936), 29—32.

[355] R o s s e l a n d , S., Om differensialanalysatoren (Norwegisch). Norsk mat. Tidskr. 19 (1937), 134—138.

[356] R o s s e l a n d , S., Mechanische Integrationen von Differentialgleichungen. Naturwiss. 27 (1939), 729—735.

[357] R o t h é , E. u. R é m y , A., Appareil de synthèse de mouvements périodiques. J. Phys. Radium (6) 8 (1926), 193—199.

[358] R o t h e , R., Über einige Verfahren und Aufgaben aus der praktischen Mathematik. ETZ 41 (1920), 999—1002.

[359] R o t h e , R., Über die Treffwahrscheinlichkeit eines Zieles. Artill. Monatshefte 110 u. 111 (1916), 65—91, 125—154.

[360] R ö t s c h e r , F., Einfache Verfahren zur Ermittlung des Schwerpunktes des Rauminhaltes und der Momente höherer Ordnung. Z. VDI 80 (1936), 1351—1354.

[361] R o t t s i e p e r , W., Graphische Lösung einer Randwertaufgabe der Gleichung $\Delta u = \dfrac{\partial^2 u}{\partial x^2} + \dfrac{\partial^2 u}{\partial y^2} = 0$. Diss. Univ. Göttingen (1914), 14—20.

[362] R u n g e , C., Das Stangenplanimeter. Z. Vermessungsw. 24 (1895), 321—331.

[363] R u n g e , C., Über die Zerlegung empirisch gegebener periodischer Funktionen in Sinuswellen. Z. Math. Phys. 48 (1902), 443—456.

[364] R u n g e , C., Praxis der Reihen. Leipzig 1904.

[365] R u n g e , C., Über die Zerlegung einer empirischen Funktion in Sinuswellen. Z. Math. Phys. 52 (1905), 117—123.

[366] R u n g e , C., Die Zerlegung einer empirisch gegebenen periodischen Funktion in Sinuswellen. Nachr. Ges. Wiss. Göttingen. Math.-phys. Kl. (1908), 275—283.

[367] R u n g e , C. u. E m d e , F., Rechenformulare zur Zerlegung empirisch gegebener Funktionen in Sinuswellen. Braunschweig 1904.

[368] R u s s e l l , A. u. P o w l e s , H. H., A new integrator. The Engineer 81 (1896) , 83

[369] S a b i e l n y , H., Wie rechne ich am schnellsten ? Dresden.

[370] v. S a n d e n , H., Über eine zweckmäßige Konstruktion des Stangenplanimeters. Z. Math. Phys. 59 (1911), 314—318.

[371] v. S a n d e n , H., Ein Instrument zur graphischen harmonischen Analyse. Z. Math. Phys. 61 (1912/13), 430—433.

[371 a] S a u e r , R. u. P ö s c h , H., Integriermaschine für gewöhnliche Differentialgleichungen. Z. VDI 87 (1943), 221—224.

[372] S c a t i z z i , P., Un integrafo. Nuovo Cimento (6) 8 (1914), 52—63.

[373] S c h a e f e r , O., Eine mechanische Vorrichtung zur Lösung einiger Differentialgleichungen. Z. Math. Phys. 61 (1912/13), 61—68.

[374] S c h e l l , A., Über die Bestimmung der Constanten des Polarplanimeters. Sitzungsber. Wien. Akad. 56, II (1867), 325—344.

[375] Schell, A., Allgemeine Theorie des Polarplanimeters. Sitzungsber. Wien. Akad. 58, II (1868), 189—209.

[376] Schieferdecker, Rückwärtseinschneiden mit der Doppelrechenmaschine Brunsviga. Allg. Vermess.-Nachr. 53 (1941), 389—390.

[377] Schimmack, R., Ein kinematisches Prinzip und seine Anwendung zu einem Katenographen. Z. Math. Phys. 52 (1905), 341—347.

[378] Schlebach, Kloths Flächenmeßtafeln. Z. Vermessungsw. 22 (1893), 60—61.

[379] Schleiermacher, A., Zur Analyse von Wechselstromkurven. ETZ 31 (1910), 1246—1249.

[380] Schleiermacher, L., Das Stangenplanimeter von Prytz. Z. Vermessungsw. 27 (1898), 408—411.

[381] Schlemmermeier, R., Aufnahme und Auswertung bei der Flugabwehr. Z. VDI 86 (1942), 7—14.

[382] Schmelz, Kartiermaßstab »Lasco« nach Conradt-Ott. Z. Vermessungsw. 63 (1934), 46—47.

[383] Schmidt, Ad., Ein Planimeter zur Bestimmung der mittleren Ordinate beliebiger Abschnitte von registrierten Kurven. Z. Instrumentenkde. 25 (1905), 262—273.

[384] Schmidt, Zur Wirkung des Papiereingangs. Z. Vermessungsw. 56 (1927), 225—231.

[385] Schnöckel, J., Beiträge zur Flächenberechnung mit der Hyperbelglastafel. Z. Vermessungsw. 32 (1901), 369—378.

[386] Schnöckel, J., Ein optisches Planimeter zur Ausmessung von Registrierstreifen sowie für andere rechnerische und graphische Aufgaben. Z. Instrumentenkde. 31 (1911), 65—72.

[386a] Schnöckel, J., Der Kompensations-Planimeterstab. Z. Instrumentenkde. 31 (1911), 173—179.

[387] Schnöckel, J., Das Vektor-Scheibenpräzisionsplanimeter. Z. Instrumentenkde. 46 (1926), 67—70.

[387a] Schnöckel, J., Das Vektor-Präzisionsplanimeter mit selbsttätiger Kompensation. Z. Instrumentenkde. 48 (1928), 381—384.

[388] Schnyder, M., Das Linear-Planimeter Weber-Kern. Schweiz. Bauztg. 51 (1908), 124—125. Bericht über diese Arbeit: Hammer, E., Z. Instrumentenkde. 38 (1908), 247—249.

[389] Schreiber, A., Zur Theorie des Stangenplanimeters. Z. Vermessungsw. 37 (1908), 689—702.

[390] Schreiber, A., Das Präzisionsstangenplanimeter System Pregél. Z. Vermessungsw. 38 (1909), 401—414.

[391] Schreiber, A., Der harmonische Analysator von O. Mader. Phys. Z. 11 (1910), 354—357.

[392] v. Schrutka, L., Über einige besondere Verwendungsarten der Rechenmaschinen. Z. angew. Math. Mech. 1 (1921), 195—199.

[393] v. Schrutka, L., Vektorische Darstellung der Theorie des Polarplanimeters. Öst. Z. Vermessungsw. 5 (1927).

[394] Schwerdtfeger, H., Integration vermittels Kurvimeters. Z. Instrumentenkunde 47 (1927), 544—546.

[395] Scott, E. K., An improved stang planimeter. Engineering 62 (1896), 205.

[396] Scribanti, A., Il planimetro a scure considerato come integrafo per equazioni differenziali. Atti Torino 48 (1912/13), 14—18.

[397] Scribanti, A., Ancora intorno al planimetro a scure applicato all'integrazione di equazioni differenziali. Atti Torino 48 (1912/13), 799—814.

[398] Scribanti, A., Complementi e varianti alla teoria del planimetro a scure considerato come apparecchio polare di quadratura. Nuovo Cimento (6) 5 (1913), 329—350.

[399] Scribanti, A., Il planimetro a lunule considerato come strumento cartesiano d'integrazione. Batt. G. (3) 51 (1913), 169—191.

[400] Selling, E., Eine neue Rechenmaschine. Berlin 1887.

[401] Selling, E., Neue Rechenmaschine. Z. Math. Phys. 52 (1905), 86—103.

[402] Semendyaer, K. A., An application of the integrator. J. appl. math. mech. Moskau IV, 1 (1940), 139—144.

[403] Sharp, A., Harmonic analyser giving direct readings of amplitude and epoch of various constituent simple harmonic terms. Phil. Mag. (5) 38 (1894), 121—125.

[404] Sharp, A., A new method in harmonic analysis. Electrician 35 (1895), 123.

[405] Skibiński, K., Der Integrator von Prof. Dr. Zmurko in seiner Wirkungsweise und praktischen Verwendung. Denkschriften Akad. Wien. Math.-Phys. Kl. 53, II (1887), 35—60.

[406] Spaeth, Der freirollende Koordinatograph. Z. d. Ver. d. höh. Bayr. Vermessungsbeamten 18 (1914), 131—144.

[407] Spiegler, A., Graphische Ermittlung von Momenten mittels Hilfsraster. Z. VDI 85 (1942), 378.

[408] Stärkle, A., Der Polar-Coordinatograph. Coradi, Zürich.

[409] Stampfer, Über ein neues Planimeter des Ingenieurs Caspar Wetli in Zürich. Sitzungsber. Wien. Akad. 4 (1850), 134—155.

[410] v. Stein, M., Allgemeine mathematische Berechnungen mit der Brunsviga 20. Braunschweig, 1940.

[412] Stumpff, K., Analyse periodischer Vorgänge. Berlin 1927.

[413] Stumpff, K., Grundlagen und Methoden der Periodenforschung. Berlin 1937.

[414] Stumpff, K., Tafeln und Aufgaben zur harmonischen Analyse und Periodenrechnung. Berlin 1939.

[415] Stumpff, K., Eine neue algebraische Methode zur Ermittlung unbekannter Perioden. Gerlands Beitr. Geophys. 57 (1940/41), 1—19.

[416] Suprunenko, P., Das mechanische Prinzip der grapho-analytischen Methode zur Berechnung der Dauer der Bewegung des Zuges. Acad. Sci. Ukraine, Mém. Cl. Sci. Phys. Math. 7 (1928), 386—388 (Russisch).

[417] Suprunenko, P., Die Graphoanalysatoren der Fahrtdauer des Zuges. Acad. Sci. Ukraine, Mém. Cl. Sci. Phys. Math. 7 (1928), 399—404 (Russisch).

[418] Suprunenko, P., Der Integrator für die Integration der Differentialgleichung der Bewegung des Zuges. Acad. Sci. Ukraine, Mém. Cl. Sci. Phys. Math. 7 (1928), 414—424 (Russisch).

[418a] Suprunenko, P., Ein zweiter Integrator für die Integration der Differentialgleichung der Bewegung des Zuges. Acad. Sci. Ukraine, Mém. Cl. Sci. Phys. Math. 7 (1928), 432—438 (Russisch).

[419] Sust, O., Die Hamannsche Rechenmaschine Mercedes-Euklid. Z. Instrumentenkde. 30 (1910), 233—245.

[420] Sutor, J., Bestimmung der Quadratwurzel mit der Rechenmaschine. Allg. Vermess.-Nachr. 55 (1943), 36—37.

[420a] Sutor, J., Das Verfahren des Gleichkurbelns bei Einzelrechenmaschinen. Allg. Vermess.-Nachr. 55 (1943), 56—58.

[421] Tecedor, S. C., Studio grafico della curva balistica qualunque sia la legge di resistenza dell'aria (metodo di Pascal). Rev. Soc. Mat. Espanola 6 (1915), 249—276. (Ins Italienische übersetzt von M. Pascal, Batt. G. 54 (1916), 223—248.)

[422] Teofilato, P., Determinazione meccanica delle derivate di una funzione assegnata mediante un diagramma. Atti di Guidonia Nr. 48 (1941), 113—132.

[423] Terebesi, P., Rechenschablonen für die harmonische Analyse und Synthese. Berlin 1930.

[424] Terebesi, P., Rechenschablonen im praktischen Zahlenrechnen. Z. Instrumentenkde. 51 (1931), 535—541.

[425] Terebesi, P., Aufsuchen versteckter Periodizitäten. Z. Geophys. 9 (1933), 313—323.

[426] Terebesi, P., Ein neues Näherungsverfahren zur harmonischen Analyse. Arch. Elektrotechn. 38 (1934), 195—200.

[427] Thesen, G., Über periodische Funktionen, ihre Observation und Ausgleichung. Skand. Aktuarietidskr. 23 (1940), 168—195.

[428] Thomson, J. u. Thomson, W., On the integrating machine having a new kinematic principle. Proc. roy. Soc. Lond. 24 (1876), 266—268.

[429] Thomson, W., Mechanical integration of the linear differential equations of the second order with variable coefficients. Proc. roy. Soc. Lond. 24 (1876), 269—271.

[430] Thomson, W., Mechanical integration of the general linear differential equation of any order with variable coefficients. Proc. roy. Soc., Lond. 24 (1876), 271—275.

[431] Thomson, W., On an instrument for calculating the integral of the product of two given functions. Proc. roy. Soc., Lond. 27 (1878), 371—373.

[432] Tiedeken, R., Die Verwendung moderner Rechenmaschinen für optische Rechnungen. Z. Instrumentenkde. 56 (1936), 15—26.

[433] Tiedeken, R., Fortlaufende Rechnungen auf der Rechenmaschine. Z. Instrumentenkde. 56 (1936), 466—468.

[434] Tinter, W., Ein Beitrag zur Leistungsfähigkeit der in der Praxis hauptsächlich verwendeten Planimeter. Z. öst. Ing.- u. Archit.-Ver. 29 (1877), 154—166.

[435] Tinter, W., Über Hohmann's Präzisions-Polarplanimeter. Z. öst. Ing.- u. Archit.-Ver. 34 (1882), 90—99.

[436] Townend, H. C. H., A direct-reading integrator. J. sci. Instrum. 2 (1925), 233—237.

[437] Tramer, M., Über Messung und Entwicklung der Rindenoberfläche des menschlichen Großhirns mit Beitrag zur Kenntnis der Microcephalia vera. Arbeiten d. hirnanatomischen Inst. Zürich, Wiesbaden (1916), 1—58, insbes. 23/24.

[438] Ulbrich, K., Untersuchung über die Genauigkeit des Scheibenrollplanimeters. Z. Instrumentenkde. 50 (1930), 544—550.

[439] Ulbrich, K., Allgemeine mathematische Theorie der Umfahrungsplanimeter in vektor-analytischer Darstellung. Öst. Z. Vermessungsw. 28 (1930), 8—12, 33—36, 49—57, 75—79.

[440] Varren, A., Systematik der Zehnerschaltvorrichtungen. Diss. T. H. Dresden. Essen 1934.

[441] Vercelli, F., Schemi di calcolo per analisi dei diagrammi oscillanti. Ric. sci. Roma (2) 8, II (1937), 609—621.

[442] Vercelli, F., Analizzatore meccanico delle curve oscillanti. Pont. acad. sci. com. 3 (1939), 659—692.

[443] Vercelli, F., Guida per l'analisi delle periodicità nei diagrammi oscillanti. Mem. 285 d. R. Com. talassografico (Cons. nation. ric.) 1940.

[444] Viëtoris, L., Über die Integration gewöhnlicher Differentialgleichungen durch Iteration. Mh. Math. Phys. 39 (1932), 15—50; 41 (1934), 384—391.

[445] Viëtoris, L., Unmittelbare zeichnerische Integration der Gleichung $y'' = f(x)$. Z. angew. Math. Mech. 19 (1939), 119—120.

[446] Viëtoris, L., Die Schleppe als Planimeter. Z. angew. Math. Mech. 19 (1939), 120.

[447] Viëtoris, L., Zur Theorie des Integraphen. Jber. dtsch. Math.-Ver. 52 (1942), 71—74.

[448] Vogg, Über Wirkungen des Papiereinganges. Allg. Vermess.-Nachr. 53 (1941), 101—103.

[449] Wagemann, H., Der erweiterte harmonische Analysator nach Mader-Ott und seine Verwendung in der synoptischen Meteorologie. Meteor. Z. 59 (1942), 134—137.

[450] Wagener, A., Der Spiegelderivator und seine Anwendung. Z. Instrumentenkde. 29 (1909), 122—123; Phys. Z. 10 (1909), 57—59.

[451] de Wal, R. A., Planimeterharfe und Planimeterschieber. Z. Vermessungsw. 39 (1910), 111—113.

[452] Walser, J., Polarkoordinatograph der Firma A. Streit, Bern. Schweiz. Z. Vermessungsw. 21 (1923), 71—74.

[453] Walther, A., Mathematische Geräte zum Integrieren. Z. VDI 80 (1936), 1397—1403.

[453a] Walther, A., Neuzeitliche mathematische Maschinen. ETZ 61 (1940), 33—36.

[454] Walther, A. u. Brinkmann, K., Zum Sprungstellen-Verfahren, insbesondere für die Entwicklung nach Kugelfunktionen. Ing.-Arch. 13 (1942), 1—8.

[455] Walther, A., Dreyer, H. J., u. Estenfeld, H., Ein Gerät zur Überlagerung von Sinuslinien. Z. Instrumentenkde. 59 (1939), 162—168.

[455a] Walther, A. u. Zech, Th., Bemerkungen zur angenäherten Tangentenkonstruktion von Pirani. Ber. Sächs. Akad. Wiss. 85 (1933), 45—56.

[456] Walther, J., Das Planimeter und seine Verwendung in der Textilindustrie. Monatsschr. f. Textil-Ind. 1933. Heft 7—10.

[457] Wedmore, E. B., A graphical method of analysing harmonic curves. Electrician 35 (1895), 512—513.

[458] Wehage, D., Verwendung des Planimeters zur Bestimmung mehrfacher Integrale und zur Integration partieller Differentialgleichungen. Z. Instrumentenkde. 49 (1929), 425—444, 477—496 und Diss. T. H. Berlin 1929.

[459] Weiß, G., Analyse d'une périodique par le procédé de Ludimar Hermann. J. phys. III, 7 (1898), 141—144.

[460] Werkmeister, P., Ein neuer Auftragapparat für Polarkoordinaten (Polarkoordinatograph). Z. Instrumentenkde. 48 (1928), 131—134.

[461] Werkmeister, P., Die Auflösung eines Systemes linearer Gleichungen mit Hilfe der Rechenmaschine »Hamann-Automat«. Z. Instrumentenkde. 51 (1931), 490—491.

[462] Werkmeister, P., Vier neue Kartiergeräte der Firma A. Ott, Kempten. Z. Instrumentenkde. 52 (1932), 195—198.

[463] Werkmeister, P., Potenzplanimeter »Adler-Ott«. Z. Instrumentenkde. 52 (1932), 324—326.

[464] Werkmeister, P., Beitrag zur Bestimmung der Konstanten eines Polarplanimeters. Z. Instrumentenkde. 52 (1932), 473—479.

[465] Werkmeister, P., Ergebnisse der Untersuchung von fünf Ottschen Planimetern mit Grundkreis gleich Null. Z. Instrumentenkde. 52 (1932), 528—529.

[466] Werkmeister, P., Ein Dreirollen-Momentenplanimeter. Z. Instrumentenkde. 54 (1934), 410—412.

[467] Werkmeister, P., Ein neuer Linienmesser von A. Ott. Z. Instrumentenkde. 55 (1935), 176—177.

[468] Werkmeister, P., Neuerungen an Planimetern. Z. Instrumentenkde. 55 (1935), 266—267.

[469] Werkmeister, P., Ein neues Instrument zur Bestimmung der Richtungswinkel von Kurventangenten. Z. Instrumentenkde. 57 (1937), 379—380.

[470] Werkmeister, P., Untersuchung eines Integrimeters von A. Ott. Z. Instrumentenkde. 59 (1939), 168—172.

[470a] Werkmeister, P., Das Kartiergerät Purco der Firma A. Ott, Kempten. Z. Instrumentenkde. 63 (1943), 29—30.

[471] Wilda, Diagramm- und Flächenmesser. Vollständiger Ersatz für das Planimeter zum schnellen und genauen Ausrechnen beliebig begrenzter Flächen, Dampfdiagrammen usw. Hannover 1905.

[472] Willers, Fr. A., Zum Integrator von E. Pascal. Z. Math. Phys. 59 (1910/11), 36—42.

[473] Willers, Fr. A., Mathematische Instrumente. Berlin 1926.

[474] Willers, Fr. A., Methoden der praktischen Analysis. Berlin 1928.

[475] Williams, F. C., A reversible head for the automatic curve following device. Proc. Cambridge phil. Soc. 35 (1939), 506—511.

[476] Wilski, P., Rollenschiefe und Scharnierschiefe beim Amslerschen Polarplanimeter. Z. Vermessungsw. 21 (1892), 609—618.

[477] Wilski, P., Neue mechanische Rechenhilfsmittel. Z. Vermessungsw. 21 (1892), 625—630.

[478] Wittke, H., Ein vorzeichentreuer Koordinatenumformer. Allg. Vermess.-Nachr. 53 (1941), 274—283, 294—301.

[478a] Wittke, H., Die Rechenmaschine und ihre Rechentechnik. Berlin-Grunewald 1943.

[479] Yule, G. U., On a simple form of harmonic analyser. Phil. Mag. (5) 39 (1895), 367—374; Nature 51 (1895), 501.

[480] Zech, Th., Harmonische Analyse mit Hilfe des Lochkartenverfahrens. Z. angew. Math. Mech. 9 (1929), 425—427.

[481] Zech, Th., Über das Sprungstellenverfahren zur harmonischen Analyse. Arch. Elektrotechn. 36 (1942), 322—328.

[482] Zernicke, F., Machines als Hulpmiddelen in de Wiskunde. Euclides, Groningen 19 (1942), 40—57.

[483] Zipperer, L., Tafeln zur harmonischen Analyse. Berlin 1922. S. a. Dinglers polytechn. J. (1918), 201—202; (1922), 4.

[484] Zobel, J. G. u. Müller, J., Beschreibung einer Flächenberechnungs- und Theilungsmaschine nebst einer Anleitung zu ihrem Gebrauche. München 1815.

[485] Bertram, H., Vorschlag zu einer Verbesserung der Doppelrechenmaschine Thales-Geo. Allg. Vermess.-Nachr. 55 (1943), 79—81.

[486] Brend'amour, W., Nochmals Koordinatentransformation mit der Doppelrechenmaschine Thales-Geo. Z. Vermessungsw. 72 (1943), 93.

[487] Eggert, O., Algebraisches Rechnen mit der Rechenmaschine. Z. Vermessungsw. 72 (1943), 1—6.

[488] Grützmacher M., Eine neue Darstellungsform der harmonischen Analyse und ein neuer harmonischer Analysator. Akust. Z. 8 (1943), 49—63.

[489] Kallenbach, W., Bemerkung zu der vorstehenden Arbeit von M. Grützmacher über ein neues Analysierverfahren. Akust. Z. 8 (1943), 63—65.

Namen- und Sachregister

Bildnachweis

Für die hier angeführten Abbildungen stellten dankenswerterweise folgende Herren bzw. Firmen Vorlagen zur Verfügung:

Alfred J. Amsler & Co., Schaffhausen (Schweiz): 85, 86, 99, 104, 119, 120, 128, 150.

Askania-Werke, Berlin: 1, 62, 147, 167.

Brunsviga-Maschinen-Werke Grimme, Natalis & Co., Braunschweig: 14.

H. W. Egli Rechenmaschinenfabrik, Zürich: 43.

Herr Prof. Dr. Föttinger, Berlin: 163.

Glashütter Rechenmaschinenfabrik Reinhold Pöthig, Glashütte: 28.

Herr Ferdinand Hecht, Zella-Mehlis: 19, 20, 21, 22, 26, 33, 34, 38, 39, 40, 41.

Mathematisch-physikalischer Salon Dresden: 2, 3, 6.

Mercedes Büromaschinen-Werke, Zella-Mehlis: 35.

A. Ott, Math. Mech. Institut, Kempten (Allgäu): 47, 48, 49, 50, 51, 54, 57a, 60, 70, 75, 78, 79, 84, 87, 90, 91, 92, 93, 98, 108, 110, 112, 117, 118, 125, 127, 137, 139, 140a, 152, 153, 169, 171, 184.

Vorm. Kgl. und Provinzialbibliothek Hannover: 4, 5.

Rheinmetall-Borsig A.-G., Sömmerda (Thür.): 27, 29.

Deutsche Telephonwerke u. Kabelindustrie A.-G., Berlin: 36, 42.

Herr Prof. Dr. A. Walther, Darmstadt: 155.

Rechnung mit Operatoren

Nach Oliver Heaviside. Ihre Anwendung in Technik und Physik. Von
E. J. Berg. Deutsche Bearbeitung von Dr.-Ing. Otto Gramisch und
Dipl.-Ing. Hans Tropper. 198 Seiten, 65 Abbildungen. Gr.-8⁰. 1932.
Brosch. RM. 10.—, Lw. 12.—.

Determinanten

Von Prof. Heinrich Dörrie. 216 Seiten. Gr.-8⁰. 1940. Hlw. RM. 11.—.

Vektoren

Von Prof. Heinrich Dörrie. 308 Seiten, 69 Abbildungen. Gr.-8⁰. 1941.
Hlw. RM. 13.50.

Kubische und biquadratische Gleichungen

Von Prof. Heinrich Dörrie. Befindet sich in Vorbereitung.

Quadratische Gleichungen

Von Prof. Heinrich Dörrie. 470 Seiten. Gr.-8⁰. 1943. Hlw. RM. 28.—.

Neue Astronomie

Von Johannes Kepler. Übersetzt und eingeleitet von Max Caspar.
482 Seiten, 81 Abbildungen. 4⁰. 1929. Lw. RM. 34.50.

Lehrbuch der Elektrotechnik

Von Prof. Dr.-Ing. Günther Oberdorfer.

Band 2: Rechenverfahren und allgemeine Theorien der Elektrotechnik.
2. Auflage. 381 Seiten, 128 Abbildungen. Gr.-8⁰. 1941. Lw. RM. 18.50.

Philosophie der Mathematik und Naturwissenschaft

Von Prof. Dr. Hermann Weyl. 162 Seiten. Lex.-8⁰. 1927. Brosch.
RM. 6.80.

R. OLDENBOURG · MÜNCHEN 1 UND BERLIN

www.ingramcontent.com/pod-product-compliance
Lightning Source LLC
Chambersburg PA
CBHW081533190326
41458CB00015B/5538